高 等 学 校 教 材

大学物理实验教程

崔金玉 —— 主编　　王　丽　蒋倩云 —— 副主编

化学工业出版社
· 北 京 ·

内容简介

本教材根据高等学校应用型人才培养需求，结合编者多年教学经验的积累编写而成，体现了近年物理实验的发展和创新。全书内容按照基础性、综合性、设计性三个层次进行编排，共五章 36 个实验，涵盖力学、热学、电磁学、光学并在每个实验后面增设创新设计，对课上实验进行补充和扩展。教材中部分实验配有视频，扫描相应实验后的二维码可以在线观看。

本书可作为普通高等学校理工类各专业大学物理实验的教材，也可供相关科研工作者参考使用。

图书在版编目（CIP）数据

大学物理实验教程 / 崔金玉主编；王丽，蒋倩云副主编. -- 北京：化学工业出版社，2024.8. -- ISBN 978-7-122-45901-5

Ⅰ. O4-33

中国国家版本馆 CIP 数据核字第 2024QU9443 号

责任编辑：郝英华　　　　　　装帧设计：张　辉
责任校对：李雨函

出版发行：化学工业出版社
　　　　　（北京市东城区青年湖南街 13 号　邮政编码 100011）
印　　刷：三河市航远印刷有限公司
装　　订：三河市宇新装订厂
787mm×1092mm　1/16　印张 15　字数 380 千字
2024 年 8 月北京第 1 版第 1 次印刷

购书咨询：010-64518888　　　　售后服务：010-64518899
网　　址：http://www.cip.com.cn

定　　价：49.00 元

前　言

　　大学物理实验是高等学校对大学生进行系统的科学实验基础训练的一门独立的必修课程。大学物理实验所覆盖的知识面和信息量极为丰富，其过程融理论、方法、技能和数据处理于一体，在培养学生运用实验手段去分析、观察、发现乃至研究、解决问题的能力以及提高学生科学实验素质等方面，都起着重要作用，为培养学生的科技创新能力奠定基础。

　　本书作者根据物理实验教学本身的规律，按本课程的培养目标的要求和实验的难易程度，采用了"分层次"的教学体系，即"基础性实验、综合与应用性实验和设计与研究性实验"。分层次的教学体系的基本原则是教师要主动适应学生的接受能力，引导学生"爬楼梯"，使学生循序渐进地掌握科学实验基本知识、基本方法和基本技能。

　　全书共分五章。第一章绪论，介绍了实验课前应当做的准备工作及操作课上应注意的事项，这是科技人员应具备的最基本的科学素养，学生在做某一实验课题时，应该经常地反复阅读有关内容，它不仅能使学生事半功倍地完成实验课题，更重要的是能在潜移默化中培养学生严谨的治学态度和科学的思维方法。第二章大学物理实验的数据处理，根据我国《数据处理技术规范》的基本精神，结合本门课程的实际，作了大量的简化编写而成。目前许多高等学校的物理实验教学中都引入了不确定度理论，但对某些概念的理解和运用上还存在一些差异。本书在处理这一类问题时，力求做到科学性、简洁性和通用性相结合，使物理实验数据的处理方法与后续实验课程的数据处理方法相一致，也与当代社会生产与科技部门的相关法规相一致。第三章编入基础性实验 13 项，第四章编入综合与应用性实验 12 项，第五章收入设计与研究性实验 11 项。

　　本书由崔金玉担任主编，王丽、蒋倩云担任副主编，王聪、闵月月、滕继慧、林艳英、杨怡、王晓琦、邵思佳、戴雨菲、张熠、辛立方、孙炳全、刘凤智、赵涛参编，东北大学王旗老师担任主审。具体分工：崔金玉编写第一、二章及第三章实验六，第四章实验四、六、九，第五章实验一；孙炳全编写第五章实验十一；赵涛编写第五章实验二；刘凤智编写第五章实验六；王丽编写第三章实验二、九，第四章实验十一、十二，第五章实验八；闵月月编写第三章实验十，第四章实验五，第五章实验三、九；王聪编写第三章实验十一、十二；滕继慧编写第四章实验一，第五章实验十；林艳英编写第四章实验七、八；杨怡编写第三章实验四，第四章实验二；王晓琦编写实验第五章实验五、七；蒋倩云编写第三章实验一、七、八；邵思佳编写第三章实验十三，第五章实验四；戴雨菲编写第三章实验三、五；张熠编写第四章实验三；辛立芳编写第四章实验十。崔金玉负责全书统稿。

由于编者水平有限，难免有不足之处，望读者不吝批评指正。

编　者
2024 年 3 月于营口

目　录

第一章

绪论

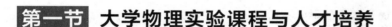

第一节 大学物理实验课程与人才培养

一、科学实验的地位与作用

人类改造自然的实践活动不外两种：一是生产实践，二是科学实验。所谓科学实验，是人们按照一定的研究目的，借助特定的仪器设备，人为地控制或模拟自然现象，突出主要因素，对自然事物和现象进行精密、反复的观察和测试，探索其内部的规律性。这种对自然的有目的、有控制、有组织的探索活动是现代科学技术发展的源泉。原子能、半导体、激光等科技成果仅仅依靠总结生产技术经验是发现不了的，只有在科学家的实验室里才会被发现。现代化的企业为了不断地改进生产过程和创新产品，也十分重视实验研究工作，都有相当规模的研究实验室。因而科学实验是科学理论的源泉，是自然科学的根本，是工程技术的基础，同时科学理论对实验起着指导作用。要处理好实验和理论的关系，重视科学实验，重视进行科学实验训练的实验课教学。

二、大学物理实验课程的地位与作用

物理学本身是一门实验科学，无论是物理规律的发现，还是物理理论的验证，都要取决于实验。例如，杨氏的干涉实验使光的波动学说得以确立，赫兹的电磁波实验使麦克斯韦的电磁波理论获得普遍承认，卢瑟福的 α 粒子散射实验揭开了原子的秘密，近代的高能粒子对撞实验使人们深入到物质的最深层——原子核和基本粒子内部来探索其规律性。在物理学发展过程中，人类积累了丰富的实验方法，创造出各种精密巧妙的仪器设备，涉及到广泛的物理现象，因而使物理实验课有了充实的实验内容。

大学物理实验课程属性是科学实验方法基础，是对高校理工专业学生进行科学实验基本训练的一门独立的必修基础课程，是学生在高等学校受到系统实验技能训练的开端。大学物理实验所覆盖的知识面和信息量极为丰富，根据我们的实践和认识，大学物理实验课有如下特点：它是在误差理论思想指导下为达某项目标而进行的实验，是手脑并用的复杂劳动；它要有恰当的方法，以使所要观测的物理现象或过程能够实现，并达到符合一定准确度的定量测量要求；它需要技能，如实验方案的选择、仪器设备的调整与操作、物理现象的观察与分析等等；它的语言是数据，实验的成功与失败，好与差，必须用数据来说明。所以大学物理

实验的过程融理论、方法、技能和数据处理于一体，它在培养学生运用实验手段去分析、观察、发现乃至研究、解决问题的能力方面，在提高学生科学实验素质方面，都起着重要作用，为培养学生的科技创新能力提供了非常优越的条件。同时，它也将为学生今后的学习、工作奠定良好的基础。

三、大学物理实验课的教学培养目标

1. 学习和掌握物理实验的基本知识、基本方法和基本技能，其中包括：

（1）掌握测量误差、有效数字、不确定度等基础知识。

（2）掌握实验数据处理基本方法。

（3）掌握基本仪器的结构原理、使用方法和操作技术。

（4）掌握预习、实验操作和撰写实验报告等基本实验程序。

（5）掌握常用物理量基本测试方法，并能在实际工作中应用。

2. 培养与提高学生的科学实验能力，其中包括：

（1）自学能力。能够自行阅读实验教材和参考资料，正确理解实验内容，作好实验前的准备。

（2）动手实践能力。能够借助教材和仪器说明书，正确调整使用常用仪器。

（3）思维判断能力。能够运用物理学理论，对实验现象进行初步的分析和判断。

（4）表达书写能力。能够正确记录和处理实验数据，绘制图线，说明实验结果，撰写出有见解的实验报告。

（5）简单的实验设计能力。能够根据课题要求，确定实验方法和条件，合理选择仪器，拟定具体的实验程序。

3. 培养和提高学生从事科学实验的素质。其中包括：

（1）理论联系实际和实事求是的科学作风。

（2）严肃认真的工作态度，不怕困难、主动进取的探索精神。

（3）遵守操作规程、爱护公共财产的优良品德。

（4）在实验过程中相互协作、共同探索的合作精神。

第二节 大学物理实验课的教学环节和要求

做一个实验包括三个教学环节：课前预习，课堂操作，课后撰写实验报告。课堂操作是最基本的环节，预习是课堂操作的必要准备，撰写实验报告是实验成果的书面表达。

一、实验前的预习

实验教材是进行实验的指导书。它对每个实验的目的与要求、实验原理都做了明确的阐述。因此，在上实验课前都要认真阅读，必要时还应阅读有关参考资料。对于所涉及测量仪器，在预习时可阅读教材中有关该仪器的介绍，了解其构造原理、工作条件和操作规程等，必要时可到实验室去观察实物，并在此基础上写好预习报告。预习报告内容主要包括以下几个方面：

（1）实验题目：实验项目名称。

（2）仪器设备：实验中使用的主要仪器设备。

（3）实验原理：列出有关测量的计算式及条件（要明确哪些物理量是直接测量量，哪些物理量是间接测量量，用什么方法和测量仪器等），必要时需绘出电路图、光路图或设备示意图。

（4）实验步骤：把实验步骤写在纸面上，它就成了一张操作路线图，可以指导学生有条不紊地完成实验任务，操作者按此程序去做即可。

（5）数据记录表格：数据表与操作步骤是密切相关的。数据表中项目栏的排列顺序，应与操作步骤的顺序合理配合，这样，可以随时将实验数据按顺序填入表中，也可以随时观察和分析数据的规律性。有的学生喜欢将数据随便记在纸片上，这种做法反映了实验者心态的浮躁，很容易出错，这种做法在实验课堂上是不允许的。

二、课堂实验操作

进入实验室应遵守实验室规章制度和学生实验守则。认真听取指导教师讲解仪器设备使用注意事项和使用方法，在教师指导下正确使用仪器，注意爱护，稳拿妥放，防止损坏。对于电磁学实验，必须由指导教师检查电路的连接正确无误后，方可接通电源进行实验。

实验结束，要把原始实验数据记录交给指导教师检查签字，对不合理的实验数据还要补做或重做。离开实验室前要整理好使用过的仪器，做好清洁工作，填好实验记录，经指导教师同意后，方可离开实验室。为更好完成课堂实验，还要牢记以下事项：

1. 关于仪器

实验仪器放在实验台上的位置，以安全和方便为原则。例如，高压电源的输出端钮应远离操作者，经常需要操纵或调节的仪器，应放在便于操纵的位置上，如砝码盒应放在天平的砝码盘附近。一些电学实验，仪器部件较多，实验者首先要把这些仪器部件一一安排在合适的位置上，然后再连线。这样才能保证实验台上的仪器既安全又方便。实验完成后，应将所有仪器恢复原位。

仪器在使用过程中，难免发生故障，使得仪器不能正常工作，或数据失常，这时应立即停止实验，并设法排除故障。如果学生对所用仪器比较熟悉，可以独立地去排除，否则应报告指导教师，待故障排除后，才能恢复做实验。

2. 关于读数

测量仪器从被测对象获得的信息以各种形式输出，最常见的输出形式是，在标尺或仪表上得到读数。读数时要注意以下各点：

（1）有效数字取位要合理，要读到有误差（可疑）的那一位。

（2）读数时要注意消除视差。例如，在读取标尺示值时，眼睛要正对示值刻线的上方；在读取指针式仪表的示值时，眼睛要正对指针的上方等。

（3）读数时要有足够的耐心。尤其在做重复性测量时，不要以为后面的数据一定和前面的数据相同。当指示器再次临近前面的数据时，不要迫不及待地记录读数，因为指示器可能还在缓慢地移动。要实事求是，不要编造所谓"重复性"好的假数据。

（4）读数出现异常时，立即停止测量。这时应检查测量仪器是否失调，环境条件是否发生了异常突变。如一时找不到原因，应及时报告指导教师。

3. 关于原始实验数据记录

所有做过的实验都应该有完整的原始记录，它是记载物理实验全部操作过程的基础性资料。

（1）用专用的原始实验记录本记录实验内容、现象和数据。在原始记录里，除实验数据外，还应载明实验日期、实验题目、仪器编号以及操作过程中出现的异常现象等，有时还需记下室温、大气压、湿度等环境条件。

（2）实验数据应直接记录在表格里，数据表要单独一页。实验中每次读到一个数据，就把它填写到数据表内相应的空格中，可以使实验者始终保持清醒的头脑，随时知道已经测量了什么，还应测量什么。学会根据测量内容来绘制数据表，也是科技工作者必备的基本技能。如果在一个实验中，有两组以上的数据，则应绘制两个以上的数据表。

（3）数据表应有表序和表名。表序是按数据表在实验报告中出现的次序用阿拉伯数字所做的编号，从"表1"开始，一直编到最后。若实验报告中只有一个数据表，仍然用"表1"表示。表名应能确切表达数据表的特定内容。例如，测量一个细长钢棒的体积，其数据表的表名可拟为"细长钢棒的几何尺寸"。

表 1　细长钢棒的几何尺寸　　$\Delta_{仪}(d) = 0.02$ mm　　$\Delta_{仪}(L) = 0.004$ mm

次数	1	2	3	4	5	6
直径 $d/(\times 10^{-3}$ m)	5.32	5.34	5.36	5.36 ~~5.38~~	5.34	5.32
长度 L/m	0.8725	0.8721	0.8724 ~~0.8728~~	0.8723	0.8726	0.8722

（4）实验室提供的数据、仪器误差、关键的实验条件等应列在表格之上。

（5）用钢笔或圆珠笔记录数据，不要用铅笔。数据应占格中一半位置（如表1所示）。发现了错误的数据，应及时改正，但不允许涂改，更不准用橡皮擦去。正确的方法是，在错误的数据上，轻轻画一斜杠，并在上边写上正确的数据（如表1示例）。留下错误数据的笔迹，可能对日后分析测量结果时有参考价值。

三、撰写实验报告

实验报告是学生完成某一实验题目的实验总结，是学生展示自己的科学素养和实验技能、发表实验见解的学习性报告，也是培养学生进行科技写作的有效形式之一。根据物理实验教学的特点，并参照国家关于科技论文写作的有关标准和规范，建议在撰写物理实验报告时，应包括如下内容：实验名称、实验目的、原理简述、实验方法、数据记录、数据处理与结果分析、实验总结与讨论及回答思考题等八个部分。

下面分别对"报告"中各部分的写法提出一些要求：

关于"实验名称"和"实验目的"，一般应与教材中提法一致。

关于"原理简述"，应该是在理解原理的基础上用自己的语言简要叙述，要求做到简明扼要，图（原理图、光路图、电路图）文并茂，并列出测量和计算所依据的公式，注明公式中各量的物理意义及公式的适用条件。

关于"实验方法"，只要写出关键性的调整方法和测量技巧（不是具体操作步骤的叙述，而是个人理解的简述，可简可详）。

关于"数据记录"，一般要求以列表形式来反映完整而清晰的原始测量数据。

关于"数据处理与结果分析"，要求写出数据处理的主要过程、图线、误差分析等，在计算处理完成以后，必须以醒目的方式完整地表示出实验结果。

关于"实验总结与讨论"，内容不受限制，可以是对观察到的实验现象进行分析，对结论和误差原因进行分析，也可以对实验方案及其改进意见进行讨论评述。这是实验报告中最开放、最灵活的部分，重在说理，能反映实验者观察和分析能力的高低。

总之，物理实验课有着自己的特点和规律，要学好这门课不是件容易的事情。希望同学们在学习过程中不断提高对它的兴趣，打好基础，注意培养自己成为优秀的科学技术人才。

第二章
大学物理实验数据处理基本方法

第一节 物理量的测量基本知识

一、测量的概念

为获得被测物理量的量值而实施的一组操作称为测量。这个定义中所说的"一组操作"，是实验的全过程，既包括实验操作，也包括数据处理，直到给出测量结果。

1. 真值

表征某量在研究所处的条件下，完善的、确定的量值叫真值。

2. 测量值

测量值是指用数和适当的单位表示的值，如 67.5 kg，3.65 m 等。

3. 约定真值

为了给定的目的用来替代真值的量值称为约定真值。一般来说，约定真值被认为是非常接近真值的，就给定目标而言，其差值可以忽略不计。

二、测量的分类

在测量中，根据给定的原理，所采用的理论运算和实际操作，叫测量方法。测量方法大致可分为以下几类：

1. 直接测量和间接测量

直接测量是指可直接从测量仪器或量具上读出待测量大小的测量。例如用卡尺测直径，用天平测物体的质量，用电压表测电路中电压等。间接测量是指利用直接测量量与被测量之间的已知函数关系，通过运算而得到该被测量的量值，例如通过测量电路中的电流和电阻上的电压，再用公式计算出该电阻的阻值。

某物理量能不能直接测量并不是绝对的。随着科学技术的发展，测量仪器的研发，很多原来只能间接测量的物理量，可以实现直接测量了。例如测量密度的基本方法是典型的间接测量，但借助专用传感器也可以实现直接测量。大学物理实验中大多数物理量的测量都是间接测量，但直接测量是间接测量的基础。

2. 单次测量和多次测量

根据具体测量方案，对某物理量可安排单次测量或多次测量。当随机误差远小于系统误差时，或因条件限制只能测量一次时，或对测量结果精度要求不高时采取单次测量。一般情况应采取多次测量。

3. 等精度测量和非等精度测量

对多次测量，根据测量条件是否相同，又可分为等精度测量和非等精度测量。

在相同测量条件下进行的多次测量是等精度测量。如同一个人，使用同一仪器，采用同样方法，在同样的操作环境下，对同一测量对象进行反复多次的测量，获得一组测量数据 x_1，x_2，…，x_n，各次测量结果都是独立的，没有任何理由判断某一次测量更为精确，故将这种具有同样精确程度的测量称为等精度测量，这样的一组测量数据称为测量列。

在对某物理量进行多次测量时，测量条件完全不同或部分不同，各次测量结果的可靠程度也不完全一样，这样的测量称为非等精度测量。处理非等精度测量结果时，需根据每个测量值的"权重"进行"加权平均"，因此在一般的物理实验中很少采用。

由于在实验中一般无法保持测量条件完全不变，所以严格的等精度测量是不存在的。当某些条件的变化对测量结果影响不大或可以忽略时，则可将这种测量视为等精度测量。在大学物理实验中，有关测量误差与数据处理的讨论，都是以等精度测量为前提的。

三、测量的基本方法

实践证明，现代科技的许多重大研究成果，都是通过物理手段取得的。下面讨论的"基本物理实验方法"不是针对某一物理量而实施的具体的方法，也不是为了讨论某些具体的实验方法，而是在迄今为止已出现的成千上万个精彩纷呈的物理实验方法中，深入领会这些方法的物理思想，根据这些物理实验方法的本质特征进行归纳和分类，把归类以后而得到的物理实验方法称为基本物理实验方法，如直接比较测量法，放大测量法，转换测量法，替代测量法，模拟测量法等，这些基本物理实验方法是人类科学智慧的宝库，它为人类科技的发展立下了丰功伟绩。它不仅适用于物理学科，一切科技领域中测量方法的探索和创新都离不开这些基本物理实验方法的运用。

1. 比较法

（1）直接比较和间接比较   一个待测物理量与一个经过校准的、属于同类物理量的量具或量仪（标准量）直接进行比较，从测量工具的标度装置上获取待测物理量量值的测量方法，称为直接比较，如用米尺测杆的长度即为直接比较。

由于某些物理量无法进行直接比较测量，故需设法将被测量转变为另一种能与已知标准量直接比较的物理量，当然这种转变必须服从一定的单值函数关系。如用弹簧的形变去测力，用水银的热膨胀去测温等均为这类测量，此称间接比较。

（2）比较系统   有些比较要借助于或简或繁的仪器设备，经过或简或繁的操作才能完成，此类仪器设备称为比较系统。天平、电桥、电位差计等均为常用的比较系统。为了进行比较，常用以下几种方法：

① 直接法。米尺测长，电流表测电流强度，电子秒表测时，都是由标度尺示值或数字显示窗示值直接读出被测值，此为直读法。直读法操作简捷，但一般测量准确度较低。

② 零示法。在天平称量时，要求天平指针指零；用平衡电桥测电阻时，要求桥路中检流计指针指零。这种以示零器示零为比较系统平衡的判据，并以此为测量依据的方法称为零示法（或零位法）。零示法操作过程较繁杂，但由于人的眼睛判断指针与刻线重合的能力比

判断相差多少的能力强，故零示法灵敏度较高，因而测量精确度也较高。

③ 交换法与替代法。为消除测量中的系统误差，提高测量的精确度，常用到这两种方法。如为消除天平不等臂的影响，第一次称衡时左盘放置被称量物，第二次称衡时右盘放置被称量物，两次称量值的平均值即为被称量物的质量。类似的测量方法称交换法。在用平衡电桥测电阻时，先接入待测电阻，调电桥平衡，保持电桥状态不变，用可调电阻箱替换待测电阻，调电阻箱，重新使电桥平衡，则电阻箱示值即为被测电阻的阻值。类似的测量方法称为替代法。

2. 补偿法

当系统受到某一作用时会产生某种效应，在受到另一同类作用时，又产生了一种新效应，新效应与旧效应叠加，使新旧效应均不再显现，系统回到初状态，此称新作用补偿了原作用。如原处于平衡状态的天平，在左盘放上重物后，在重力作用下，天平臂发生倾斜，当在右盘放上与物同质量的砝码后，在砝码重量作用下，天平臂发生反向倾斜，天平又回到平衡状态。这是砝码（的重力）补偿了物（的重力）的结果。运用补偿思想进行测量的方法称补偿法。

常用的电学仪器电位差计，即基于补偿法。补偿法往往要与零示法、比较法结合使用。

3. 放大法

放大有两类含义：一类是将被测对象放大，使测量精密度得以提高；一类是将读数机构的读数细分，从而也能使测量精密度提高。

机械放大。利用丝杠鼓轮和蜗杆鼓轮制成的螺旋测微计和迈克尔逊干涉仪的读数细分机构，可把读数细分到 0.01 mm 和 0.000 1 mm，读数精确度大为提高。利用杠杆原理，也能将读数细分。

角度放大。由于人眼分辨率的限制，当物对眼睛的张角小于 0.001 57°时，人眼将不能分辨物的细节，只能将物都视作一点。利用放大镜、显微镜、望远镜的视角放大作用，可增大物对眼的视角，使人眼能看清物体，提高测量精确度。根据光的反射定律，正入射于平面反射镜的光线，当平面镜转过 θ 角时，反射光线将相对原入射光线转过 2θ，每反射一次，便将变化的角度放大一倍。而且光线相当于一只无质量的长指针，能扫过刻度尺的很多刻度。由此构成的镜尺结构可使微小转角得以明显显示，用此原理制成了光杠杆及冲击电流计、复射式光点电流计的读数系统。

4. 模拟法

为了对难以直接进行测量的对象（如静电场极易受干扰、飞机体积太大等）进行测量，可以制成与研究对象有一定关系的模型。用对模型的测试代替对原型的测试。这种方法称为模拟法。当模型与原型关系满足几何相似（即模型与原型在几何形状上完全相似）、物理相似（即模型与原型遵从同样的物理规律）时，这类模型称为物理模拟。飞机在风洞中吹风即其实例。另一类模拟称为数学模拟，其模型与原型在物理实质上可完全不同，但它们却遵从相同的数学规律。用稳恒电流场模拟静电场即属此类。

5. 振动与波动方法

振动法。振动是一种基本运动形式。许多物理量均可以为某振动系统的振动参数。只要测出振动系统的振动参量，利用被测量与参量的关系就可得到被测量。利用三线摆测圆盘的转动惯量即是振动法的应用。

李萨如图法。两个振动方向互相垂直的振动，可合成为新的运动图像。图像因振幅、频率、相位的不同而不同。此图称为李萨如图。利用李萨如图可测频率、相位差等。李萨如图通常用示波器显示。

共振法。一个振动系统受到另一个系统周期性的激励，当激励系统的激励频率与振动系统的固有频率相同时，振动系统将获得最多的激励能量，此现象称为共振。共振现象存在于自然界的许多领域，诸如机械振动、电磁振动等。用共振法可测声音的频率、L-C 振荡回路的谐振频率等。

驻波法。驻波是入射波与反射波叠加的结果。机械波、电磁波均会发生。驻波波长较易测得，故常用驻波法测波的波长。如又同时测出频率，则可知波的传播速度。

相位比较法。波是相位的传播。在传播方向上，两相邻同相点的距离是一个波长。可通过比较相位变化而测出波的波长。驻波法和相位比较法在《声速测量》实验中将用到。

6. 光学实验方法

干涉法。在精密测量中，以光的干涉原理为基础，利用对干涉条纹明确交替间距的量度，实现对微小长度、微小角度、透镜曲率、光波波长等的测量。双棱镜干涉、牛顿环干涉等实验即为干涉测量，迈克尔逊干涉仪即为典型的干涉测量仪器。

衍射法。在光场中置一线度与入射光波长相当的障碍物（如狭缝，细丝，小孔，光栅等），在其后方将出现衍射花样。通过对衍射花样的测量与分析，可定出障碍物的大小。用伦琴射线对晶体的衍射，可进行物质结构分析。

光谱法。利用分光元件（棱镜或光栅），将发光体发出的光分解为分立的按波长排列的光谱。光谱的波长、强度等参量给出了物质结构的信息。

光测法。用单色性好、强度高、稳定性好的激光做光源，再利用声-光、电-光、磁-光等物理效应，可将某些需精确测量的物理量换为光学量测量，光测法已发展为重要的测量手段。

7. 转换测量法

把被测量依据物理规律转换为另一个被测对象的方法称为转换测量法。转换测量法的物理本质是通过转换测量对象，把看起来不可测的量转化为可测的量，或把看起来不可能测准的量准确地测量出来。

例如，不规则物体的体积在量筒出现以前，似乎也是不可测量的量，量筒的出现，把对体积的测量转换为对量筒中水面上升高度的测量。但是这种测量方法误差很大，为了提高测量的准确度，又出现了一种新的测量方法：利用天平及其浮子系统，根据阿基米德定律，将体积的测量转换为对浮力的测量，又转换为对质量的测量。

转换测量法在实验室中应用的例子不胜枚举。例如：

热电偶根据温差电理论将温度的测量转换为电势差的测量（见实验二十）；

换能器根据压电晶体的压电效应将机械波的测量转换为电压波的测量（见实验二十一）；

霍尔元件根据霍尔效应将磁感强度的测量转换为电势差的测量（见实验六）；

示波器根据热电子发射，电子束在电场作用下的偏转及电致发光等一系列物理过程，将电压波的测量转换成几何图形的测量（见实验十六）；

牛顿环器件通过等厚干涉原理把球面曲率半径的测量转换成干涉图样几何尺寸的测量（见实验十二）。

上述被测对象的转换，有的是靠某种器件，有的是靠某种装置，通常把这些转换器件称为传感器。传感器的共同特点是，能直接感受被测量的作用，并能按一定规律将被测量转换成同种或别种可测的信号。由于转换测量法的巨大优越性，成千上万种新型传感器不断涌现。如今，传感器技术几乎进入了所有的技术领域。按传感器能感受的被测量的属性来分，有物理量传感器，化学量传感器和生物量传感器等几大类。物理量传感器又包括测重传感器（应变计式、电容式、磁阻式、压阻式、压电式），压力传感器（应变片式、金属箔式、电感式、霍尔式）、位移长度传感器（光栅式、磁栅式、光纤式、超声式、光电式）、密度传感器（射线式、振动式，浮子式）、黏度传感器（超声波式、旋转式）、热传感器（热电偶、热敏电阻、热电阻、双金属片、光纤）、磁传感器（霍尔元件、光纤磁传感器，磁敏电阻）、光传感器（光电管、光敏电阻、光敏二极管、光电池、CCD 图像传感器）等。

第二节　测量结果的有效数字及其运算法则

一、有效数字的概念

正确而有效地表示测量和实验结果的数字，称为有效数字。它由可靠的若干位数字加上可疑的一位数字构成。从表达上说从左端第一个非零数字到右端最后一位的所有数字均为有效数字。如测量值 2.72 cm 和 2.70 cm，都是 3 位有效数字，2.7 是可靠数字，尾数 "2" 和 "0" 是可疑数字（估读的），但它们在一定程度上反映了客观实际，因此也是有效的。

应当指出，测量结果第一位（最高位）非零数字前的 "0" 不属于有效数字，而非零数字后的 "0" 都是有效数字。前者只反映了测量单位的换算关系，与有效数字无关。例如，0.012 5 m 是 3 位有效数字，不应理解为 5 位有效数字，它与 1.25 cm 实际上是一回事。而非零数字后的 "0" 则反映了测量的大小和精度，如 1.09 cm 是 3 位有效数字，而 1.090 0 cm 是 5 位有效数字；1.09 cm 说明不确定度范围是 0.01～0.09 cm，而 1.090 0 cm 的不确定度范围只有 0.000 1～0.000 9 cm，它的测量精度要高得多。

需要牢记的是有效数字末位数字恒是可疑数字（不确定度所在位）。学生易错的是漏掉可疑位的 "0"。如测量值 2.70 cm 是 3 位有效数字，可疑位是 "0"。如果因为可疑位数字是 "0" 而漏写（不写），写成 2.7 cm，则本来是可靠位数字的 "7" 被误认成可疑数字，变成了 2 位有效数字，严重降低了测量水平，是错误的。

二、有效数字的读取

在物理实验教学中，经常会遇到读数取几位数和运算结果取几位数的问题，其实只要掌握有效数字末位数字恒是可疑数字这一法则，问题就迎刃而解了。下面就测量值有效数字读取一般规律作简要介绍。

1. 十分度标尺

测量仪器的读数装置带有十分度标尺（最小分度值为 1 个单位）时，读数为可靠位（最小分度值整数倍）加上估读位（可疑位），若读数恰为整数，则估读位记为 0。例如图 2-2-1 所示，该直尺的分度值是 1 mm，读成 84.6 mm，末位数 6 是可疑的，如果有人估读为 7，读成 84.7 mm 也是合理的。

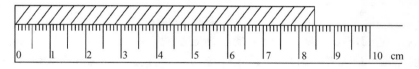

图 2-2-1　直尺读数示意图

2. 游标标尺

做物理实验经常用到带有游标标尺的仪器，如游标卡尺、分光计及电位差计等。此时直接按游标原理正确读数即可。这里需要说明的是游标标尺读数末位不是估读的，但它仍然是可疑的，因为所谓"两刻线对齐"是相对的（用放大镜看一下会怎样？）。因此与有效数字末位是可疑位并不矛盾。如图 2-2-2 所示读数为 21.44 mm，0.04 是可疑位，如读成 0.02 或 0.06 都是错误的，可见精度比直尺提高了很多。

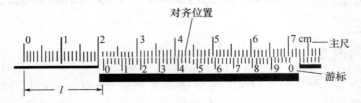

图 2-2-2　游标卡尺读数示意图

3. 十步进式标度盘

电磁学实验经常用到电阻箱、电容箱、电桥及电位差计等，标度盘上排列多个十步进旋钮，一般将各旋钮示值加起来即为标度盘读数，例如图 2-2-3 所示的电阻箱，读作 1 032.0 Ω。但有时读数有效数字由实验时灵敏度决定。例如在"灵敏电流计研究"实验中，测临界电阻时，调节电阻箱"×1 Ω"旋钮，仪器才刚有反应，则读数有效数字只能记到"×1 Ω"，读数为 1 032 Ω。尽管还有最小步进"×0.1 Ω"旋钮，其示值是无效的。

1 032.0 Ω

图 2-2-3　6 旋钮电阻箱读数

4. 其它

数显仪表一般直接读取仪表示值，末位仍是可疑的；非十分度标尺读数要根据具体情况读取有效数字。例如，用量程为 150 mA，75 格分度的电流表测电流，最小分度为 2 mA，读数误差按 0.2 格即 0.4 mA 估计，因此可以取至小数点后 1 位。如果分度值是 5 只能读到分度位。

三、有效数字的运算法则

在有效数字的运算过程中，为了不因运算而损失有效数字，影响测量结果的精确度，并尽可能地简化运算过程，归纳以下有效数字运算规则，这些规则简单易记，其合理性是可以证明的。

1. 加减法运算

对加法运算，主要看参与运算各量有效数字的末位，运算结果的末位应与其中末位最高的相同。

例如，$N = A + B + C + D$，合成扩展不确定度 $U_N = \sqrt{U_A^2 + U_B^2 + U_C^2 + U_D^2}$，一定大于 4 个不确定度分量中最大者，因之 N 的末位应与 4 个分量中有效数字末位最高者相同。如 $A = 5\ 472.3$，$B = 0.753\ 6$，$C = 1\ 214$，$D = 7.26$，则有效数字最后一位位数最高者是 C。因此，N 的有效数字取至个位数与 C 相同，即

$$N = 5\ 472.3 + 0.753\ 6 + 1\ 214 - 7.26 = 6\ 679.793\ 6 = 6\ 680$$

根据有效数字末位恒是可疑位，我们将可疑位以下画线标记，最后结果只保留一位可疑位，其结果 N 的末位亦应与 C 相同。

2. 乘除法运算

对乘法运算，运算结果有效数字应与参与运算各量中有效数字最少的相同。

例如 $N = \dfrac{ABC}{D}$，合成相对不确定度 $\dfrac{U_N}{N} = \sqrt{\left(\dfrac{U_A}{A}\right)^2 + \left(\dfrac{U_B}{B}\right)^2 + \left(\dfrac{U_C}{C}\right)^2 + \left(\dfrac{U_D}{D}\right)^2}$，不难想见，$\dfrac{U_N}{N}$ 一定大于 A，B，C，D 中相对不确定度的最大者，相对不确定度最大者一定是有效数字位数最少者。因此，N 的有效数字应与 A，B，C，D 中有效数字位数最少的位数相同。如 $A = 80.5$，$B = 0.001\ 4$，$C = 3.083\ 26$，$D = 764.9$，则

$$N = \frac{ABC}{D} = \frac{80.5 \times 0.001\ 4 \times 3.083\ 26}{764.9} = 4.5 \times 10^{-4}$$

补充规定：如最后结果的第一位数是 1，2，则在上述原则的基础上，可多保留一位。

3. 混合四则运算

应按前述原则按部就班进行运算，并获得最后结果。

4. 其它运算

（1）对数运算：对数的有效数字与其小数点后的位数与真数的位数相同。

例如 $y = \ln x$，式中 $x = 888$，经计算器运算得 $\ln 888 = 6.788\ 971$，结果为 $\ln 888 = 6.789$。

（2）指数运算结果有效数字与指数相同。如 $y = e^x$，$x = 9.14$ 计算器给出 $y = 9\ 320.765\ 1$。再取 3 位有效数字，则 $y = 9.32 \times 10^3$。

（3）乘方开方等有效数字位数不变。

（4）三角函数运算。对 $y = \sin x$，若 x 的末位是度，则 y 取 2 位数，若 x 的末位为分，则 y 取 4 位数。例如

$\sin 30° = 0.50$

$\sin 30°0' = 0.500\ 0$

（5）对于公式中的常数（π，e 等）的有效数字位数可以认为无限制的，在计算中其有效数字位数取比参与运算的各数中有效数字位数最多的多一位。

以上阐述的有效数字的运算和取位规则，其合理性是不难证明的。只需用不确定度的传播律，根据参与运算各分量的不确定的量值，就能比较容易地估算出 y 的不确定的数量级。进而确定 y 的末位是在哪一位。

对于各种函数运算，如指数运算，对数运算，三角函数运算，乘方运算，根式运算等等，不必死记上述规则。如果手头有一台计算器，只要在 x 的末位 $+1$（或 -1），比较两个运算结果最先出现差异的那一位，便应是 y 的末位。其实 y 的这个差异是由 x 的差异导致的。例如 $\ln 888 = 6.788\ 971$，$\ln 887 = 6.787\ 845$，由于 x 末位的差异，使得 y 在小数点后第 3 位产生差异，所以应取为 $y = 6.789$；又如 $\sin 30° = 0.500\ 0$，$\sin 31° = 0.515\ 0$，所以取 $\sin 30° = 0.50$。

5. 有效数字的修约数值修约规则

按国家标准文件：GB/T 27418—2017，在进行具体的数字运算前，按照一定的规则确定需要保留的有效数字和位数，然后舍去某些数字后面多余的尾数的过程被称为数字修约。四舍六入五考虑：

五后非零则进一，五后皆零视奇偶，

五前为偶应舍去，五前为奇则进一，

不论数字多少位，都要一次修约成。

例如，将下列数字全部修约为四位有效数字：

(1) 尾数≤4，2.717 290→2.717；

(2) 尾数≥6，1.118 630→1.119；

(3) 尾数＝5，

① 5 后是非零，进位，3.141 592→3.142；

② 5 后全为零，5 前是偶数，不进位，1.1425 00→1.142；

③ 5 后全为零，5 前是奇数，进位，1.1415 00→1.142。

四、有效数字的标准表示形式

为便于处理过大和过小的数据，常把有效数字写成小数点前是一位的非零整数，而后乘以 10 的幂数形式，称为有效数字的科学表示法。例如，人口 11 亿 8 千万，只有 3 位有效数字，不应写成 1 180 000 000，而应写成 $1.18×10^9$ 或 11.8 亿。再如 $(0.000\,635±0.000\,007)\mathrm{m}$，书写起来也很不方便，应写成 $(6.35±0.07)×10^{-4}\ \mathrm{m}$。

第三节 测量误差及分析

一、误差的定义和表示法

待测量的真值是客观存在的，然而在实际测量时，由于实验条件、实验方法和仪器精度等的限制或者不够完善，以及实验人员技术水平的原因，测量值与真值之间总是有一定的差异。测量值与真值的差异称为误差。误差的表示方法分为绝对误差和相对误差。

1. 绝对误差

某测量值和真值之间的差值，称为绝对误差，即绝对误差＝测量值－真值。若以 $\bar{x}$ 表示测量结果，以 x_0 表示真值，则其绝对误差

$$\Delta x = \bar{x} - x_0 \tag{2-3-1}$$

2. 相对误差

绝对误差的绝对值和被测对象的真值的比值，称为相对误差。一般用百分比表示，故也称为百分误差。即相对误差 $= \dfrac{|测量值-真值|}{真值}×100\%$，相对误差公式

$$\eta = \frac{|\bar{x} - x_0|}{x_0}×100\% \tag{2-3-2}$$

二、误差的分类

按照误差的特点与性质，误差分为系统误差、随机误差和过失误差。

1. 随机误差

由随机效应导致的误差称为随机误差。对同一物理量进行重复性测量得到 n 个测量值，这些测量值的误差时大时小，时正时负而不可预知。这些不可预知的变化称为随机效应。正

是随机效应导致了重复测量中的分散性。随机误差的量值等于测量结果减去总体均值。若以 $\bar{x}$ 表示测量结果，μ 表示测量列的总体均值，则随机误差可表示为

$$\varepsilon = \bar{x} - \mu \tag{2-3-3}$$

式中，μ 值不能准确得到，故随机误差的量值也不能准确得到。

当测量次数充分多时，各测得值的随机误差分布服从统计规律，随机误差的主要特性可归纳为有界性和对称性。

有界性是指测量随机误差的绝对值不会超过一定的界限，即不会出现绝对值过大的误差。对称性是指绝对值相等而符号相反的随机误差出现的次数大致相等，即测量值是以它们的算术平均值为中心而对称分布的，这样，所有误差的代数和趋近于零，所以随机误差又具有抵偿性。

当误差分布呈现正态分布、三角分布和梯形分布时，随机误差还具有单峰性，如图 2-3-1。

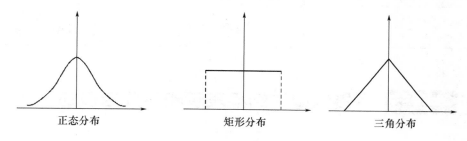

图 2-3-1　随机误差的单峰性

2. 系统误差

由系统效应导致的误差称为系统误差。这里所说的系统效应主要来源于：测量方法不理想，对环境条件的测量和控制不完善，测量仪器性能的不完善等。在物理实验教学中，由测量仪器性能不完善而引起的误差常常成为我们重点分析的误差来源。

系统误差的量值等于总体均值减去被测量的真值。若以 μ 表示总体均值，x_0 表示真值，则系统误差为

$$\delta = \mu - x_0 \tag{2-3-4}$$

由于 μ 与 x_0 都是理想的概念，故系统误差也是无法准确得到的。

3. 过失误差

实验中，由于实验者操作不当或者粗心大意，使得测量结果明显被歪曲，这种误差称为过失误差。过失误差应通过实验者的主观努力予以避免，或及时发现并在数据处理时予以剔除。故测量误差仅考虑随机误差和系统误差。

由式（2-3-1）～式（2-3-4）可得

$$\Delta x = \varepsilon + \delta \tag{2-3-5}$$

式（2-3-5）告诉我们，测量误差等于随机误差与系统误差的代数和。由于随机误差和系统误差都是无法准确得到的，所以用式（2-3-5）不能将误差计算出来。但它清楚地说明了这样一个事实：测量误差是由随机效应和系统效应共同影响的结果。所以在分析不确定度来源时，既要考虑随机效应引起的不确定度，又要考虑由系统效应引起的不确定度。

在做实验结果误差分析时，应重点考虑系统误差。系统误差按其产生的原因可分为仪器误差（由于仪器本身欠缺或安装调整不当而造成的）、理论误差（由于实验原理不够完善或

测量所依据的理论的近似性所造成的）和环境误差（由于外界环境偏离标准条件造成的）；按其掌握程度可分为已定系统误差和未定系统误差；按其处理方法可分为可修正系统误差、可消除系统误差和可估算系统误差，见表 2-3-1。系统误差的一部分被修正，一部分被消除，余下的部分可以用非统计学方法进行估算。可估算系统误差分量与随机误差分量按一定的方法合成测量不确定度。

表 2-3-1　系统误差的分类和处理方法

分类		处理方法	举例
按掌握程度	按处理方法		
已定	可修正	加修正值 用公式修正	千分尺零点修正 伏安法测电阻修正公式
未定	可消除	采用适当的测量方法	交换法、替代法、补偿法等
未定	可估算	用非统计学方法估算	凭相关知识和经验 根据仪器的有关资料

第四节　直接测量的结果表示和不确定度的评定

由于真值的未知性，使得测量误差的大小与正负难以确定。因此，在对测量结果的质量进行定量评定时，往往只是给出误差以一定的概率出现的范围。而这个用来定量评定测量结果质量的参数，即为测量不确定度。

误差与不确定度是两个不同的概念，不应混淆。误差是客观存在的测量结果与真值之差，是一个确定的值。但由于真值往往无法知道，因此误差一般不能准确得到。而测量不确定度是说明测量值分散性的参数，可由人们分析和评定得到，与人们的认识程度有关。一个测量结果可能误差很小，但由于认识不足，评定得到的不确定度可能较大；相反，可能测量结果误差较大，由于认识或分析不足，给出的不确定度却较小。

误差与测量不确定度既有区别，又有联系。误差理论是估算不确定度的基础，不确定度是误差理论的补充。

一、算术平均值与标准偏差

对真值为 x_0 的某一量 x 做等精度测量，得到一测量列 $x_1 \sim x_n$，则该测量列的算术平均值为

$$\bar{x} = \frac{\sum\limits_{i=1}^{n} x_i}{n} \tag{2-4-1}$$

若测量数据中无系统误差和粗大误差存在，由正态分布随机误差的对称性特点和数学期望、标准差含义可知，在测量次数 $n \to \infty$ 时，有算术平均值

$$\bar{x} = \lim_{n \to \infty} \frac{\sum\limits_{i=1}^{n} x_i}{n} = x_0 \tag{2-4-2}$$

测量列标准差

$$\sigma = \lim_{n \to \infty} \sqrt{\frac{\sum\limits_{i=1}^{n}(x_i - x_0)^2}{n}} \tag{2-4-3}$$

在实际测量中，测量次数总是有限的，且真值不可知。因此，对于等精度测量列，可以用算术平均值作为真值的最佳估计值。而测量列标准差也需通过估计获得。估计标准差的方法很多，最常用的是贝塞尔法，即子样标准差。公式为

$$S = \sqrt{\frac{\sum\limits_{i=1}^{n}(x_i - \bar{x})^2}{n-1}} = \sqrt{\frac{\sum\limits_{i=1}^{n}v_i^2}{n-1}} \tag{2-4-4}$$

式中，$v_i = x_i - \bar{x}$，称为残差。

由于算术平均值也是一个随机变量，进行多组等精度重复测量时得到的算术平均值具有离散性。描述该离散性的参数是算术平均值的标准差，由误差理论可以证明，算术平均值标准差与测量列（或单次测量）标准差之间的关系为

$$\sigma_{\bar{x}} = \frac{\sigma}{\sqrt{n}} \tag{2-4-5}$$

由式（2-4-5）可看出，平均值的标准差比单次测量的标准差小。随着测量次数的增加，平均值的标准差越来越小，测量精密度越来越高。但当测量次数 $n > 10$ 以后，次数对平均值标准差的降低效果很小。所以，不能够单纯通过增加次数来提高测量精度。在科学研究中测量次数一般取 $10 \sim 20$ 次，而在大学物理实验中一般取 $5 \sim 10$ 次。

当测量次数有限时，根据式（2-4-4）与式（2-4-5），算术平均值的标准差可由下式进行估计

$$S_{\bar{x}} = \sqrt{\frac{\sum\limits_{i=1}^{n}(x_i - \bar{x})^2}{n(n-1)}} = \sqrt{\frac{\sum\limits_{i=1}^{n}v_i^2}{n(n-1)}} \tag{2-4-6}$$

本教材中，就是采用式（2-4-6）来计算直接测量量的标准差。

二、最佳估计值

根据前面的讨论，算术平均值

$$\bar{x} = \frac{\sum\limits_{i=1}^{n}x_i}{n} \tag{2-4-7}$$

可以作为直接测量量的最佳估计值即真值。

三、不确定度的评定

测量不确定度的来源较多，因而测量不确定度是由许多分量组成的。而评定各分量值的方法各不相同，按评定方法一般可将其分为两大类：

1. A 类评定

n 个测量值中，任一测量值 x_i 的大小都具有随机性，即它分布在某一个区间内的任

何一点都是可能的，由贝塞尔公式给出实验标准差 $S_x = \sqrt{\dfrac{\sum\limits_{i=1}^{n}(x_i-\bar{x})^2}{n(n-1)}}$ ，由于实验中测量次数较少（一般 5～8 次），$\bar{x}$ 的分散性还要大一些，还需要乘以 t 分布因子 $t_n(P)$，其大小与测量次数 n 和置信概率 P 有关。于是用统计分析方法评定出的关于 $\bar{x}$ 的 A 类标准不确定度为

$$u_A = t_n(P) \cdot S_{\bar{x}} = t_n(P) \cdot \sqrt{\frac{\sum\limits_{i=1}^{n}(x_i-\bar{x})^2}{n(n-1)}} \tag{2-4-8}$$

u_A 的大小反映了测量结果 $\bar{x}$ 由重复性引起的不确定度分量。

表 2-4-1 给出置信概率为 0.683 时 $t_n(P)$ 随测量次数变化的关系。

表 2-4-1 $t_n(0.683)$ 与 n 对应关系表

n	3	4	5	6	7	8	9	10
$t_n(0.683)$	1.32	1.20	1.14	1.11	1.09	1.08	1.07	1.06
n	11	12	13	14	15	16	30	>200
$t_n(0.683)$	1.05	1.05	1.04	1.04	1.04	1.03	1.02	1.00

2. B 类评定

下面讨论由系统误差（系统效应）引起的不确定度分量的评定方法。在多数情况下，由系统效应引起的不确定度分量需采用不同于 A 类评定的其它方法来评定，称为 B 类评定。

在进行 B 类评定时，首要问题是要知道测量仪器的"最大允许误差"。所谓最大允许误差，是指对给定的测量仪器，有关规范、规程允许的误差极限值，本教材中以 $\Delta_仪$ 来表示。仪器的型号不同，其最大允许误差也不同。有些仪器可以通过查询国家计量检定规程而得到，如卡尺、千分尺、天平等。有些仪器可以在其铭牌和使用说明书中查到，如直流电桥、直流电位差计等。还有些仪器，在铭牌上给出了准确度等级，它可以换算成 $\Delta_仪$。总之，在进行 B 类评定时，要通过查阅相关资料以获得测量仪器的性能参数。

仪器的最大允许误差，是仪器示值相对测量结果之差的最大允许值，也可以理解为这个差值的分布不会超过 $(-\Delta_仪, +\Delta_仪)$ 这一区间，或者说在不考虑随机误差时被测量值以 100％的置信概率包含在 $(\bar{x}-\Delta_仪, \bar{x}+\Delta_仪)$ 这一区间之内。因为 u_B 的置信概率小于 $\Delta_仪$ 的置信概率，所以在量值上 $u_B < \Delta_仪$，本教材约定

$$u_B = \frac{\Delta_仪}{\sqrt{3}} \tag{2-4-9}$$

3. 标准不确定度和扩展不确定度的计算

u_A 是由 A 类评定得到的标准不确定度分量，u_B 是由 B 类评定得到的标准不确定分量，将 u_A 和 u_B 按方和根合成，得到 $\bar{x}$ 的标准不确定度

$$u_c = \sqrt{u_A^2 + u_B^2} \tag{2-4-10}$$

这样，$\bar{x}$ 的扩展不确定

$$U = k u_c \tag{2-4-11}$$

式中，k 为包含因子，它在确定的分布下与某个置信概率相对应，因此，在结果表示时应注

明置信概率。一般精度要求不高时，可近似按正态分布处理，k 取 2。

四、测量结果表达式

在得到测量值和合成标准不确定度后，测量结果通常写为

$$x = \overline{x} \pm u_c（单位）(P = 68.3\%) \qquad (2\text{-}4\text{-}12)$$

相对不确定度为

$$E = \frac{u_c}{\overline{x}}（或 \times 100\%） \qquad (2\text{-}4\text{-}13)$$

如果用扩展不确定度表示，则测量结果为

$$x = \overline{x} \pm U（单位）(P = ?\ ) \qquad (2\text{-}4\text{-}14)$$

书写测量结果时应注意：

（1）式（2-4-14）说明，被测物理量的量值以较大概率落于 $(\overline{x} - U, \overline{x} + U)$ 区间之内。当 $k = 2$ 时，这一概率可望达到 95% 以上。或者反过来说，被测量的量值落在上述区间之外的可能性较小，其概率不会超过 5%。

（2）测量结果表达式应附有被测物理量的单位。

（3）关于有效数字取位的原则：扩展不确定度 U 只取 1 位有效数字，第 2 位按"只进不舍，宁大勿小"处理。当 U 的首位数为 1 或 2 时，相对扩展不确定度应取 2 位有效数字。平均值 $\overline{x}$ 的有效数字首先按运算规则确定，结果表达时 $\overline{x}$ 的末位要与 U 所在位对齐（有效数字末位是不确定度所在位），最末一位按"4 舍 6 入 5 凑偶"原则舍入。

五、直接测量的数据处理举例

【例 2-4-1】 用 $\triangle_仪 = 0.02$ mm 的游标卡尺测某物长度，测量数据（单位：mm）是
29.18，29.24，29.28，29.26，29.22，29.24

求：

（1）样本均值 $\overline{x}$。
（2）单次测量值的实验标准差 S_{x_i}。
（3）平均值 $\overline{x}$ 的标准差 $S_{\overline{x}}$。
（4）A 类评定的不确定度分量 u_A。
（5）B 类评定的不确定度分量 u_B。
（6）扩展不确定度 U。
（7）写出测量结果表达式。

解：

将测量值逐一输入计算器，经统计运算后，屏上分别显示出

$\overline{x}$：29.236 666 67

S_{x_i}：0.034 444 813 4

$S_{\overline{x}}$：0.014 063 392

A 类分量

$$u_A = t_n(P) \cdot S_{\overline{x}} = t_n(0.683) \cdot \sqrt{\frac{\sum_{i=1}^{n}(x_i - \overline{x})^2}{n(n-1)}} = 1.11 \times 0.014\ 063\ 392 = 0.0156 \text{ mm}$$

B 类分量

$$u_B = \frac{\Delta_{仪}}{\sqrt{3}} = \frac{1}{\sqrt{3}} \times 0.02 = 0.011\ 5\ \text{mm}$$

扩展不确定度

$$U = 2 \times \sqrt{u_A^2 + u_B^2} = 0.037\ 6\ \text{mm}$$

下面对 U 和 $\bar{x}$ 进行有效数字修约，U 的首位数是 3，可取 1 位有效数字，所以 $U =$ 0.04，$\bar{x}$ 末位与 U 所在位对齐，即 $\bar{x}$ 的末位应在百分位上，因为 U 就是在百分位上。这样 $\bar{x}$ 结果表达式应写成

$$x = (29.24 \pm 0.04)\text{mm}; \quad k = 2$$

也可以写成

$$x = 29.24(1 \pm 0.14\%)\text{mm}; \quad k = 2$$

【例 2-4-2】 改正下面给出的结果表达式错误？

(1) $x = 17\ 000 \pm 1\ 000\ \text{m}$；　　　　　　(2) $x = 10.800\ 0 \pm 0.25\ \text{cm}$

(3) $x = 567.84 \pm 8.47\ (\text{s})$；　　　　　　(4) $x = 3.29 \times 10^3 \pm 86.3\ (\text{cm}^3)$

解　(1) $x = (1.70 \pm 0.10) \times 10^4\ \text{m}$；　　(2) $x = 10.80 \pm 0.25\ \text{cm}$；

　　(3) $x = (568 \pm 8)\ \text{s}$；　　　　　　　(4) $x = (3.29 \pm 0.09) \times 10^3\ \text{cm}^3$

【例 2-4-3】 某一数字多用表，最大允许误差为 $\Delta_{仪} = 0.005\% \times$ 读数 $+ 3 \times$ 最小步进值。用此仪表测高值电阻共测量 10 次，数据如下

999.31，999.41，999.59，999.26，999.54，999.23，999.14，999.06，999.92，999.62kΩ

试写出测量结果表达式。

解：测量结果

$$\bar{R} = \frac{1}{10} \sum_{i=1}^{10} R_i = 999.406\ \text{k}\Omega$$

实验标准差

$$S_{x_i} = \sqrt{\frac{\sum\limits_{i=1}^{n} (R_i - \bar{R})^2}{n-1}} = 0.261\ \Omega$$

平均值的标准差

$$S_{\bar{R}} = \frac{S_{x_i}}{\sqrt{n}} = 0.082\ \text{k}\Omega$$

不确定度分量 A 类评定

$$u_A = t_{10}(0.683) \cdot S_{\bar{R}} = 1.06 \times 0.082 = 0.087\ \text{k}\Omega$$

由系统效应（仪表准确性）引入的不确定度分量 B 类评定

$$u_B = \frac{\Delta_{仪}}{\sqrt{3}} = \frac{1}{\sqrt{3}}(0.005\% \times 999.406 + 3 \times 0.01) = 0.046\ \text{k}\Omega$$

测量结果的标准不确定度

$$u = \sqrt{u_A^2 + u_B^2} = 0.098\ \text{k}\Omega$$

扩展不确定度为

$$U = 2u = 0.196 \ \text{k}\Omega = 0.20 \ \text{k}\Omega$$

因为 U 的首位数是 1，所以取两位有效数字。

结果表达式为　　　$R = (999.41 \pm 0.02) \ \text{k}\Omega$；$k = 2$

相对扩展不确定度 $\dfrac{U}{R} = \dfrac{0.196}{999.406} = 0.020\%$ 也可以写成

$$R = 999.41(1 \pm 0.020\%) \text{k}\Omega；k = 2$$

第五节　间接测量的数据处理及不确定度评定

设间接测量量 y 与直接测量量 x_1，x_2，$\cdots$，x_k 的函数关系为

$$y = f(x_1, x_2, \cdots, x_k) \tag{2-5-1}$$

各直接测量量按第二章第四节步骤处理后的结果为

$$x_1 = \bar{x}_1 \pm u_1$$
$$x_2 = \bar{x}_2 \pm u_2$$
$$\cdots\cdots\cdots\cdots \tag{2-5-2}$$
$$x_k = \bar{x}_k \pm u_k$$

一、间接测量量的最佳值

可以证明，间接测量量的最佳值用下式求得。

$$\bar{y} = f(\bar{x}_1, \bar{x}_2, \cdots, \bar{x}_k) \tag{2-5-3}$$

二、间接测量量不确定度合成

由于间接测量量 y 与 k 个直接测量量有关，因此，间接测量量的不确定度由各直接测量量的不确定度决定。如果各直接测量量之间是相互独立的，由统计理论可推出

$$u_c(y) = \sqrt{\left(\frac{\partial f}{\partial x_1}u_1\right)^2 + \left(\frac{\partial f}{\partial x_2}u_2\right)^2 + \cdots + \left(\frac{\partial f}{\partial x_k}u_k\right)^2} \tag{2-5-4}$$

$$E = \frac{u_c(y)}{y} = \sqrt{\left(\frac{\partial \ln f}{\partial x_1}u_1\right)^2 + \left(\frac{\partial \ln f}{\partial x_2}u_2\right)^2 + \cdots + \left(\frac{\partial \ln f}{\partial x_k}u_k\right)^2} \tag{2-5-5}$$

式中 $\dfrac{\partial f}{\partial x_i}$ 及 $\dfrac{\partial \ln f}{\partial x_i}$（$i = 1, 2, \cdots, k$）称为传播系数。

对于加减运算的函数，先用式（2-5-4）求不确定度 u_c，再用 $\dfrac{u_c}{y}$ 求相对不确定度 E 比较简单；而对乘除运算的函数，先用式（2-5-5）求相对不确定度 E，再用 $E \cdot \bar{y}$ 求不确定度 $u_c(y)$ 比较简单。

三、间接测量数据处理步骤及举例

数据处理步骤如下：

（1）按直接测量数据处理步骤，求出各直接测量量的测量结果 $\bar{x}_1, \bar{x}_2, \cdots, \bar{x}_k$ 和不确定

度 $u_1, u_2, \cdots, u_k$；

（2）按公式（3）求间接测量量的最佳估计值 $\bar{y}$；

（3）用不确定度计算公式（2-5-4）和公式（2-5-5），分别求出 y 的不确定度 u_c 和相对不确定度 E；

（4）结果表示

$$\begin{cases} y = (\bar{y} \pm u_c) \text{ 单位} \\ E = \dfrac{u_c}{\bar{y}} （或 \times 100\%） \end{cases} \quad (P =?)$$

【例 2-5-1】 用一 0～25 mm 的一级千分尺测圆柱体的直径和高度各 6 次，测量数据如表 2-5-1。

表 2-5-1 圆柱体直径和高度的测量数据

测量次数	1	2	3	4	5	6
直径 d/mm	6.075	6.087	6.091	6.060	6.085	6.080
高度 h/mm	10.105	10.107	10.103	10.110	10.100	10.108

若测量数据无已定系统误差和粗大误差，试求该圆柱体的体积。

解：体积 V 为间接测量量，直径 d 与高度 h 为直接测量量，故应按间接测量数据处理方法来求测量结果。

1. 直径 d 的处理

（1）最佳值 $\bar{d}$

$$\bar{d} = \frac{\sum\limits_{i=1}^{6} d_i}{6} = 6.0797 \text{ mm}$$

（2）不确定度 u_d

A 类分量

$$u_A(d) = S_{\bar{d}} = \sqrt{\frac{\sum\limits_{i=1}^{6}(d_i - \bar{d})^2}{6(6-1)}} = 0.0045 \text{ mm}$$

按技术规程，所用一级千分尺的极限误差 $\Delta_{仪} = 0.004$ mm，则

B 类分量

$$u_B(d) = \frac{\Delta_{仪}}{\sqrt{3}} = 0.0023 \text{ mm}$$

d 的合成不确定度

$$u_d = \sqrt{u_A^2 + u_B^2} = \sqrt{S_{\bar{d}}^2 + \left(\frac{\Delta_{仪}}{\sqrt{3}}\right)^2} = 0.0051 \text{ mm}$$

注：上述各计算结果的有效数字，都比有效数字运算规则和不确定度取位规则要求的位数多一位，目的是减小后续计算误差。以下类同。

2. 高度 h 的处理

（1）最佳值 $\bar{h}$

$$\bar{h} = \frac{\sum\limits_{i=1}^{6} h_i}{6} = 10.1055 \text{ mm}$$

（2）不确定度 u_h

A 类分量 $\qquad u_A(h)=S_{\bar h}=\sqrt{\dfrac{\sum\limits_{i=1}^{6}(h_i-\bar h)^2}{6(6-1)}}=0.001\ 5\ \text{mm}$

按技术规程，所用一级千分尺的极限误差 $\Delta_{仪}=0.004\ \text{mm}$，则

B 类分量 $\qquad u_B(h)=\dfrac{\Delta_{仪}}{\sqrt 3}=0.002\ 3\ \text{mm}$

h 的合成不确定度 $\qquad u_c(h)=\sqrt{u_A^2+u_B^2}=\sqrt{S_{\bar h}^2+\left(\dfrac{\Delta_{仪}}{\sqrt 3}\right)^2}=0.002\ 7\ \text{mm}$

3. 体积 V 的处理

（1）最佳值 $\bar V$

$$\bar V=\dfrac{1}{4}\pi\bar d^2\bar h=293.37\ \text{mm}^3$$

（2）合成不确定度 $u_c(V)$

体积 V 与高度和直径之间的函数为简单乘除关系，所以选用式（2-5-5）先求相对不确定度 E

$$E=\dfrac{u_c(V)}{V}=\sqrt{\left(\dfrac{\partial \ln V}{\partial h}u_h\right)^2+\left(\dfrac{\partial \ln V}{\partial d}u_d\right)^2}=\sqrt{\left(\dfrac{u_{\bar h}}{\bar h}\right)^2+\left(2\dfrac{u_{\bar d}}{\bar d}\right)^2}=0.001\ 7=0.17\%$$

体积的合成不确定度 $\qquad u_c(V)=\bar V\cdot E=0.5\ \text{mm}^3$

（3）最终结果为

$$V=(293.4\pm0.5)\text{mm}^3\quad(P=68.3\%)$$
$$E=0.17\%$$

第六节 实验数据处理的常用方法

一、列表法

列表法就是在记录和处理数据时，把测量数据和有关的计算结果按照一定的规律分布，分行和分列地列成表格来表示的方法。这是一种最基本和最常用的数据处理方法。列表法可以使大量数据表达清晰、醒目、条理化，易于检查数据和发现问题，避免差错，提高处理数据的效率，避免不必要的重复计算和分析误差，同时有助于反映出物理量之间的对应关系。

列表格时应注意以下几点：

（1）列表时，在表格上方应有表头，写明所列表格儿的编号、名称、实验日期和时间。

（2）各栏目都要注明名称和单位，必须交代清楚表中各符号所代表的物理意义，并写明单位，单位应写在标题栏中，不要重复记在各数据中。栏目的顺序应充分注意数据间的联系和计算顺序，力求简明。齐全，有条理。

（3）实验数据表格中除了原始数据表格外，还应包括有关的计算处理结果和一些中间计算结果，如平均值、标准偏差和不确定等。反应测量值函数关系的数据表格应按自变量由小到大或由大到小的顺序排列。

二、做图法

做图法的要点是将测量数据在坐标纸上逐一描点，根据观测点的分布趋势连成一条光滑的曲线。对于一元线性函数 $y = ax + b$ 来说，该图线是一条直线。如图 2-6-1 所示，它是某电阻的温度特性图线，求 a，b 值的所有计算数据都取在图线上，图线是求解的基础，实验者应注意减少做图误差。首先，这条直线应通过观测值的中值点 $(\bar{x}, \bar{y})$；其次，大部分观测点应该在直线上，其它观测点均匀分布在该直线的两侧。中值点的坐标是 $\bar{x} = \frac{1}{n}\sum x_i$，$\bar{y} = \frac{1}{n}\sum y_i$。

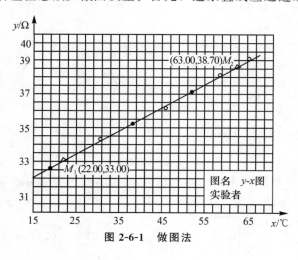

图 2-6-1　做图法

画好图之后，在图线上靠近两端取两个坐标点 $M_1(x_1, y_1)$，$M_2(x_2, y_2)$，可算出回归系数

$$b = \frac{y_2 - y_1}{x_2 - x_1}$$

若横轴起点为零，则直线与纵轴交点 y_0 即是回归常数

$$a = y_0$$

若横轴起点不为零，可用下式计算

$$a = \bar{y} - b\bar{x}$$

或

$$a = y_2 - bx_2 = y_2 - \frac{y_2 - y_1}{x_2 - x_1}x_2 = \frac{x_2 y_1 - x_1 y_2}{x_2 - x_1}$$

做图的步骤如下：

(1) 根据做图的要求，选择坐标纸的尺寸，测量数据的有效数字位数越多，坐标纸的尺寸也应相应增大，实验室推荐尺寸为 $7.5 \times 10 \ \mathrm{cm}^2$（根据需要也可适当增大或减小）。在坐标纸上画坐标轴，注明单位，标出分度值，坐标轴上的分度值应均匀标定，且以 2，5，10 等的整倍数为好，分度值的起点不一定是零。

(2) 根据观测数据计算出 $\bar{x}$，$\bar{y}$。

(3) 根据观测数据，在坐标纸上逐一描点，数据点的符号为＋、×、⊙等，任选其一。

(4) 根据数据点的分布趋势，连结成一条直线。不要画成折线。

(5) 在图线上选择"取用点"，根据这两个取用点给出的数据进行回归计算。取用点的横坐标应取成整数，二者距离应尽可能大一些，取用点的符号应与观测点的符号有所区别。

(6) 在图纸的适当部位写上图注。内容包括图名、作者、实验日期等，最后将图纸粘贴在实验报告纸的适当部位上。

三、逐差法

在一些特定条件下可以用简单的代数运算来处理一元线性回归问题。逐差法就是其中之一，它比做图法精确，与最小二乘法结果接近，在物理实验中经常使用。一般说来，在 n 对数据 (x_i, y_i) 中任取两对数据都能利用公式 $b = \frac{\Delta y}{\Delta x}$ 求出 b 值。

1. 逐差法选用数据的原则

（1）所有的数据都要用上；

（2）任一数据都不要重复使用。

逐差法规定，把 n 对数据分成两组，用第二组的一对数据作被减数，用第一组相应的一对数据作减数。例如共 10 对数据，就将第 1～5 对数据分为第一组，将第 6～10 对数据分为第 2 组，然后第 6 对与第 1 对相减，第 7 对与第 2 对相减，…，就是 $b_1=\dfrac{y_6-y_1}{x_6-x_1}$，$b_2=\dfrac{y_7-y_2}{x_7-x_2}$，…逐 5 相减直到 $b_5=\dfrac{y_{10}-y_5}{x_{10}-x_5}$，共得到 5 个 b_i（$i=1,2,3,4,5$），最佳值是它们的平均值

$$b=\frac{1}{\frac{n}{2}}\sum_{i=1}^{\frac{n}{2}}b_i=\frac{2}{n}\sum b_i$$

回归常数为

$$a=\bar{y}-b\bar{x}$$

$\bar{b}$ 的标准不确定度通常可由相应的标准偏差来估计：

$$u_5=\sqrt{\frac{\sum(b_i-\bar{b})^2}{n(n-1)}}$$

注意 $n=k/2$ 是测量次数的一半。如果 k 为奇数，将首（或尾）测量数据舍弃，然后同上处理。

2. 关于逐差法几点说明

（1）逐差法的优点是能充分利用数据，计算也比较简单，且计算时有一定平均效果，还可以绕过一些具有确定值的未知量。

（2）逐差法要求自变量等间隔变化测量，且自变量误差可略去的情况，这时不仅计算比较简单，而且因变量可视作等精度测量。

（3）在用逐差法计算线性函数的系数时，必须把数据分为两半，并对前后两半的对应项进行逐差，不应采用逐项逐差的办法处理数据。后者不能均匀地使用数据，将只计及首尾项的贡献（中间各项互相抵消）使多组测量失去意义。

（4）用逐差法只能处理线性函数或多项式形式的函数。后者需用多次逐差，因为使用很少，精度也低，这里不作介绍。

四、一元线性回归法（最小二乘法）

从含有误差的数据中寻求经验方程或提取参数是实验数据处理的重要内容，也称回归问题。事实上，用做图法获得直线的斜率和截距就是一种平均处理的方法，但这种方法有相当大的主观成分，结果往往因人而异。根据最小二乘法原理进行回归运算的方法称为最小二乘法。用这种方法不仅能准确求出 a 和 b，而且能估算出它们的不确定度，还能检验出这两个变量之间线性关系的符合程度。由于不少袖珍计算器已具备了回归运算的功能，近年来最小二乘法得到了迅速的普及。

1. 最小二乘法原理

最小二乘法原理可表述为：一个测量列的最佳值，应使它与测量列中所有测量值的残差

的平方和为最小。即测量列 $x_1, x_2, \cdots, x_n$ 的最佳值如果是 A，则第 i 个测量值 x_i 的残差是 $v_i = x_i - A$，残差的平方和为最小，可以写成

$$\sum (x_i - A)^2 = \min$$

若 A 满足上式，则 A 必是测量列的最佳估计值，即 $A = \bar{x}$。实际上由上式若对 A 求偏导就可以得到 $A = \dfrac{1}{n} \sum x_i = \bar{x}$，间接验证了最小二乘法原理的正确性。

2. 回归运算

若 n 对数据 $x_1, x_2, \cdots, x_n$；$y_1, y_2, \cdots, y_n$ 满足线性关系，且没有测量误差，则可写成

$$\begin{cases} y_1 - a - bx_1 = 0 \\ y_2 - a - bx_2 = 0 \\ \cdots\cdots \\ y_n - a - bx_n = 0 \end{cases}$$

假设 x_i 数列的误差远小于 y_i 数列的误差，因而 x_i 数列的误差可以忽略，而 y_i 数列的误差为 v_i，则以上方程组应改写成

$$\begin{cases} y_1 - a - bx_1 = v_1 \\ y_2 - a - bx_2 = v_2 \\ \cdots\cdots \\ y_n - a - bx_n = v_n \end{cases}$$

称为误差方程组。根据最小二乘原理，若 a，b 是最佳值，则有 $\sum v_i^2 = \min$ 写成

$$\sum (y_i - a - bx_i)^2 = \min \tag{2-6-1}$$

a 满足式（2-6-1）的条件是

$$\frac{\partial}{\partial a} \sum (y_i - a - bx_i)^2 = 0$$

b 满足式（2-6-1）的条件是

$$\frac{\partial}{\partial b} \sum (y_i - a - bx_i)^2 = 0$$

对以上两式分别求偏导数，整理后得到

$$\begin{cases} \sum y_i - na - b \sum x_i = 0 \\ \sum x_i y_i - a \sum x_i - b \sum x_i^2 = 0 \end{cases}$$

将 $\sum x_i = n\bar{x}$，$\sum y_i = n\bar{y}$，$\sum x_i y_i = n\overline{xy}$，$\sum x_i^2 = n\overline{x^2}$ 代入上式得

$$\begin{cases} \bar{y} - a - b\bar{x} = 0 \\ \overline{xy} - a\bar{x} - b\overline{x^2} = 0 \end{cases}$$

解上述联立方程，得

$$b = \frac{\overline{xy} - \bar{x} \cdot \bar{y}}{\overline{x^2} - \bar{x}^2}, \quad a - \bar{y} - b\bar{x} \tag{2-6-2}$$

还应指出的是，求常数项 a，一次项系数 b 的出发点是假设 x，y 两个变量线性相关，

但有时并没有太大的把握判断它们一定线性相关。在这种情况下，还要根据相关系数

$$r = \frac{\overline{xy} - \overline{x} \cdot \overline{y}}{\sqrt{(\overline{x^2} - \overline{x}^2)(\overline{y^2} - \overline{y}^2)}} \tag{2-6-3}$$

的大小来判断是否满足线性关系。可以证明，当 r 接近 1 时，x 与 y 两个变量线性相关，当 r 接近 0 时，两个变量彼此独立。在用最小二乘法进行回归运算时，应借助带有回归运算功能的袖珍计算器，只要把相关测量数据 x_i 和 y_i 输入计算器，显示屏上能立即显示出 a，b 和 r 的量值。

【例 2-6-1】 用牛顿环装置测平凸透镜的曲率半径的公式是

$$D_k = 4k\lambda R$$

式中，$\lambda = 589.3$ nm，是钠光波长；k 是干涉圆环级次；D_k 是第 k 级干涉圆环的直径。

测得的数据如表 2-6-1：

表 2-6-1 $D_k \sim k$ 数据表

级次 k	6.0	7.0	8.0	9.0	10.0	11.0	12.0	13.0	14.0	15.0
D_k/mm	4.568	4.890	5.187	5.464	5.743	6.012	6.234	6.488	6.717	6.942

试用逐差法求透镜的曲率半径 R。

解 因为 D_k^2 与 k 满足线性关系，所以 D_k^2 对 k 的变化率 $b = \dfrac{\Delta D_k^2}{\Delta k}$，为了用逐差法求 b，首先列出 $D_k^2 \sim k$ 的数据表见表 2-6-2：

表 2-6-2 $D_k^2 \sim k$ 数据表

级次 k	6.0	7.0	8.0	9.0	10.0	11.0	12.0	13.0	14.0	15.0
D_k^2/mm^2	20.87	23.90	26.90	29.86	32.98	36.14	38.86	42.09	45.12	49.19

将 $k = 6.0 \sim 10.0$ 分为第一小组，$k = 11.0 \sim 15.0$ 分为第二小组，逐 5 相减，则

$$b_1 = \frac{36.14 - 20.87}{11.0 - 6.0} = 3.06; \qquad b_2 = \frac{38.86 - 23.90}{12.0 - 7.0} = 3.00;$$

$$b_3 = \frac{42.09 - 26.90}{13.0 - 8.0} = 3.04; \qquad b_4 = \frac{45.12 - 29.86}{14.0 - 9.0} = 3.05;$$

$$b_5 = \frac{48.19 - 32.98}{15.0 - 10.0} = 3.04$$

最佳值

$$b = \frac{1}{5} \sum b_i = 3.04 \text{ mm}^2$$

由

$$b = 4\lambda R$$

得

$$R = \frac{b}{4\lambda} = \frac{3.04}{4 \times 589.3 \times 10^{-6}} \text{mm} = 1.28 \times 10^3 \text{ mm}$$

【例 2-6-2】 对 x，y 进行双变量测量，得 8 对数据如下

x: 1.00，3.00，8.00，10.00，13.00，15.00，17.00，20.00，

y: 3.0，4.0，6.0，7.0，8.0，9.0，10.0，11.0

试用最小二乘法求出线性方程。

解法一： 手头没有带回归运算功能的计数器，可以用这个方法。

首先使用计算器进行统计运算，得到

$$\overline{x}=10.9,\ \overline{x^2}=157.1,\ 118.8=118,\ \overline{y}=7.25$$

$$\overline{y}^2=52.6,\ \overline{y^2}=59.5,\ \overline{xy}=78.9,\ \overline{x\,y}=95.2$$

相关系数

$$r=\frac{\overline{xy}-\overline{x}\cdot\overline{y}}{\sqrt{(\overline{x^2}-\overline{x}^2)(\overline{y^2}-\overline{y}^2)}}=\frac{95.2-78.9}{\sqrt{(157-118)(59.5-52.6)}}=0.996\ 2$$

因为 $r\rightarrow1$，可以判定 x 与 y 线性相关。

回归系数

$$b=\frac{\overline{xy}-\overline{x}\cdot\overline{y}}{\overline{x^2}-\overline{x}^2}=\frac{95.2-78.9}{157.1-118.8}=0.426$$

回归常数

$$a=\overline{y}-b\overline{x}=7.25-0.420\times10.9=2.61$$

回归方程

$$y=2.61+0.426x$$

解法二： 用带有回归运算功能的计算器进行回归计算，将 x_i，y_i 按一定程序分别输入计算器后，计算器能够将 r，a，b 的量值直接显示出来。

第七节　基本实验操作技术

一、恢复仪器状态

所谓"初态"，是指仪器设备在进入正式调整、实验前的状态。正确的初态可保证仪器设备安全，保证实验工作顺利进行。如设置有调整螺丝的仪器，在正式调整前，应先使调整螺丝处于松紧合适的状态，具有足够的调整量，以便于仪器的调整。这在光学仪器中常会遇到。又如在电学实验中，未合电源之前，应使电源的输出调节旋钮处于使电压输出为最小的位置；对于滑线变阻器，若做分压使用，应使电压输出最小；若做限流使用，应使电路电流最小。使电阻箱接入电路的电阻不为零等。这样既保证了仪器设备的安全，又便于控制调节。

二、零位（零点）调整

绝大多数调整工具及仪表，如千分尺、电压表等都有其零位（零点）。在使用它们测量之前都须校正零位。如零位不对，能调整则调整，不能调整则记下其对零的偏差值，以后在测量值中予以修正。

三、水平、铅直的调整

有些实验仪器须在水平或铅直状态下才能工作。水平状态可借助仪器基座上的三个调整螺丝。三个调整螺丝成正三角形或等腰三角形排列，调其中一个，基座便会以另外二个螺丝的连线为轴转动。

四、避免空程误差

　　由丝杠—螺母构成的传动与读数机构，由于螺母与丝杠之间有螺纹间隙，往往在测量刚开始或刚反向转动丝杠时，丝杠须转过一定角度（可能达几十度）才能与螺母啮合。结果，与丝杠联结在一起的鼓轮已有读数改变，而由螺母带动的机构尚未产生位移，造成虚假读数而产生空程误差。为避免空程误差，使用这类仪器（如测微目镜、读数显微镜等）时，必须待丝杠—螺母啮合后才能进行测量，且须单方向旋转鼓轮，切勿忽正转忽反转。

五、逐次（逐步）逼近调整

　　依据一定的判据，逐次缩小调整范围，较快捷地获得所需状态的方法成为逐次逼近调节法。判据在不同的仪器中是不同的，如天平是看天平指针是否指零，平衡电桥是看检流计指针是否指零。逐次逼近调节法在天平，电桥，电位差计等仪器的平衡调节中都要用到，在光路共轴调整、分光仪调整中也要用到，它是一个经常使用的调整方法。

六、消视差调节

　　当刻有刻度的标尺与需用此标尺来确定其位置或大小的物，如电表的表盘与指针，望远镜中叉丝分划板的虚像与被观察物的虚像，不密合时，眼睛从不同方向观察会出现读数有误差或物与标尺刻线有分离的现象，此称为视差现象。为了测量正确，实验时必须消除视差。消除视差的方法有两种：一是使视线垂直标尺平面读数。1.0级以上的电表表盘上均附有平面反射镜，当观察到指针与其像重合，此时读下指针所指刻度线即为该测量值。焦利称的读数装置也是如此。二是使标尺平面与被测物密合于同一平面内。如游标卡尺的游标尺被做成斜面，便是为了使游标尺的刻线端与主尺接近于同一平面，减少视差。使用光学测读仪器均需做消视差调节，使被观测物的实像成在作为标尺的叉丝分划板上，即与它们的虚像处于同一平面。

七、调焦

　　在使用望远镜、显微镜和测微目镜等光学仪器时，为了清楚地看清目的物，均需进行调节。对望远镜需调节物镜到叉丝间的距离，对显微镜和测微目镜需调节物镜与物间距离，这种调节叫调焦。调焦是否已调好，以是否能看清楚目的物上的局部细小特征为准。

八、光路的共轴调整

　　在有两个或两个以上光学元件的实验系统中，为获得好的像质，满足近轴光线条件等，必须进行共轴调整。调整一般分两步：第一步进行粗调——目测调整，第二步根据光学规律进行细调，常用的方法有自准法和二次成像法。如果在光具座上进行实验，为了读数正确，还须把光轴调整得与光具座平行，即光学元件光心距光具座等高且光学元件截面与光具座垂直。

九、回路接线法

　　一张电路图可分解为若干个闭合回路。接线时，循回路由始点（如某高电位点）依次首尾相连，最后仍回到始点。完成一个闭合回路，再连下一个闭合回路，至连完为止。此接线方法称回路接线法。按照此法接线和查线，可确保电路连接正确无误。

练 习 题

（1）说明以下误差来源产生的是系统误差还是随机误差或粗差：

① 由于三线摆发生微小倾斜，造成周期测量的变化；

② 测出单摆周期以推算重力加速度，因计算公式的近似而造成的误差；

③ 用停表测量单摆周期时，由于对单摆平衡位置判断忽前忽后造成的误差；

④ 因楼板的突然震动，造成望远镜中标尺的读数变化了近 1 cm；

⑤ 由公式 $V = \frac{\pi}{4}d^2 h$ 测量圆柱体积，在不同位置处测得直径 d 的数据因加工缺陷而离散。

（2）用钢板尺测量圆管体积 $V = \frac{\pi}{4}L(D_1^2 - D_2^2)$，管长大约 10 cm，外径大约 4 cm，内径大约 2 cm。哪一量测量误差对结果影响最大？

（3）刻度盘为 25 分格，量程为 100 μA 的 2.5 级电流表，若表的指针在 19.2 分格处，测量结果的读数是多少？

（4）有人说测量次数越多，平均值的标准差就越小，因此只要测量次数足够多，不确定度就可以在实际上减少到 0，这样就可以得到真值。这种看法是否正确，为什么？

（5）用 $\Delta_{仪} = 0.002$ s 电子毫秒计测量时间，共 11 次，结果是 0.135，0.136，0.138，0.133，0.130，0.131，0.133，0.132，0.134，0.136，0.129（单位：s）。写出测量结果表达式。

（6）按照有效数字的定义及运算规则，改正以下错误：

① $L = (10.800\,0 \pm 0.27)$ cm

② $L = (28\,000 \pm 8\,000)$ cm

③ $L = (35.0 \pm 0.11)$ cm

④ 28 cm = 280 mm

⑤ 2 500 g = 2.5×10^3 kg

⑥ $0.022\,1 \times 0.022\,1 = 0.000\,488\,41$

⑦ $\frac{400 \times 1500}{12.60 - 11.6} = 600\,000$

⑧ $a = 0.002\,5$ cm，$b = 0.12$ cm，则 $a \times b = 3 \times 10^{-4}$ cm^2，$a + b = 0.122\,5$ cm。

（7）导出题表 1 中函数的不确定度表示式：

题表 1 函数的不确定度数据表

函数表达式 N	Δ_N	Δ_N / N
$N = x - y$		
$N = x/y$		
$N = x^m y^n / z^l$		
$N = x^{1/k}$		
$N = \ln x$		
$N = \sin x$		

（8）弹簧自然长度 $l_0 = 10.00$ cm，以后依次增加砝码 10 g，测得长度依次为：10.81 cm，11.60 cm，12.43 cm，13.22 cm，14.01 cm，14.83 cm，15.62 cm。试用逐差法并列表验证虎克定律：$F = -kx$。

（9）阻尼振动实验中，每隔 1/2 周期（周期 $T = 2.56$ s），测得振幅 A 的数据如题表 2：

题表 2　阻尼振动实验数据表

半周期数	1	2	3	4	5	6
A/cm	60.0	31.0	15.2	8.0	4.2	2.2

试用做图法验证振幅变化满足指数衰减规律，并求出衰减系数。

（10）用最小二乘原理证明：在一组测量值 N_1，N_2，$\cdots$，N_k 中，真值的最佳估计值是它的算术平均值 $\overline{N} = \sum N_i / k$。

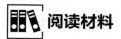 **阅读材料**

实验室常用仪器的最大允许误差

测量仪器的最大允许误差是"有关规范、规程允许的误差极限值。"它是 B 类不确定度评定的最重要的信息。下面给出实验室常用仪器的最大允许误差。

1. 钢直尺和钢卷尺

常用钢直尺的分度值为 1 mm，有的在始端或末端 50 mm 内加有 0.5 mm 的刻度线。常用钢卷尺分为大、小两类，小钢卷尺的长度有 1 m 和 2 m 两种，分度值都是 1 mm。钢直尺和钢卷尺的最大允许误差见表 1。

表 1　钢直尺和钢卷尺的最大允许误差

	规格/mm	允许误差/mm
钢直尺	至 300	±0.1
	300～500	±0.15
	500～1 000	±0.2
钢卷尺	1 000	±0.5
	2 000	±1

2. 游标卡尺

游标卡尺的分度值有 0.02、0.05 和 0.1 mm 三种，游标卡尺的最大允许误差就是该游标卡尺的分度值，即 $\Delta_仪 =$ 分度值。

3. 千分尺

千分尺按其精度分为零级和一级两类。实验室通常使用的是一级千分尺，最大允许误差见表 2。

表 2　一级千分尺的最大允许误差　　　　　　　　　单位：mm

测量范围	～100	100～500	150～200
允许误差	±0.004	±0.005	±0.006

4. 天平

按结构原理，天平可分为机械天平和电子天平两种。机械天平按准确度又可分为Ⅰ、Ⅱ、Ⅲ、Ⅳ四个等级，它们分别表示特别准确度、高准确度、中准确度、普通准确度。实验室常用的是高准确度天平。高准确度天平中，又进一步细分为 8 级、9 级和 10 级。对于机械天平，国家标准没有给出统一的最大允许误差值，根据测量实践，在设法消除不等臂误差的测量条件下，可以粗略地认为，天平的分度值可作为它的最大允许误差。即 $\Delta_{仪}=$ 分度值。

对于电子天平，国家标准给出了在不同载荷下的最大允许误差值，见表 3。

表 3 Ⅱ级电子天平的最大允许误差（以分度 e 表示）

载荷 m	$0<m\leqslant 5\times 10^{3}$	$5\times 10^{3}<m\leqslant 2\times 10^{4}$	$2\times 10^{4}<m\leqslant 1\times 10^{5}$
最大允许误差	± 1	± 2	± 3

根据电子天平检定规程，Ⅱ级电子天平 $0.1e=1\ \text{mg}$

5. 机械秒表和电子秒表

机械秒表的最大允许误差可以认为就是它的分度值。

$$\Delta_{仪}=\text{分度值}$$

电子秒表的最大允许误差

$$\Delta_{仪}=0.01+0.000\,005\,8t$$

式中，t 是被测时间。

6. 测温仪表

实验室常用测温仪表主要有水银温度计、电阻温度计、热电偶和光测高温计等，他们的最大允许误差见表 4。

表 4 测温仪表的最大允许误差 　　　　　　　　　　　　　　单位：℃

测温仪器	测温范围	最大允许误差
普通水银温度计	$0\sim 100$	± 1
精密水银温度计	$0\sim 100$	± 0.2
铜热电阻	$-50\sim 150$	$\pm(0.3+0.000\,6t)$
铂热电阻	$-200\sim 855$	$\pm(0.3+0.000\,5t)$
工业铂铑-铂热电偶	$600\sim 1\,300$	$\pm 0.3\%\times t$
工业光测高温计	$2\,000$ 以下	± 20

7. 电气指示仪表

电气指示仪表，如电压表、电流表等，它们的最大允许误差与该仪表的准确度等级、量限这两个参数有关。若准确度等级为 a，量限为 X_{m}，则最大允许误差可以表示为

$$\Delta_{仪}=a\%\times X_{m}$$

如某电流表，准确度等级为 1.0，量限为 500 mA，则最大允许误差为

$$\Delta_{仪}=1.0\%\times 500=5\ \text{mA}$$

按国家标准，电气仪表的准确度等级有 0.1、0.2、0.5、1.0、1.5、2.5、5.0 七个等级。

8. 数字测量仪表

数字测量仪表是能把连续的被测量自动地变成断续的、用数字编码方式的、以十进数字

自动显示测量结果的测量仪表。数字测量仪表的种类很多，根据仪表的用途，有数字式电压表、数字欧姆表、数字电流表、数字瓦特表、数字 Q 表、数字静电计、电子计数器等。经过适当变换，还可测量许多非电量，如数字温度计、数字转速表、数字测厚仪、数字高斯计、数字频率计、数字毫秒计、数字卡尺、数字千分尺、数字天平、数字电桥、数字电位差计等。数字测量仪表具有准确度高、灵敏度高、输入阻抗高等特点。

　　例如，数字电压表准确度可达到 $a = 0.0005$ 级，允许误差可以写成

$$\Delta_{仪} = \pm(a\%U_{x} + b\%U_{m})$$

式中，U_{x} 是测量值；U_{m} 是满度值；a 是准确度等级；b 是固定项系数。a 和 b 可以在仪器说明书中查到。

9. 直流电桥

　　直流电桥的最大允许误差为

$$\Delta_{仪} = \pm C\%(R_{n}/10 + R_{x})$$

式中，$C\%$ 是准确度等级指数；R_{x} 是测量值；R_{n} 是基准值，该基准值与测量时所用量程有关，取值为该量程内 10 的最大整数幂。例如，使用量程为"×1"挡，则量程为 9 999 Ω，这时该量程内 10 的最大整数幂是 10^{3}。

10. 直流电位差计

　　直流电位差计的最大允许误差为

$$\Delta_{仪} = \pm C\%(V_{n}/10 + V_{x})$$

式中，$C\%$ 是准确度等级指数；V_{x} 是测量值；V_{n} 是基准值，与测量时所用量程有关，取值为该量程内 10 的最大整数幂。

第三章
基础性实验

实验一 规则物体密度的测量

密度是表述物质内在特性的物理量，与其组成的物系形状、光泽等外部特性无关。当一个物体分布在空间、面和线上时各微小部分所包含的质量对其长度、面积和体积之比，统称为密度，需要区别时可分为线密度，面密度和体密度。体密度常简称为密度。对于均匀物质来说，密度为物质的质量 M 与其体积 V 之比，在 SI 制中，密度的单位为 kg/m^3。

密度测量不仅在物理、化学研究中是重要的，而且在石油、化工、采矿、冶金及材料工程中都有重要意义。

本实验要求学生用卡尺、螺旋测微器测量规则物体体积，用物理天平测量规则物体质量，由定义式求出该物体密度。

【实验目的】

（1）学习游标卡尺和螺旋测微装置的原理，掌握游标卡尺和螺旋测微器的正确使用。

（2）掌握物理天平的构造和使用方法。

（3）学会实验数据的处理方法，正确写出测量结果表达式。

【实验原理】

待测物体如图 3-1-1 所示，由大小两个圆柱体组成。该物体的体积 V 为

$$V = \frac{1}{4}\pi(d^2 h_1 + D^2 h_2) \tag{3-1-1}$$

若该物体质量为 M，则该物体密度 ρ 为

$$\rho = \frac{M}{V} = \frac{4M}{\pi(d^2 h_1 + D^2 h_2)} \tag{3-1-2}$$

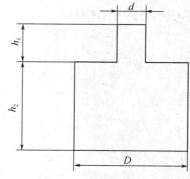

图 3-1-1 待测物体尺寸示意图

【实验仪器】

1. 游标卡尺

如图 3-1-2 所示，游标卡尺一般由尺身（主尺）、尺框（附游标）、量爪和深度尺等组

成。尺身上刻有间距为 1 mm 的刻度，尺框可沿尺身滑动，游标固定在尺框上。外量爪用来测量物体的长度和外径，内量爪用来测量内径，深度尺用来测量深度。

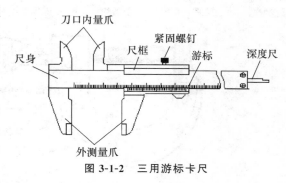

图 3-1-2　三用游标卡尺

（1）游标原理

主尺上（$n-1$）个分格的长度等于游标上 n 个分格的长度。设主尺每分格长度为 a（1 mm），游标每分格长度为 b，则有 $nb=(n-1)a$，于是最小分度值为 $\Delta=a-b=\dfrac{a}{n}$。

常见 n 为 10、20、50，对应卡尺最小分度值分别为 0.1 mm、0.05 mm、0.02 mm。

（2）读数方法

使用游标卡尺进行测量时，首先要弄清楚分度值是多少，然后看清楚游标第几根刻线与主尺的某刻线对齐，具体步骤如下：

① 由游标"0"线在主尺上的位置读出整毫米数，图 3-1-3 所示为 21 mm；

② 找到游标刻线与主尺上某刻线对齐位置，从游标读数副尺（0~9）上读出毫米下一位读数，图 3-1-3 所示为 0.4 mm；

③ 数出对齐位置到副尺读数"4"的游标分格数，乘以分度值得出毫米百分位，图 3-1-3 所示为 $2\times0.02=0.04$ mm；

④ 将以上三步读数加起来即该测量值 21.44 mm。

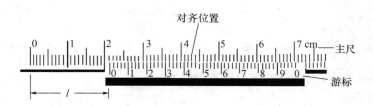

图 3-1-3　分度值 0.02mm 卡尺读数示例

（3）注意事项

用游标卡尺测量前，应先检查零点。即合拢量爪，检查游标零线和主尺零线是否对齐，如零线未对齐，应记下零点读数，加以修正。不允许在卡紧的状态下移动卡尺或挪动被测物，也不能测量表面粗糙的物体。一旦量爪磨损，游标卡尺就不能作为精密量具使用了。

2. 螺旋测微器

螺旋测微器又称千分尺，是比游标卡尺更精密的长度测量仪器。实验室常用的螺旋测微器外形如图 3-1-4 所示，其量程为 25 mm，分度值为 0.01 mm，仪器的示值误差（仪器误差）为 0.004 mm。

螺旋测微器的主要部件是精密测微螺杆和套在螺杆上的螺母套管以及紧固在螺杆上的微分套筒。螺母套管上的主尺有两排刻线，毫米刻线和半毫米刻线。微分套筒圆周上刻有 50 个等分格，当它转一周时，测微螺杆前进或后退一个螺距（0.5 mm），所以螺旋测微器的分度值为 0.01 mm。

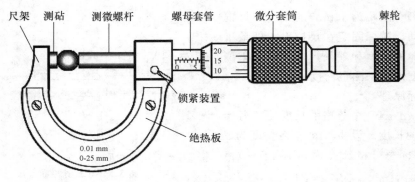

图 3-1-4   螺旋测微器结构示意图

（1）螺旋测微器的读数方法

① 测量前后应进行零点校正，即要从测量读数中减去零点读数。零点读数时顺刻度序列记为正值，反之为负值。如图 3-1-5 所示是顺刻度序列，零点读数为 +0.006 mm；图 3-1-6 所示是逆刻度序列，零点读数为 -0.002 mm。

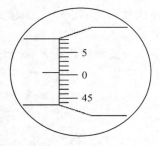

图 3-1-5   零点读数 +0.006 mm

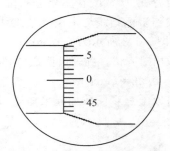

图 3-1-6   零点读数 -0.002 mm

② 读数时由主尺读整刻度值，0.5 mm 以下由微分套筒读出，并估读到 0.001 mm 量级。如图 3-1-7 所示，主尺上的读数为 5 mm，微分套筒上的读数为 0.338 mm，其中 0.008 mm 是估读的数，最后读数为 5.338 mm。

要特别注意主尺上半毫米刻线，如果它露出到套筒边缘，主尺上就要读出 0.5 mm 的数。如图 3-1-8 所示，读数为 5.804 mm。

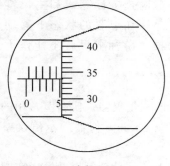

图 3-1-7   读数 5.338 mm

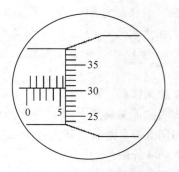

图 3-1-8   读数 5.804 mm

（2）螺旋测微计使用注意事项

测量时必须用棘轮。测量者转动螺杆时对被测物所加压力的大小会直接影响测量的准确度，为此，螺旋测微计在结构上加一棘轮作为保护装置。当测微螺杆端面将要接触到被测物之前，应旋转棘轮；接触上被测物后，棘轮就自行打滑，并发出"嗒嗒"声响，此时应立即停止旋转棘轮，进行读数。仪器用毕放回盒内之前，记住要将螺杆退回几圈，留出空隙，以免热胀使螺杆变形。

3. 物理天平

物理天平是常用的测量物体质量的仪器，见图 3-1-9。天平的横梁上装有三个刀口，中间刀口置于支柱上，两侧刀口各悬挂一个秤盘。横梁下面固定一个指针，当横梁摆动时，指针尖端就在支柱下方的标尺前摆动。制动旋钮可以使横梁上升或下降，横梁下降时，制动架就会把它托住，以避免磨损刀口。横梁两端两个平衡螺母是天平空载时调平衡用的。横梁上装有游码，用于 1 g以下的称衡。支柱左边的托盘可以托住不被称衡的物体。

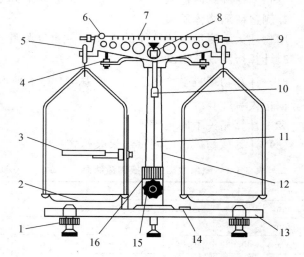

图 3-1-9 物理天平结构示意图
1—调节螺母；2—称盘；3—托架；4—支架；5—挂钩；6—游码；
7—游码标尺；8—刀口、刀垫；9—平衡螺母；10—感量调节器；
11—读数指针；12—支柱；13—底座；14—水准仪；
15—启动旋钮；16—指针标尺

（1）物理天平的规格

① 分度值：本实验所用物理天平分度值 0.1 g。根据测量实践，在设法消除不等臂误差的测量条件下，可以粗略地认为，天平的分度值可作为它的最大允许误差，即 f＝分度值。

② 感量：是指天平平衡时，为使指针偏转 1 分格在一端需加的质量（g/格）。感量越小，天平的灵敏度越高。天平感量一般应由实际测量确定，若已测得天平感量，可将感量的一半作为仪器误差。

③ 称量：是允许称衡的最大质量。本实验所用天平的称量为 1 000 g。

（2）物理天平操作程序

① 调水平。使用前应调节底座调节螺母，直至水准仪显示水平，以保证支柱铅直。

② 调零点。将横梁上副刀口调整好并将游码移至零位处，转动起动旋钮升起横梁，观察指针摆动情况。若指针在标尺中线左右对称摆动，说明天平零点已调好。若不对称应立即放下横梁，调节横梁两端平衡螺母，再观察，直至调好为止。

③ 称衡。一般将物体放在左盘，砝码放在右盘。升起横梁观察平衡。若不平衡按操作程序反复增减砝码直至平衡为止。平衡时，砝码与游码读数之和即为物体的质量。

（3）使用物理天平时应当注意事项

① 应保持天平的干燥、清洁，尽可能放置在固定的实验台上，不宜经常搬动；

② 称衡中使用起动旋钮要轻升轻放，**切勿突然升起和放下**，以免刀口撞击，被测物体和砝码应尽量放在托盘中央；

③ 称物体时，被称物体放在左盘，砝码放在右盘，加减砝码必须使用镊子，严禁用手。

④ 取放物体和砝码，移动游码或调节天平时，**都应将横梁制动（放下）**！以免损坏刀口。

【实验任务与方法】

1. 测量待测物体体积

$$V = \frac{1}{4}\pi(d^2 h_1 + D^2 h_2)$$

（1）用游标卡尺测量待测物体 h_1、h_2 和 D，重复测量 6 次，将数据记入表 3-1-1；

（2）用螺旋测微器测量待测物 d，重复测量 6 次，将数据记入表 3-1-1。

2. 测量待测物体质量

用物理天平测量待测物体的质量 M，重复测量 6 次，将数据记入表 3-1-1。

3. 计算待测物体密度

（1）计算物理量平均值、标准偏差 f、算术平均值标准差 $S_{\bar{x}} = S_x/\sqrt{n}$、标准不确定度，将数据记入表 3-1-1；

（2）计算相关不确定度；

（3）计算该物体密度测量结果表达式。

表 3-1-1　测量数据及直接测量结果　　$\Delta_{卡尺} = 0.02\ mm$，$\Delta_{千分尺} = 0.004\ mm$，$\Delta_{天平} = 0.1\ g$

n	1	2	3	4	5	6	$\bar{x}$	S_x	$S_{\bar{x}}$	u_x
h_1/mm	14.22	14.18	14.24	14.26	14.20	14.22	14.22	0.027	0.011	0.016
h_2/mm	34.94	34.98	34.98	34.96	34.94	34.96	34.96	0.018	0.007 3	0.014
D/mm	40.08	40.06	40.08	40.04	40.06	40.08	40.07	0.017	0.007 0	0.014
d/mm	9.982	9.984	9.96	9.982	9.982	9.984	9.983	0.016	0.006 8	0.007
M/g	351.6	351.2	351.5	351.4	351.3	351.5	351.4	0.15	0.06	0.08

【数据处理】

1. 根据表 3-1-1 数据，计算测量量平均值

$$\bar{\rho} = \frac{M}{V} = \frac{4M}{\pi(d^2 h_1 + D^2 h_2)}, \qquad \bar{V} = \frac{1}{4}\pi(d^2 h_1 + D^2 h_2)$$

2. 直接测量量不确定度计算（具体方法见后面【数据处理示例】）

3. 间接测量量不确定度计算（具体方法见后面【数据处理示例】）

（1）相对不确定度；

（2）标准不确定度；

（3）扩展不确定度。

4. 结果表达式（具体方法见后面【数据处理示例】）

【数据处理示例】

1. 根据表 3-1-1 数据，计算测量量平均值将各测量值平均值代入

$$\bar{\rho} = \frac{M}{V} = \frac{4M}{\pi(d^2 h_1 + D^2 h_2)}$$

得

$$\bar{\rho} = \frac{4 \times 351.4}{\pi(9.983^2 \times 14.22 + 40.07^2 \times 34.96)} = 7.774 \times 10^{-3}\ g/mm^3$$

$$= 7\ 774\ kg/m^3$$

为简化不确定度传递计算，先求体积 V 的标准不确定度，由 $V = \frac{1}{4}\pi\ (d^2 h_1 + D^2 h_2)$ 可得

$$\bar{V} = \frac{1}{4} \times 3.1416 \times (9.983^2 \times 14.22 + 40.07^2 \times 34.96) = 4.520 \times 10^4 \text{ mm}^3$$

$$= 4.520 \times 10^{-5} \text{ m}^3$$

2. 直接测量量不确定度计算

$$u_{h_1 A} = t_6(0.683) \cdot \sqrt{\frac{\sum_{i=6}^{6}(\bar{h}_1 - h_{1i})^2}{6 \times (6-1)}}$$

$$= 1.11 \times \sqrt{\frac{0^2 + 0.04^2 + 0.02^2 + 0.04^2 + 0.02^2 + 0^2}{6 \times (6-1)}}$$

$$= 0.012\ 8 \text{ mm} = 0.128 \times 10^{-4} \text{ m}$$

$$u_{h_2 A} = t_6(0.683) \cdot \sqrt{\frac{\sum_{i=6}^{6}(\bar{h}_2 - h_{2i})^2}{6 \times (6-1)}}$$

$$= 1.11 \times \sqrt{\frac{0.02^2 + 0.02^2 + 0.02^2 + 0^2 + 0.02^2 + 0^2}{6 \times (6-1)}}$$

$$= 0.008\ 1 \text{ mm} = 0.081 \times 10^{-4} \text{ m}$$

$$u_{D_A} = t_6(0.683) \cdot \sqrt{\frac{\sum_{i=6}^{6}(\bar{D} - D_i)^2}{6 \times (6-1)}}$$

$$= 1.11 \times \sqrt{\frac{0.01^2 + 0.01^2 + 0.01^2 + 0.03^2 + 0.01^2 + 0.01^2}{6 \times (6-1)}}$$

$$= 0.007\ 58 \text{ mm} = 0.075\ 8 \times 10^{-4} \text{ m}$$

$$u_{h_1} = \sqrt{u_{h_1 A} + u_{h_1 B}} = 0.016 \text{ mm} = 0.16 \times 10^{-4} \text{ m}$$

$$u_{h_2} = \sqrt{u_{h_2 A} + u_{h_2 B}} = 0.014 \text{ mm} = 0.14 \times 10^{-4} \text{ m}$$

$$u_D = \sqrt{u_{D_A} + u_{D_B}} = 0.014 \text{ mm} = 0.14 \times 10^{-4} \text{ m}$$

同理可得：

$$u_d = 8 \times 10^{-5} \text{ m}$$

$$u_m = 2.4 \times 10^{-8} \text{ m}$$

3. 间接测量量不确定度计算

$$u_V = \sqrt{\left(\frac{\partial V}{\partial h_1} u_{h_1}\right)^2 + \left(\frac{\partial V}{\partial d} u_d\right)^2 + \left(\frac{\partial V}{\partial h_2} u_{h_2}\right)^2 + \left(\frac{\partial V}{\partial D} u_D\right)^2}$$

$$= \frac{1}{4}\pi \sqrt{d^4 u_{h_1}^2 + 4 d^2 h_1^2 u_d^2 + D^4 u_{h_2}^2 + 4 D^2 h_2^2 u_D^2}$$

$$= \frac{1}{4}\pi \sqrt{9.983^4 \times 0.016^2 + 4 \times 9.983^2 \times 14.22^2 \times 0.007^2 + 40.07^4 \times 0.014^2 + 4 \times 40.07^2 \times 34.96^2 \times 0.014^2}$$

$$= 23.5 \text{ mm}^3 = 2.4 \times 10^{-8} \text{ m}^3$$

（1）相对不确定度

$$\frac{u_\rho}{\bar{\rho}} = \sqrt{\left(\frac{u_M}{M}\right)^2 + \left(\frac{u_V}{V}\right)^2} = \sqrt{\left(\frac{8\times10^{-5}}{0.351\,4}\right)^2 + \left(\frac{2.4\times10^{-8}}{4.520\times10^{-5}}\right)^2} = 5.8\times10^{-4}$$

（2）标准不确定度

$$u_\rho = \frac{u_\rho}{\bar{\rho}} \cdot \bar{\rho} = 5.8\times10^{-4}\times777\,4 = 4.5 \ \text{kg/m}^3$$

（3）拓展不确定度

$$U_\rho = 2u_\rho = 2\times4.5 = 9 \ \text{kg/m}^3$$

4. 该物体密度结果表达式：

$$\rho = \bar{\rho} \pm U_\rho = (7.774\pm0.009)\text{kg/m}^3$$

【思考题】

（1）怎样快速读出分度值为 0.02 mm 游标卡尺测量值？

（2）怎样判断螺旋测微器零点的读数符号？外径千分尺活动套管每转一格，测杆移动多少毫米？

（3）螺旋测微器棘轮有什么用处？怎样正确使用螺旋测微器？

（4）最小分度值为 0.1 g 物理天平，当测量质量为 20 g 的物体时，一次测量的有效数字位数是几位？

（5）取放物体和砝码、移动游码及调节天平时，天平横梁制动如何操作？

【创新设计】

实验室有一块金属材料 C，系由材料 A 和材料 B 锻造而成，试求 A、B 两种材料所占质量的百分比。实验室提供条件：试样 A，试样 B，试样 C 各一块，物理天平一台，量杯及吊具系统一套，纯水若干。

实验二 用拉脱法测量液体表面张力系数

凡作用于液体表面，使液体表面积缩小的力，称为液体表面张力。它产生的原因是液体跟气体接触的表面层里的分子比液体内部稀疏，分子间的距离比液体内部大一些，分子间的相互作用表现为引力。正是因为这种张力的存在，使得液体表面就如张紧的弹性薄膜，有收缩的趋势。测定液体表面张力系数常用的方法有：毛细管上升法、液滴测重法、最大气泡法、吊环拉脱法等。

【实验目的】

（1）用砝码对力敏传感器进行定标，计算该力敏传感器的灵敏度；

（2）掌握用拉脱法测量液体表面张力系数的实验方法；

（3）学会对双变量数据的处理方法。

【实验原理】

1. 液体表面张力系数

液体表面由于表层内分子力的作用，存在着一定的张力，称为表面张力，正是这种表面张力的存在使液体的表面犹如张紧的弹性膜一样，有收缩的趋势。如图 3-2-1 所示，假想在液面上有一条直线，表面张力就表现为直线两旁的液面以一定的拉力 f 相互作用。f 存在于表层，方向始终与直线垂直，大小与直线的长度 L 成正比，即：

$$f = \alpha \cdot L \qquad (3\text{-}2\text{-}1)$$

式中，比例系数 α 称为液体表面张力系数，数值等于作用在单位长度上的力，单位 $\dfrac{\text{N}}{\text{m}}$。其大小与液体的性质、纯度以及温度有关（温度升高时，α 值减小）。

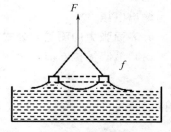

图 3-2-1　液体表面张力示意图

2. 拉脱法测量液体表面张力系数

测量一个已知长度的金属片从待测液体表面脱离时需要的力，从而求得表面张力系数的实验方法称为拉脱法。

若金属片为环状时，考虑一级近似，可以认为脱离力（即液体表面张力）为表面张力系数乘以表面的周长。可表示为

$$f = \alpha \cdot \pi(D_1 + D_2) \qquad (3\text{-}2\text{-}2)$$

得出表面张力系数

$$\alpha = \frac{f}{\pi(D_1 + D_2)} \qquad (3\text{-}2\text{-}3)$$

式中，f 为拉脱力；D_1、D_2 分别为圆环的外直径和内直径；α 为待测液体表面张力系数。

3. 力敏传感器测量拉力的原理

硅压阻力敏传感器由弹性横梁和贴在该梁上的四个硅扩散电阻组成，如图 3-2-2（a）所示。弹性横梁上的四个硅扩散电阻组成一个非平衡电桥，如图 3-2-2（b）所示。

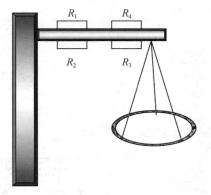

（a）硅压阻力敏传感器结构图

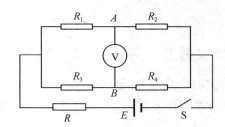

（b）硅压阻力敏传感器电路图

图 3-2-2　硅压阻力敏传感器

当外界压力 F 为零时，$R_1 = R_2 = R_3 = R_4$，调节补偿电压使电桥处于平衡状态，$U = 0$，有：$\dfrac{R_1}{R_3} = \dfrac{R_2}{R_4}$。

当有外界压力 F 作用于金属梁上时，四个硅扩散电阻受力变形引起阻值变化，电桥失去平衡，A、B 两点间产生输出信号 U，可由图 3-2-2（b）中的电压表读出该输出信号 U 在一定范围内，四个硅扩散电阻所受合力与输出信号 U 成线性关系，即：

$$U = K \cdot F \tag{3-2-4}$$

式中，K 是力敏传感器的灵敏度 $\left(\dfrac{\mathrm{mV}}{\mathrm{N}}\right)$，其大小与输入的工作电压有关；$F$ 为所加的外力；U 为输出电压。

4. 表面张力的测量与公式推导

（1）液膜被拉断前，由图 3-2-3 可得：

$$F = mg + f\cos\theta \tag{3-2-5}$$

拉断前瞬间，$\cos\theta \approx 1$，即：$F_1 \approx mg + f$；此时数字电压表示数为 U_1，则：$F_1 = mg + f = \dfrac{U_1}{K}$。

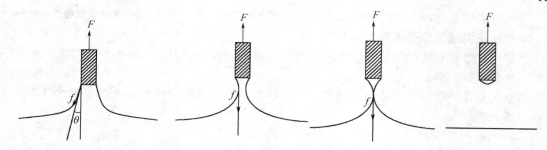

图 3-2-3　液膜拉动示意图

（2）液膜被拉断后：

$$F_2 = mg \tag{3-2-6}$$

此时，数字电压表示数为 U_2，则：$F_2 = mg = \dfrac{U_2}{K}$。

（3）液膜拉断前后拉力变化：

$$\Delta F = (mg + f) - mg = f = \frac{U_1 - U_2}{K} \tag{3-2-7}$$

由式（3-2-2）、式（3-2-7）可求得：

$$\alpha = \frac{U_1 - U_2}{K \cdot \pi(D_1 + D_2)} \tag{3-2-8}$$

【实验仪器】

本实验所用仪器为 DH4607 型液体表面张力系数测定仪。

【实验任务和方法】

1. 力敏传感器的定标

实验装置结构如图 3-2-4 所示。

（1）接通电源，将仪器预热 15 min；

（2）在传感器横梁端的小钩上挂上

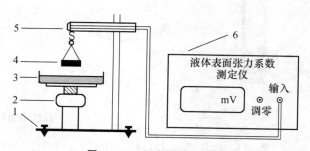

图 3-2-4　实验装置结构图

1—底座及调节螺丝；2—升降调节螺母；3—培养皿（装液体）；
4—环形吊环；5—力敏传感器；6—数字电压表

砝码盘（注意：传感器挂钩所承受力的范围是 0→0.098 N。挂钩上不能挂太重的物体，以防损坏仪器），调节调零旋钮（垫子组合仪上的补偿电压旋钮）使数字电压表示数为零（注意：调零后此旋钮不能再动）；

（3）在砝码盘中分别加入等质量 m_i（每个砝码 0.000 5 kg）的砝码，记录对应质量下的电压表读数 U_i，填入表 3-2-1；

（4）用作图法做直线拟合，求出传感器灵敏度 K。

表 3-2-1 力敏传感器定标实验数据记录表

m/g	0.5	1.0	1.5	2.0	2.5	3.0	3.5
U/mV							

2. 测量液体表面张力系数

（1）将金属吊环片挂在传感器的小钩上，调节升降台将液体升至金属环下沿，观察金属环下沿与待测液面是否平行。若不平行，将金属环取下，调节环片上的细丝，使之与液面平行；

（2）调节玻璃皿下的升降台，使环片下沿全部浸入待测液体中，然后反向匀速下降升降台，使金属环片与液面间形成一个环状液膜。继续下降液面，观察电压表读数，测量出液膜拉断前瞬间和拉断后电压值 U_1、U_2 记录在表 3-2-2 中，重复测量 U_1、U_2 各 6 次；

（3）用游标卡尺分别测量圆环的外径 D_1 和内径 D_2，重复测量 6 次，将数据记录在表 3-2-2 中；

表 3-2-2 液体表面张力系数测量实验数据记录表

测量次数	1	2	3	4	5	6	平均值
U_1/mV							
U_2/mV							
D_1/mm							
D_2/mm							

（4）将数据代入液体表面张力系数公式，求出待测液体在某温度下的表面张力系数。

【数据处理】

1. 力敏传感器的定标（作图法）

根据表 3-2-1 数据，做出 U-m 曲线。

2. 求出液体表面张力系数结果

（1）液体表面张力系数的最佳估计值：$\bar{\alpha} = \dfrac{\bar{U}_1 - \bar{U}_2}{K \cdot \pi (\bar{D}_1 + \bar{D}_2)}$；

（2）计算直接测量量的不确定度；

（3）计算表面张力系数 α 的不确定度，写出结果表达式：$\alpha = \bar{\alpha} \pm U_\alpha$。

【实验数据处理示例】

下面以表 3-2-3、表 3-2-4 中的数据为例展示对实验数据的处理。

表 3-2-3 力敏传感器定标实验数据记录表

m/g	0.5	1.0	1.5	2.0	2.5	3.0	3.5
U/mV	14.2	28.3	42.7	57.0	71.2	85.4	99.9

表 3-2-4　液体表面张力系数测量实验数据记录表

测量次数	1	2	3	4	5	6	平均值
U_1/mV	84.3	84.4	84.6	84.3	84.4	84.3	84.4
U_2/mV	41.2	41.2	41.1	41.2	41.0	41.0	41.1
D_1/mm	34.96	34.92	34.92	34.94	34.92	34.92	34.93
D_2/mm	32.90	33.00	33.04	33.06	33.00	33.08	33.01

1. 力敏传感器的定标（作图法）

如图 3-2-5 所示，根据公式：$U = 28.6m - 0.157$，可得斜率：$K' = \Delta U / \Delta m = 28.6$ V/kg，其中：$g = 9.8$ m/s^2，$\Delta U = K \Delta mg$

得力敏传感器的灵敏度：$K = K'/g = 28.6/9.8 = 2.92$ V/N

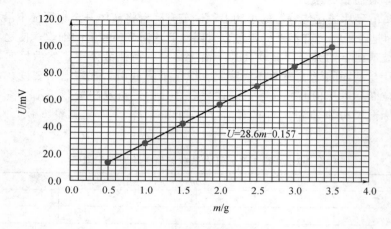

图 3-2-5　力敏传感器的定标曲线

2. 写出液体表面张力系数结果表达式

（1）液体表面张力系数的最佳估计值

$$\bar{\alpha} = \frac{\overline{U_1} - \overline{U_2}}{K \cdot \pi(\overline{D_1} + \overline{D_2})} = \frac{84.4 - 41.1}{2.92 \times 3.14 \times (34.93 + 33.01)} = 0.0694 \text{ N/m}$$

（2）计算直接测量量的不确定度

$$u_A(U_1) = t_6(0.683)S(\overline{U_1}) = t_6(0.683) \times \frac{1}{\sqrt{6}} \times S(U_{1i})$$

$$= 1.11 \times \frac{1}{\sqrt{6}} \times 0.152 = 0.069 \text{ mV}$$

$$u_B(U_1) = \frac{\Delta_{仪}}{\sqrt{3}} = \frac{\sqrt{2} \times 0.05}{\sqrt{3}} = 0.041 \text{ mV}$$

$$u_{U_1} = \sqrt{u_A(U_1)^2 + u_B(U_1)^2} = \sqrt{0.069^2 + 0.041^2} = 0.080 \text{ mV}$$

$$u_A(U_2) = t_6(0.683)S(\overline{U_2}) = t_6(0.683) \times \frac{1}{\sqrt{6}} \times S(U_{2i})$$

$$= 1.11 \times \frac{1}{\sqrt{6}} \times 0.0983 = 0.045 \text{ mV}$$

$$u_B(U_2) = \frac{\Delta_{仪}}{\sqrt{3}} = \frac{\sqrt{2} \times 0.05}{\sqrt{3}} = 0.041 \text{ mV}$$

$$u_{U_2} = \sqrt{u_A(U_2)^2 + u_B(U_2)^2} = \sqrt{0.045^2 + 0.041^2} = 0.061 \text{ mV}$$

$$u_A(D_1) = t_6(0.683)S(\overline{D_1}) = t_6(0.683) \times \frac{1}{\sqrt{6}} \times S(D_{1i})$$

$$= 1.11 \times \frac{1}{\sqrt{6}} \times 0.0167 = 0.007\,6 \text{ mm}$$

$$u_B(D_1) = \frac{0.02}{\sqrt{3}} = 0.012 \text{ mm}$$

$$u_{D_1} = \sqrt{u_A(D_1)^2 + u_B(D_1)^2} = \sqrt{0.0076^2 + 0.012^2} = 0.014 \text{ mm}$$

$$u_A(D_2) = t_6(0.683)S(\overline{D_2}) = t_6(0.683) \times \frac{1}{\sqrt{6}} \times S(D_{2i})$$

$$= 1.11 \times \frac{1}{\sqrt{6}} \times 0.0641 = 0.029 \text{ mm}$$

$$u_B(D_2) = \frac{0.02}{\sqrt{3}} = 0.012 \text{ mm}$$

$$u_{D_2} = \sqrt{u_A(D_2)^2 + u_B(D_2)^2} = \sqrt{0.029^2 + 0.012^2} = 0.031 \text{ mm}$$

（3）计算表面张力系数 α 的不确定度，写出结果表达式

$$E_\alpha = \frac{u_\alpha}{\overline{\alpha}} = \sqrt{\left(\frac{u_{U_1}}{\overline{U_1} - \overline{U_2}}\right)^2 + \left(\frac{u_{U_2}}{\overline{U_1} - \overline{U_2}}\right)^2 + \left(\frac{u_{D_1}}{\overline{d_1} + \overline{d_2}}\right)^2 + \left(\frac{u_{D_2}}{\overline{d_1} + \overline{d_2}}\right)^2}$$

$$= \sqrt{\left(\frac{0.080}{84.4 - 41.1}\right)^2 + \left(\frac{0.061}{84.4 - 41.1}\right)^2 + \left(\frac{0.014}{34.93 + 33.01}\right)^2 + \left(\frac{0.031}{34.93 + 33.01}\right)^2}$$

$$= 0.21\%$$

$$u_\alpha = \overline{\alpha}E_\alpha = 0.069\,4 \times 0.21\% \approx 1.5 \times 10^{-4} \text{ N/m}$$

$$U_\alpha = 2 \times u_\alpha = 3 \times 10^{-4} \text{ N/m}$$

结果表达式：$\alpha = \overline{\alpha} \pm U_\alpha = (6.94 \pm 0.03) \times 10^{-2} \text{N/m}$

【注意事项】

（1）吊环须严格处理干净。可用 NaOH 溶液洗净油污或杂质后，用清洁水冲洗干净，并用热吹风烘干；

（2）吊环水平须调节好，注意偏差 1°，测量结果引入误差为 0.5%；偏差 2°，则误差 1.6%；

（3）仪器开机需预热 15 min；

（4）在旋转升降台时，尽量使液体的波动要小；

（5）若液体为纯净水，在使用过程中防止灰尘和油污及其它杂质污染。特别注意手指不要接触被测液体；

（6）实验结束须将吊环用清洁纸擦干，用清洁纸包好，放入干燥缸内。

【思考题】

(1) 简述影响液体表面张力系数 α 的因素。

(2) 当吊环下沿完全浸入液体中后，反向旋转螺母，使液面往下降，直至液膜破裂，在这个过程中，数字电压表的示数如何变化？

(3) 铝合金吊环有一定高度，为什么测量液体表面张力时吊环浸入液体中不宜太深？

(4) 在对力敏传感器定标时，如果初始未清零，则对仪器灵敏度有何影响？

(5) 分析当圆环不水平时引入的测量误差。

【创新设计】

(1) 应用焦利秤方法或毛细管升高法测量液体表面张力系数，并比较水、酒精、盐水之间的表面张力系数大小；

(2) 用拉脱法设计测量不同浓度生理盐水的表面张力。

实验三 用复摆测重力加速度

测定重力加速度的方法很多，如单摆法、复摆法、开特摆法、落球法等。本实验采用复摆法。通过本实验的学习，不仅能够了解复摆的物理特性、从设计思想和实验方法上得到很多教益，而且在提高实验技能和培养创新意识上会大有收获。

【实验目的】

(1) 了解复摆的物理特性；

(2) 掌握用复摆法测量重力加速度的实验方法；

(3) 学会用作图法研究问题及处理数据。

【实验原理】

1. 复摆的振动周期公式

在重力作用下，一个绕固定水平转轴在竖直平面内摆动的刚体称为复摆，也称物理摆。如图 3-3-1 所示。

设复摆的质量为 m，其重心 G 到转轴 O 的距离为 h，g 为重力加速度。在任一时刻 t，OG 与竖直线之间的夹角为 θ，通常规定偏离平衡位置沿逆时针方向转过的角位移为正。此时，复摆受到相对于 O 轴的恢复力矩则为 $M = -mgh\sin\theta$，式中的负号表明力矩 M 的转向与位移 θ 的转向相反。当摆幅甚小时（摆角不超过 5°），有 $\sin\theta \approx \theta$ 则

$$M = -mgh\theta \qquad (3\text{-}3\text{-}1)$$

设复摆绕 O 轴的转动惯量为 J，根据转动定律有

$$M = J\alpha \qquad (3\text{-}3\text{-}2)$$

式中，复摆绕 O 轴转动的角加速度 $\alpha = \dfrac{\mathrm{d}^2\theta}{\mathrm{d}t^2}$。这样式（3-3-2）变为

$$J\frac{\mathrm{d}^2\theta}{\mathrm{d}t^2} + mgh\theta = 0 \quad \text{或} \quad \frac{\mathrm{d}^2\theta}{\mathrm{d}t^2} = -\frac{mgh}{J}\theta = -\omega^2\theta$$

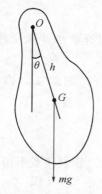

图 3-3-1 原理图

即

$$\frac{\mathrm{d}^2\theta}{\mathrm{d}t^2} + \omega^2\theta = 0 \tag{3-3-3}$$

令 $\omega^2 = \dfrac{mgh}{J}$，解微分方程得

$$\theta = A\cos(\omega t + \varphi_0) \tag{3-3-4}$$

由式（3-3-4）可知，摆幅很小时，复摆在其平衡位置的附近做简谐振动。式（3-3-4）中 A、φ_0 由初始条件决定，ω 是复摆振动的角频率，$\omega = \sqrt{mgh/J}$，复摆的振动周期为

$$T = 2\pi\sqrt{\frac{J}{mgh}} \tag{3-3-5}$$

2. 复摆的回转半径 R_G、等值单摆长 L

设复摆对通过重心 G 并与摆轴 O 平行的转轴（G 轴）之转动惯量为 J_G，则由平行轴定理知

$$J = J_G + mh^2 \tag{3-3-6}$$

式（3-3-6）代入式（3-3-5）得

$$T = 2\pi\sqrt{\frac{J_G + mh^2}{mgh}} \tag{3-3-7}$$

若设 $J_G = mR_G^2$，即复摆绕重心轴的回转半径为 R_G，则由式（3-3-6）得

$$J = mR_G^2 + mh^2 \tag{3-3-8}$$

将式（3-3-8）代入式（3-3-5）则得

$$T = 2\pi\sqrt{\frac{R_G^2 + h^2}{gh}} = 2\pi\sqrt{\frac{\dfrac{R_G^2}{h} + h}{g}} \tag{3-3-9}$$

显然，复摆振动周期 T 随悬挂支点 O 与重心 G 之间的距离 h 而改变。若以 h 为横轴、T 为纵轴，则 T 与 h 的关系如图 3-3-2 所示。

从图 3-3-2 可以看出 T 有极小值。同一曲线上任意两点相应的方程为

$$T_1 = 2\pi\sqrt{\frac{R_G^2 + h_1^2}{gh_1}}$$

$$T_2 = 2\pi\sqrt{\frac{R_G^2 + h_2^2}{gh_2}}$$

式中，h_1、h_2 分别是复摆的重心到两侧、悬挂支点的距离。将两式中的 R_G 消去，则有

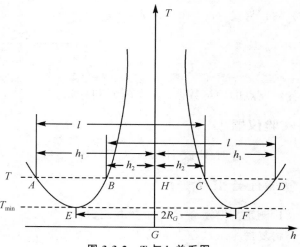

图 3-3-2 T 与 h 关系图

$$\frac{4\pi^2}{g} = \frac{T_1^2 + T_2^2}{2(h_1 + h_2)} + \frac{T_1^2 - T_2^2}{2(h_1 - h_2)} \tag{3-3-10}$$

而图 3-3-2 中 A、B（或 C、D）为同一曲线上周期相等的点，即 $T_1 = T_2 = T$，由此可得 $R_G^2 = h_1 h_2$，

$$T = 2\pi \sqrt{\frac{h_1 + h_2}{g}} = 2\pi \sqrt{\frac{L}{g}} \qquad (3\text{-}3\text{-}11)$$

此式与单摆的周期公式形式相同，其中 $L = h_1 + h_2$。事实上，总可以找到一个单摆，它的摆动周期恰等于给定的复摆之周期，因此称 L 为复摆的等值单摆长，即图 3-3-2 中的 AC 之距离或 BD 之距离。

3. 利用复摆测重力加速度 g

（1）由式（3-3-7）可直接得到复摆的振动周期 T 与转轴到重心距离 h 的关系

$$mgT^2 h = 4\pi^2 J_G + 4\pi^2 m h^2 \qquad (3\text{-}3\text{-}12)$$

改变 h，T 随之变。$T^2 h$ 与 h^2 成线性关系，由其相应直线的斜率可求出 g。

（2）利用复摆周期与转轴位置的关系图求出 g

由式（3-3-11）知

$$g = \frac{4\pi^2 L}{T^2} = \frac{4\pi^2}{T^2}(h_1 + h_2) \qquad (3\text{-}3\text{-}13)$$

① 图 3-3-2 所表示的复摆周期 T 与转轴位置的 h 关系中，坐标轴上 O 点为复摆重心位置，h_1、h_2 分别是复摆的重心到两侧悬挂支点的距离，T-h 图是两条对称曲线。由式（3-3-9）对 h 求微商，有

$$\frac{\mathrm{d}T}{\mathrm{d}h} = \pi \left(\frac{R_G^2}{gh} + \frac{h}{g} \right)^{-\frac{1}{2}} \left(\frac{1}{g} - \frac{R_G^2}{gh^2} \right) \qquad (3\text{-}3\text{-}14)$$

对应极值位置，有 $R_G = h'$。h' 是极值点到 O 点的距离。图 3-3-2 中的 E、F 两点为复摆周期的极小点，两者之间的距离恰为复摆的等值单摆长：$L = h_1' + h_2' = 2R_G$，代入式（3-3-13），可求出 g。

② 可从 T-h 图中任取一个周期 T，找到对应的 h_1 和 h_2 （$h_1 \neq h_2$），用等值单摆长 $L = h_1 + h_2$ 代入式（3-3-13），可求出 g。

（3）将式（3-3-10）改为

$$g = \frac{4\pi^2}{\dfrac{T_1^2 + T_2^2}{2(h_1 + h_2)} + \dfrac{T_1^2 - T_2^2}{2(h_1 - h_2)}} \qquad (3\text{-}3\text{-}15)$$

取异侧支点的两组数据 (h_1, T_1) 和 (h_2, T_2) 代入上式，可计算 g。

【实验仪器】

复摆，计时-计数-计频仪（SSM-5B 型），米尺，物理支架。

【实验任务和方法】

1. 测定复摆重心 G 的位置并测量 S_G

将复摆水平放在直立的刀刃上（见图 3-3-3），利用杠杆原理寻找 G 点的位置，并测量出 G 点到复摆一端的距离 S_G，重复寻找并测量 4 次，要求 S_G 的误差在 1 mm 以内。

2. 测量不同支点的周期 T

如图 3-3-4，S 表示从悬挂支点 O 到复摆一端 a 的距离。依次改变支点位置，由靠近 a 端开始，逐渐移向 S、S_G 端，测定每个支点对应的周期 T 3～5 次，摆角小于 5^0，支点的位置改变 10～20 次，将数据记录于表 3-3-1、表 3-3-2 中。

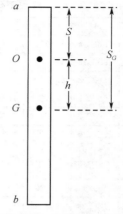

图 3-3-4　S、S_G 示意图

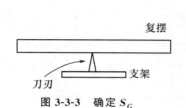

图 3-3-3　确定 S_G

3. 求出 S 各值对应的 h 值、计算 g 值

如图 3-3-4，$h = S_G - S$，h 均取正值。

（1）作 T-h 图，从图上求出等值单摆长，计算 g_1；

（2）作 T^2h-h^2 图，考察其线性关系，并用线性回归方法，由直线的斜率计算 g_2；

（3）选两组数据（h_1, T_1）和（h_2, T_2）代入式（3-3-15），计算得 g_3。

4. 对以上三种方法得到的结果进行比较。

【数据处理】

（1）根据表 3-3-1、表 3-3-2 数据，以 h 为横坐标、T 为纵坐标，作 T-h 图。

在图像中找到 $T_{\min}$、h_1、h_2 的值，计算 $L = h_1 + h_2$，利用式（3-3-13）计算得到 g_1。

（2）根据表 3-3-1、表 3-3-2 数据，以 h^2 为横坐标、T^2h 为纵坐标，作 T^2h-h^2 图。

将式（3-3-9）改写为 $T^2h = \dfrac{4\pi^2}{g} R_G^2 + \dfrac{4\pi^2}{g} h^2$，令 $x = h^2$、$y = T^2h$ 即 $y = \dfrac{4\pi^2}{g} x + \dfrac{4\pi^2}{g}$

R_G^2。根据图像计算出直线的斜率 $k = \dfrac{\Delta y}{\Delta x}$，将 k 值代入 $k = \dfrac{4\pi^2}{g}$，得到 g_2。

（3）在表 3-3-1 中任选一组数据（h_1, T_1），在表 3-3-2 中任选一组数据（h_2, T_2）代入式（3-3-15），计算得 g_3。

表 3-3-1　左侧支点 h、T 数据记录表

内容	1	2	3	4	5	6	7	8	9	10
	1.632 5	1.577 5	1.542 7	1.528 7	1.536 4	1.567 8	1.628 1	1.737 3	1.934 4	2.332 9
	1.631 7	1.577 6	1.541 0	1.528 2	1.534 2	1.568 2	1.627 5	1.736 5	1.932 2	2.331 7
T/s	1.631 6	1.577 8	1.541 9	1.528 5	1.536 7	1.568 3	1.627 7	1.737 2	1.935 0	2.331 8
	1.631 6	1.577 3	1.541 8	1.528 1	1.534 0	1.568 2	1.626 9	1.736 4	1.934 8	2.331 2
	1.632 0	1.577 7	1.542 0	1.527 1	1.534 7	1.566 4	1.627 7	1.738 6	1.936 6	2.331 0
$\bar{T}$/s	1.631 9	1.577 6	1.541 9	1.528 1	1.535 2	1.567 8	1.627 6	1.737 2	1.934 6	2.331 7
h/cm	48.89	41.55	35.30	29.28	24.87	20.88	17.28	13.69	9.97	6.46
S/cm	1.05	8.39	14.64	20.66	25.07	29.06	32.65	36.25	39.97	43.48
h^2/cm^2	2 390	1 726	1 246	857.3	618.5	435.97	298.6	187.4	99.4	41.7
T^2h/(cm·s^2)	130.2	103.4	83.92	68.37	58.61	51.32	45.78	41.31	37.3	35.2

表 3-3-2　右侧支点 h、T 数据记录表

内容	1	2	3	4	5	6	7	8	9	10
T/s	1.632 4	1.578 1	1.542 7	1.528 0	1.538 2	1.569 5	1.630 2	1.738 3	1.937 4	2.333 2
	1.631 8	1.577 6	1.543 0	1.527 7	1.537 7	1.568 4	1.630 5	1.738 9	1.937 7	2.332 9
	1.631 8	1.577 9	1.542 9	1.528 0	1.538 0	1.568 9	1.629 9	1.739 2	1.938 1	2.333 0
	1.631 9	1.578 2	1.543 2	1.528 2	1.538 3	1.569 2	1.629 9	1.738 5	1.937 9	2.332 7
	1.632 2	1.577 9	1.542 8	1.527 8	1.537 9	1.569 1	1.630 0	1.739 1	1.938 2	2.333 4
$\overline{T}/\text{s}$	1.632 0	1.577 9	1.542 9	1.527 9	1.538 0	1.569 0	1.630 1	1.738 8	1.937 9	2.333 0
h/cm	48.88	41.54	35.29	28.87	24.91	20.89	17.33	13.67	10.01	6.51
S/cm	1.06	8.40	14.65	20.26	25.03	29.05	32.61	36.27	39.93	43.43
h^2/cm^2	2 389	1 726	1 245	880.9	620.5	436.4	300.3	186.9	100.2	42.4
$T^2h/(\text{cm}\cdot\text{s}^2)$	130.2	103.4	84.01	69.39	58.92	51.43	46.05	41.33	37.59	35.4

【实验数据处理示例】

$$S_G = \frac{1}{4}(49.92 + 49.95 + 49.94 + 49.96) = 49.94(\text{cm})$$

（1）以 h 为横坐标、T 为纵坐标，作 T-h 图（见图 3-3-5）。对应 $T_{\min} = 1.528\ 0$ s，有 $L = h'_1 + h'_2 = 29.28 + 28.87 = 57.95$ （cm），代入式 （3-3-13）计算，得 $g_1 = 9.798\ 7$ （ms^{-2}）。

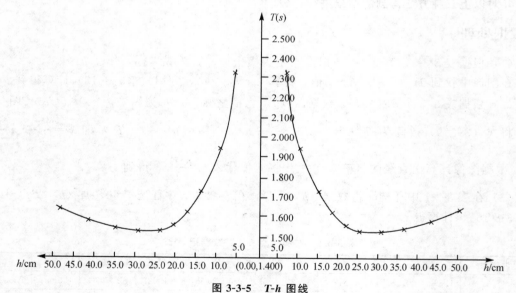

图 3-3-5　T-h 图线

（2）将式（3-3-9）改写为 $T^2h = \dfrac{4\pi^2}{g}R_G^2 + \dfrac{4\pi^2}{g}h^2$。以 h^2 为横坐标、T^2h 为纵坐标，作 T^2h-h^2 图（见图 3-3-6）。

令 $y = T^2h$，$x = h^2$，则 $y = \dfrac{4\pi^2}{g}x + \dfrac{4\pi^2}{g}R_G^2$。选用坐标纸，描点、连线；其中，中值点 $M(792.8, 65.8)$，直线过 M 点。

坐标图中的直线，十分准确地表明了 T^2h 与 h^2 之间的线性关系。

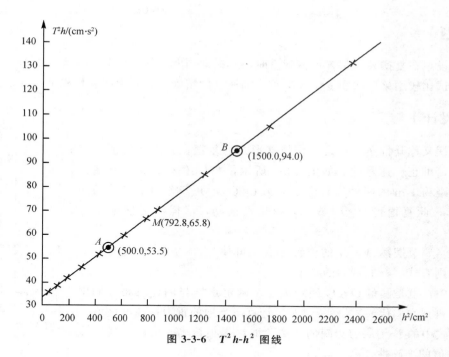

图 3-3-6　T^2h-h^2 图线

计算直线的斜率

$$k = \frac{\Delta y}{\Delta x} = \frac{94.0 - 53.5}{1\,500.0 - 500.0} = 0.040\,5 \text{ s}^2 \cdot \text{cm}^{-1} = 4.05 \text{ s}^2 \cdot \text{m}^{-1}$$

则由 $k = \dfrac{4\pi^2}{g}$ 可求得

$$g_2 = \frac{4\pi^2}{k} = 9.747\,8\,(\text{m} \cdot \text{s}^{-2})$$

（3）选择表 3-3-1 中的第 2 组数据（41.55，1.577 6）、表 3-3-2 中的第 7 组数据（17.33，1.630 1），代入式（3-3-15），即：

$$g = \frac{4\pi^2}{\dfrac{T_1^2 + T_2^2}{2(h_1 + h_2)} + \dfrac{T_1^2 - T_2^2}{2(h_1 - h_2)}}$$

$$= \frac{4\pi^2}{\dfrac{1.5776^2 + 1.6301^2}{2 \times (41.55 + 17.33)} + \dfrac{1.577\,6^2 - 1.630\,1^2}{2 \times (41.55 - 17.33)}}$$

计算得

$$g_3 = 9.804\,9\,(\text{m} \cdot \text{s}^{-2})$$

【注意事项】

（1）在 T-h 图、T^2h-h^2 图上如有明显偏离曲线的点，应重新测量。

（2）计时-计数-计频仪的光电门位置要合适。

（3）挂摆于悬挂装置上时，将刀口调整好；倒挂摆时，仍需调整好另一刀口。

（4）每次实验完毕，将摆取下、平放在桌上，以防刀口长期受力变钝。

【思考题】

（1）设想在复摆某一位置加一配重时，其振动周期将如何变化（增大、缩短、不变）？

（2）试比较用单摆法和复摆法测重力加速度的精确度，并说明其精确度高或低的原因。

【创新设计】

可逆摆又称开特摆，它是一种特殊形式的复摆；其主要特征是有两个刀口，可正、逆悬挂。如图 3-3-7 所示，在长约 1.5 m 的金属杆上，在相距约 1 m 的两处安置两个刀刃 O_1O_2，并安置两个可移动的锤 A 和 B，此复摆可以 O_1 或 O_2 为支点摆动，这样的复摆就是可逆摆。

在适当调节摆锤 A、B 的位置之后，可使 $T_1 = T_2$，令此时的周期值 T，则有式（3-3-12）的结果。

实验中，就是测量 O_1O_2 间距离 L、确定正挂与倒挂时相等的周期值 T，再把它们代入式（3-3-12），计算出当地的重力加速度之值。

因为式中的 L 为二刀刃间的距离，能测得很精确，所以可逆摆能使测量 g 值的准确性提高。

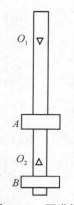

图 3-3-7　可逆摆

实验四　刚体转动惯量的测量

转动惯量是衡量刚体转动时惯性大小的量度，是表征刚体特性的物理量。刚体的转动惯量除了与物体质量有关外，还与转轴的位置和质量分布有关。如果刚体的形状简单，且质量分布均匀，测出其外形尺寸和质量，便可直接计算出刚体的转动惯量。对于形状复杂，质量分布不均匀的刚体，用数学方法计算其转动惯量是相当困难的，通常要用实验的方法来测定。所以学习测量刚体的转动惯量具有实际意义。

测量转动惯量的方法有多种，扭转摆法是其中的一种方法。这种方法主要是对刚体的振动周期进行测量，再由周期计算待测物体的转动惯量。

【实验目的】

（1）了解刚体转动惯量的测定方法（动力学方法；振动方法等）；

（2）学习刚体转动惯量测试仪的调节和使用方法；

（3）掌握用累积放大法测量周期、扭摆法测量刚体的转动惯量的方法。

【实验原理】

扭摆的构造如图 3-4-1 所示，将一金属丝上端固定，下端悬挂一刚体（本实验中悬挂物为圆盘），就构成扭摆。

在圆盘上施加一外力矩，使之扭转一角度 θ。由于悬线上端是固

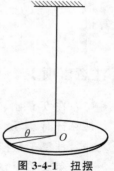

图 3-4-1　扭摆

定的，悬线因扭转而产生弹性恢复力矩。外力矩撤去后，在弹性恢复力矩 M 作用下圆盘作往复扭动，根据胡克定律，弹性恢复力矩 M 与转角 θ 的关系为：

$$M = -K\theta \tag{3-4-1}$$

式中，K 称为扭转模量。

忽略空气阻尼力矩的作用，根据刚体转动定理有：

$$M = J_0 \beta \tag{3-4-2}$$

式中，J_0 为刚体对悬线轴的转动惯量；β 为角加速度。

扭摆作角简谐振动的运动微分方程：

$$\beta = \frac{\mathrm{d}^2\theta}{\mathrm{d}t^2} = -\frac{K\theta}{J_0} = -\omega^2\theta \tag{3-4-3}$$

式中，$\omega = \sqrt{K/J_0}$ 为角简谐振动的圆频率。其周期 T_0 为

$$T_0 = \frac{2\pi}{\omega} = 2\pi\sqrt{\frac{J_0}{K}} \tag{3-4-4}$$

或者可以写成

$$T_0^2 = 4\pi^2 J_0 / K \tag{3-4-5}$$

若扭转模量 K 未知，可利用一个对其质心轴的转动惯量 J_1 已知的物体（本实验中使用圆环），其质量为 m_1，将它附加到圆盘上，并使其质心位于扭摆悬线上，组成复合体，如图 3-4-2 所示。此复合体对以悬线为轴的转动惯量为 $J_0 + J_1$，复合体的摆动周期 T 为：

$$T = 2\pi\sqrt{\frac{J_0 + J_1}{K}} \tag{3-4-6}$$

其中，圆环对悬线轴的转动惯量 J_1 由下式计算：

$$J_1 = \frac{m_1}{8}(D_1^2 + D_2^2) \tag{3-4-7}$$

图 3-4-2 复合体

式中，m_1 为圆环的质量，D_1 和 D_2 分别为圆环的内直径和外直径。

由式（3-4-5）～式（3-4-7）可得刚体（本实验中圆盘）对悬线轴的转动惯量：

$$J_0 = \frac{m_1 T_0^2 (D_1^2 + D_2^2)}{8(T^2 - T_0^2)} \tag{3-4-8}$$

【实验仪器】

如图 3-4-3 所示，铁架台，悬线，刚体（圆盘、圆环），游标卡尺（图 3-4-4），DHTC-38 型多功能计时器（图 3-4-5），水准仪。

【实验任务和方法】

一、测量圆盘的转动惯量 J_0

（1）用游标卡尺测量圆环的内、外直径。重复测量 6 次。将数据记入表 3-4-1。

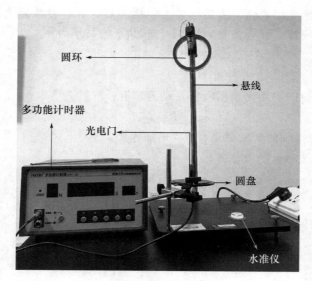

图 3-4-3   实验仪器

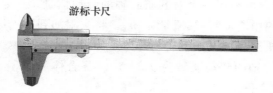

图 3-4-4   游标卡尺

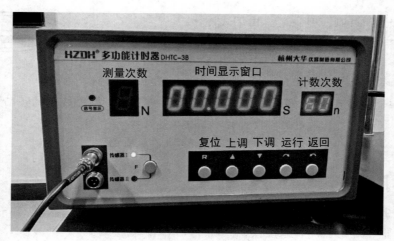

图 3-4-5   多功能计时器

（2）用多功能计时器测量周期。

① 将水准仪放置在铁架台上，调节铁架台底脚螺丝，使仪器处于水平状态。

② 令圆盘处于静止状态。调节光电门和圆盘侧边金属杆的相对位置，使圆盘每次扭转时，金属杆都能通过光电门。

③ 打开多功能计时器电源开关，用下调按钮将计数次数设置为 20，即金属棒通过光电门 20 次为 10 个周期。

④ 旋转转动惯量仪上方控制圆盘转动的金属杆，使圆盘扭转一个小于 5°的角度，放手后圆盘做平稳的扭转摆动。此时按运行按钮开始测量。测量完毕后记录时间显示窗口显示的时间。每次测量完毕后按返回按钮，再按运行按钮即可进行下一次测量。

⑤ 分别重复以上步骤，测量圆盘的转动周期 T_0，测量圆环和圆盘（复合体）的转动周期 T。分别重复测量 6 次。测量周期时，我们使用累积放大法，测量 10 周期。将数据记入表 3-4-1。

（3）圆环质量 m_1 标明在圆环上，根据测量结果，利用式（3-4-8）计算圆盘的转动惯量 J_0。

表 3-4-1　测量圆盘的转动惯量 J_0 的数据记录表

次数　＼　项目	圆环内径 $D_1/10^{-3}$ m	圆环外径 $D_2/10^{-3}$ m	圆盘 $10T_0/$s	圆盘 $\overline{T_0}/$s	圆盘＋圆环 $10T/$s	圆盘＋圆环 $\overline{T}/$s
1						
2						
3						
4						
5						
6						
平均值						

二、计算测量的不确定度 U 并写出结果表达式

$$J_0 = \overline{J}_0 \pm U$$

【数据处理】

（1）根据公式计算刚体转动惯量

$$\overline{J_0} = \frac{m_1 \overline{T_0}^2 (\overline{D_1}^2 + \overline{D_2}^2)}{8(\overline{T}^2 - \overline{T_0}^2)}$$

（2）评定不确定度

① 计算直接测量量 D_1，D_2，T_0，T 的不确定度。

② 计算间接测量量 J_0 的不确定度。

（3）写出结果表达式。

【数据处理示例】

表 3-4-2 中的给出的实验数据为示例作用，实际计算时需代入自己测量的实验数据进行计算。

圆环的质量 m_1 见圆环上的标记，$m_1 = 529$ g $= 0.529$ kg

计算刚体对悬线轴的转动惯量 J_0：

$$\overline{J}_0 = \frac{m_1\overline{T_0}^2(\overline{D_1}^2 + \overline{D_2}^2)}{8(\overline{T}^2 - \overline{T_0}^2)} = \frac{0.529 \times 1.818^2 \times (0.099\,68^2 + 0.119\,91^2)}{8 \times (3.152^2 - 1.818^2)}$$

$$= 8.015 \times 10^{-4}\ \text{kg} \cdot \text{m}^2$$

表 3-4-2　测量圆盘的转动惯量 J_0 的数据记录表（示例）

次数 \ 项目	圆环内径 $D_1/10^{-3}$ m	圆环外径 $D_2/10^{-3}$ m	圆盘 $10T_0/s$	圆盘 $\overline{T_0}/s$	圆盘＋圆环 $10T/s$	圆盘＋圆环 $\overline{T}/s$
1	99.68	119.92	18.16		31.51	
2	99.69	119.90	18.20		31.51	
3	99.64	119.84	18.18		31.51	
4	99.66	119.91	18.18	1.818	31.51	3.152
5	99.68	119.92	18.18		31.54	
6	99.73	119.97	18.19		31.54	
平均值	99.68	119.91	18.18		31.52	

不确定度评定：

1. 直接测得量不确定度评定（置信概率 $P = 0.683$）

（1）评定 D_1 和 D_2 的不确定度。

$$u_{D_1A} = t_6(0.683) \cdot \sqrt{\frac{\sum_{i=1}^{6}(\overline{D}_1 - D_{1i})^2}{6(6-1)}}$$

$$= 1.11 \times \sqrt{\frac{0^2 + (0.01)^2 + (0.04)^2 + (0.02)^2 + 0^2 + (0.05)^2}{30}} \times 10^{-3}$$

$$= 1.4 \times 10^{-5}\ \text{m}$$

$$u_{D_2A} = t_6(0.683) \cdot \sqrt{\frac{\sum_{i=1}^{6}(\overline{D}_2 - D_{2i})^2}{6(6-1)}}$$

$$= 1.11 \times \sqrt{\frac{(0.01)^2 + (0.02)^2 + (0.07)^2 + 0^2 + (0.01)^2 + (0.06)^2}{30}} \times 10^{-3}$$

$$= 1.9 \times 10^{-5}\ \text{m}$$

$$u_{D_1B} = u_{D_2B} = \frac{\Delta_{仪}}{\sqrt{3}} = \frac{0.02}{\sqrt{3}} \times 10^{-3} = 1.2 \times 10^{-5}\ \text{m}$$

$$u_{D_1} = \sqrt{u_{D_1A}^2 + u_{D_1B}^2} = \sqrt{(1.4)^2 + (1.2)^2} \times 10^{-5}$$

$$= 1.8 \times 10^{-5}\ \text{m}$$

$$u_{D_2} = \sqrt{u_{D_2A}^2 + u_{D_2B}^2} = \sqrt{(1.9)^2 + (1.2)^2} \times 10^{-5}$$

$$= 2.2 \times 10^{-5}\ \text{m}$$

（2）评定 m_1 的不确定度。

$$u_{m_1} = \frac{\Delta_{仪}}{\sqrt{3}} = \frac{0.02\ \text{g}}{\sqrt{3}} = 1.2 \times 10^{-5}\ \text{kg}$$

（3）评定 T_0 和 T 的不确定度。

$$u_{T_0A} = t_6(0.683) \cdot \sqrt{\frac{\sum_{i=1}^{6}(\overline{T}_0 - T_{0i})^2}{6(6-1)}}$$

$$= 1.11 \times \sqrt{\frac{(0.002)^2 + (0.002)^2 + 0^2 + 0^2 + 0^2 + (0.001)^2}{30}}$$

$$= 0.6 \times 10^{-5} \text{ s}$$

$$u_{TA} = t_6(0.683) \cdot \sqrt{\frac{\sum_{i=1}^{6}(\overline{T} - T_i)^2}{6(6-1)}}$$

$$= 1.11 \times \sqrt{\frac{4 \times (0.001)^2 + 2 \times (0.002)^2}{30}}$$

$$= 0.7 \times 10^{-5} \text{ s}$$

$$u_{T_0B} = u_{TB} = \frac{\Delta_仪}{10 \times \sqrt{3}} = \frac{0.03}{10 \times \sqrt{3}} = 1.7 \times 10^{-3} \text{ s}$$

$$u_{T_0} = \sqrt{u_{T_0A}^2 + u_{T_0B}^2} = \sqrt{(0.6 \times 10^{-5})^2 + (1.7 \times 10^{-3})^2}$$

$$= 1.8 \times 10^{-3} \text{ s}$$

$$u_T = \sqrt{u_{TA}^2 + u_{TB}^2} = \sqrt{(0.7 \times 10^{-5})^2 + (1.7 \times 10^{-3})^2}$$

$$= 1.8 \times 10^{-3} \text{ s}$$

2. 间接测得量不确定度评定

（1）相对不确定度。

$$\frac{u_{J_0}}{\overline{J}_0} = \sqrt{\left(\frac{u_{m_1}}{m_1}\right)^2 + \left(\frac{2D_1 u_{D_1}}{D_1^2 + D_2^2}\right)^2 + \left(\frac{2D_2 u_{D_2}}{D_1^2 + D_2^2}\right)^2 + \left(\frac{2T u_T}{T^2 - T_0^2}\right)^2 + \left[\frac{2T^2 u_{T_0}}{T_0(T^2 - T_0^2)}\right]^2}$$

$$= \sqrt{\left(\frac{1.2 \times 10^{-5}}{0.529}\right)^2 + \left(\frac{2 \times 0.09968 \times 1.8 \times 10^{-5}}{0.09968^2 + 0.11991^2}\right)^2 + \left(\frac{2 \times 0.11991 \times 2.2 \times 10^{-5}}{0.09968^2 + 0.11991^2}\right)^2 + \left(\frac{2 \times 3.152 \times 1.8 \times 10^{-3}}{3.152^2 - 1.818^2}\right)^2 + \left(\frac{2 \times 3.152^2 \times 1.8 \times 10^{-3}}{1.818 \times (3.152^2 - 1.818^2)}\right)^2}$$

$$= 3.4 \times 10^{-3} \approx 0.34\%$$

（2）标准不确定度。

$$u_{J_0} = \overline{J}_0 \cdot \frac{u_{J_0}}{\overline{J}_0} = 8.015 \times 10^{-4} \times 3.4 \times 10^{-3} \approx 0.3 \times 10^{-5} \text{ kg} \cdot \text{m}^2$$

（3）扩展不确定度，置信概率 $P = 0.95$。

$$U_{J_0} = 2u_{J_0} = 2 \times 0.3 \times 10^{-5} = 0.6 \times 10^{-5} \text{ kg} \cdot \text{m}^2$$

3. 结果表达式

$$J_0 = \overline{J}_0 \pm U_{J_0} = (8.02 \pm 0.06) \times 10^{-4} \text{ kg} \cdot \text{m}^2 \quad (P = 0.95)$$

【注意事项】

（1）测量前，根据水准仪的指示，先调整底座台面的水平。

（2）测量时，摆角 θ 尽可能小些，以满足小角度近似。防止扭摆盘在摆动时发生晃动，影响测量结果。

（3）测量周期时应合理选取摆动次数。

【思考题】

（1）衡量刚体转动惯量大小的物理量是什么？

（2）影响物体转动惯量的因素有哪些？

（3）如何用转动惯量测试仪测定任意形状物体绕特定轴的转动惯量？

（4）扭转模量 K 与刚体对悬线轴转动惯量 J_0 分别具有什么物理意义，这两个量之间有没有关系？

（5）测量周期时，每次测出连续摆动 10 个周期以上的总时间，这是采用了哪种物理实验方法？对本实验有什么好处？

【创新设计】

利用现有的实验仪器设计实验，对规则形状刚体的转动惯量进行测量，并与直接根据公式计算得出的刚体转动惯量进行比较。

例如：请测量圆柱形磁铁的转动惯量。

（1）推导实验计算公式，得出需要测得的物理量。

（2）把两个形状规则圆柱形的磁铁以悬线轴为中心对称摆放在圆盘两侧（圆盘半径二分之一处），保证圆盘的平衡，测量扭摆周期等物理量，根据公式计算出磁铁的转动惯量。

（3）利用平行轴定理推导出当磁铁在圆盘半径二分之一处的转动惯量计算公式，把实验测量结果与理论值进行比较，验证实验测量的正确性。

实验五 液体黏度的测量

在医学、生产和科学技术上，凡是涉及流体的场合，经常要考虑黏度问题。例如，医学上由于许多病变中血液黏滞性变化很大，因此通过测定血流的黏度就能得出很多有价值的诊断材料。生产中，用搅拌器搅拌流体时，流体的黏度愈大，搅拌器所消耗的电能也愈多。工程中研究流体在管道中的输送过程时，以及金属在熔铸、焊接时，都必须考虑黏度问题。此外，测定高分子稀溶液和纯溶剂的黏度，可以得出聚合物的分子量和稀溶液中高分子链的尺寸。在高分子研究中，聚合物熔体的黏度及其流变性能，对聚合物的注射、压膜、吹塑、冷成型以及纤维纺丝等加工过程也有着重要影响。另外，在国防建设上，例如对飞机、船舶、舰艇的模型设计上，流体黏度的测定都有着重要的意义。

测量液体黏度的方法很多，通常有：①毛细管法。让待测液体以一定的流量流过已知管径的管道，再测出在一定长度的管道上的压降，算出黏度。②落球法。用已知直径的小球，从液体中落下，通过下落速度的测量，算出黏度。③旋转法。将待测液体放入两个不同直径的同心圆筒中间，一圆筒固定，另一圆筒以已知角速度转动，通过所需力矩的测量，算出黏度。④泄流法。将液体盛放在已知容积的容器里，由已知管径的短管中自由流出，测出全部液体流出的时间，算出黏度。目前，我国和世界上大多数国家，在工业上所普遍采用的黏度计，即基于这一原理。实验室中，对于黏度较小的液体，如水、乙醇、四氯化碳等，常用毛细管法。而对于黏度较大的液体，如蓖麻油、变压器油、甘油等，常用落球法。本实验采用落球法测量蓖麻油的黏度。

【实验目的】

（1）了解黏度的物理意义并学会计算黏度；
（2）掌握黏度仪的使用方法；
（3）掌握用落球法测量黏度的实验方法。

【实验原理】

当两块板沿接触面相对滑动时，它们之间有阻止滑动的摩擦力。搅拌一杯蜂蜜远比搅拌相同杯中的稀糖水费力得多，是何因素？许多人或许会回答说：是由于搅动体表面的一层流体与邻层液体之间有内摩擦作用，即流体有黏滞性。

倘若您尝试一下，将液体注入两玻璃板之间，下板固定，而对上板施以一水平方向的恒力，使之以速度 v 匀速运动。你会发现，黏着在上板的一层液体以速度 v 移动，黏着在下板的一层液体则静止不动。当液体流动时，液体自上而下，由于层与层之间存在摩擦力的作用，平行于流动方向的各层流体速度都不相同，即存在着相对运动，速度快的带动速度慢的，因此各层分别以不同速度流动，即各液体流层的速度与它们到下板的距离成正比，越接近上板的流层速度越大。液体流层间产生的这种摩擦力称为黏滞力。实验表明，黏滞力的方向平行于接触面、与流动方向相反，黏滞力的大小与接触面积及速度梯度成正比，比例系数 η 称为黏度。

如果让一个直径为 d 的光滑小球，以速度 v 在均匀的、无限宽广的液体中运动时，若小球的运动速度不大，球也很小，在液体中不产生涡流时，球在液体中受到的黏滞阻力为

$$f = 3\pi\eta d v \tag{3-5-1}$$

称为斯托克斯公式。其中 η 是液体的黏度，η 的量纲为 $[ML^{-1}T^{-1}]$，在 SI 制中，其单位为"帕斯卡·秒"（Pa·s）。液体的黏度随温度的升高而减小。

当小球（质量为 m、体积为 V）在密度为 ρ 的液体中下落时，作用在小球上的力有三个：重力 mg、液体的浮力 $\rho V g$ 及液体对小球的黏滞阻力 f。如图 3-5-1 所示，它们作用在同一铅直线上，重力向下，浮力及黏滞阻力向上。重力及浮力恒定，而黏滞力中 η 和 d 是一定的，阻力与小球下落的速度 v 成正比。开始时，由于小球在液体中速度较小，黏滞阻力较小，因而小球向下做加速运动。随着速度的增大，黏滞阻力也增大。当小球下落的速度达到一定大小时，作用于小球上的三个力达到平衡，于是小球将以收尾速度 v_T 匀速下落。此时有 $mg - \rho V g = f = 3\pi\eta d v_T$，整理得

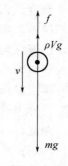

图 3-5-1 受力图示

$$\eta = \frac{(m - \rho V)g}{3\pi d v_T} \tag{3-5-2}$$

实验时，测定出 m，ρ，V，d，v_T 等量，即可计算 η 值。

v_T 值的测定：设小球匀速下落时，在 t 时间内下落距离为 L，则

$$v_T = \frac{L}{t}$$

斯托克斯公式应用的条件是小球在无限宽广、均匀的液体中下落，而实验时，液体总要盛放在一定的容器内，其边界不可能是无限宽广的。即小球不可避免地受到了容器壁及液体有限深度的影响。这里介绍两种对容器影响的修正方法。

1. 兰登堡修正公式

兰登堡从实验中总结出小球在圆筒形容器的液体中下落时受到的黏滞阻力的经验公式为 $f = 3\pi\eta d v_T \left(1 + 2.4\dfrac{d}{D}\right)\left(1 + 3.3\dfrac{d}{2H}\right)$。式中 D 及 H 分别为圆筒的内径及容器中液体的深度。因为实验时很容易做到 $H \gg d$，使液体有限深度的修正项 $3.3\dfrac{d}{2H}$ 可不考虑。于是公式简化为

$$f = 3\pi\eta d v_T \left(1 + 2.4\frac{d}{D}\right) \tag{3-5-3}$$

将式（3-5-2）代入式（3-5-3），即可解出

$$\eta = \frac{\left(m - \dfrac{1}{6}\pi\rho d^3\right)g}{3\pi d v_T \left(1 + 2.4\dfrac{d}{D}\right)} \tag{3-5-4}$$

2. 曲线外延修正法

用一组内径 D 不同的圆形容器（内装待测液体），分别测定小球在不同的容器中的收尾速度 v_T，做 v_T—D 曲线，并将该曲线外延，从而得到小球在直径 D 趋于无限大的容器中的收尾速度 v_T，将其代入式（3-5-2）计算出 η。

【实验仪器】

（1）黏度仪（内装待测液体——蓖麻油）　本实验所用的黏度仪由一组五只直径不同的有机玻璃圆筒组成，如图 3-5-2 所示。垂直安装在同一有机玻璃板上，每只圆筒的筒身有上、下两条水平刻度线。当注入待测液体时，应使液面高于上刻度线，以保障小球在液体内下降至上刻度线时，已经做匀速运动。

（2）分析天平；

（3）读数显微镜；

（4）游标卡尺；

（5）温度计（分度值为 0.1 ℃）；

（6）秒表；

（7）小钢球（20 粒，直径 2 mm 左右）、镊子、磁铁、酒精等。

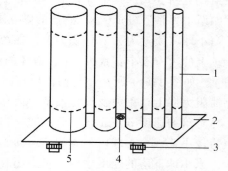

图 3-5-2　黏度仪示意图

1—五只有机玻璃管；2—底板；3—水平调节螺丝；
4—水准泡指示仪；5—刻度线

【实验任务和方法】

调节黏度仪，测出小球直径的平均值 d、平均质量 m、下落的时间 t 及液体的平均温度 $\overline{T}$ 等，测量蓖麻油的黏度。

（1）用酒精将小钢球洗净，擦干后用读数显微镜测各小球的直径，读数填入表 3-5-1 中，求出直径的平均值 d。

（2）测量不同量杯中小球的下落速度：

① 用分析天平称量这些小球的总质量，再除以小球粒数，求出小球的平均质量 m，填入表 3-5-2 中。测后将各小球浸在与待测液体相同的油中待用，务必使小球完全被油浸润。

② 用游标卡尺分别测出黏度仪上每个圆筒的平均内径 D、筒壁上两条水平刻度线的距离 L，数据填入表 3-5-2 中。

③ 调节黏度仪底板下的螺丝，使水准仪气泡位于中央。

④ 把小球从被测的蓖麻油液面中心附近投入，用秒表测出它在两个刻度线间下落所需的时间 t，每只圆筒测三粒小球的数据、记一次液体的温度 T，数据填入表 3-5-2 中。

（3）小球下落的时间全部测完后，根据 $v_T = \dfrac{L}{t}$，求出小球下落速度，填入表 3-5-2。由式（3-5-4）计算黏滞系数 η。

（4）根据液体的平均温度 $\overline{T}$，从实验室提供的蓖麻油黏度曲线上，查出该温度下的黏度 $\eta_{\overline{T}}$，以便与测量值进行比较。

表 3-5-1　用测量显微镜测量小球的直径

小球数 ＼ 读数	右边读数/mm	左边读数/mm	小球直径/mm
1	26.070	24.028	2.042
2	26.256	24.224	2.032
3	27.555	25.539	2.016
4	29.265	27.232	2.033
5	30.195	28.169	2.026
6	30.018	27.984	2.034

表 3-5-2　实验数据记录示例

内容 ＼ 序号		1	2	3	4	5	
筒内径 D/mm		49.08	33.12	23.18	17.74	14.14	1. 蓖麻油 $\rho = 0.969 \times 10^3$ kg/m³
L/mm		120.02	120.00	120.00	120.02	120.00	
t/s	1	18.85	20.08	21.02	22.35	24.56	2. 重力加速度 $g = 9.800$ m/s²
	2	18.46	19.78	20.78	22.49	24.72	
	3	18.84	19.78	20.91	22.73	24.13	3. 小球的平均质量
	平均	18.72	19.88	20.91	22.52	24.47	$m = 202.98 \times 10^{-3} \div 6$
v_T/(mm/s)		6.411	6.036	5.742	5.337	4.904	$= 33.83 \times 10^{-3}$ g
T/℃		12.9	12.9	12.8	12.7	12.7	$\overline{T} = 12.8$

【数据处理】

（1）求出直径的平均值 d（详见数据处理示例）。

（2）测量不同量杯中小球的下落速度（详见数据处理示例）。

① 求出小球的平均质量 m、测出黏度仪上每个圆筒的平均内径 D、筒壁上两条水平刻度线的距离 L、测出小球在两个刻度线间下落所需的时间 t、测液体的温度 T。

② 小球下落的时间 t，根据 $v_T = \dfrac{L}{t}$，求出小球下落速度。

（3）由式（3-5-4）计算黏滞系数 η。

（4）根据液体的平均温度 $\overline{T}$，从实验室提供的蓖麻油黏度曲线上，查出该温度下的黏度 $\eta_{\overline{T}}$，以便与测量值进行比较。

【数据处理示例】

下面给出两种数据处理的方法，各项数据见表 3-5-1、表 3-5-2。撰写实验报告时，您可以选择其中一种方法。

（1）方法 1　利用式（3-5-4）直接计算

把表 3-5-2 中的 5 组数据分别代入式（3-5-4）计算；然后求出平均值 $\overline{\eta}$。其中，小球直径的平均值 $d = \sum d_i / n = 2.031$ mm；小球质量的平均值 $m = \sum m_i / n$。

由式（3-5-4）知

$$\eta_1 = \frac{\left(m - \frac{1}{6}\pi d^3 \rho\right)g}{3\pi d v_T \left(1 + 2.4\dfrac{d}{D}\right)}$$

$$= \frac{\left(33.83 \times 10^{-6} - \frac{1}{6} \times 3.14 \times (2.031 \times 10^{-3})^3 \times 0.969 \times 10^3\right) \times 9.800}{3 \times 3.14 \times 2.031 \times 10^{-3} \times 6.411 \times 10^{-3} \times \left(1 + 2.4 \times \dfrac{2.031 \times 10^{-3}}{49.08 \times 10^{-3}}\right)}$$

$$\approx \frac{2.899 \times 10^2}{19.13 \times 6.411 \times \left(1 + \dfrac{4.87}{49.08}\right)}$$

$$\approx 2.150 (\text{Pa} \cdot \text{s})$$

同理

$$\eta_2 = 2.188 (\text{Pa} \cdot \text{s}), \qquad\qquad \eta_3 = 2.181 (\text{Pa} \cdot \text{s}),$$
$$\eta_4 = 2.228 (\text{Pa} \cdot \text{s}), \qquad\qquad \eta_5 = 2.299 (\text{Pa} \cdot \text{s})$$

故

$$\overline{\eta} = 2.209 (\text{Pa} \cdot \text{s})$$

（2）方法 2　利用曲线外延法

顺势外延，如图 3-5-3 所示。从图上求出当 $D \to \infty$ 时的 v_T 值，代入式（3-5-2）计算 η。当 $D \to \infty$ 时，$v_T = 6.700$ mm/s，由式（3-5-2），得

$$\eta = \frac{(m - \rho V)g}{3\pi d v_T}$$

$$= \frac{29.58 \times 10^{-6} \times 9.800}{3 \times 3.14 \times 2.031 \times 10^{-3} \times 6.700 \times 10^{-3}}$$
$$= 2.261(\text{Pa} \cdot \text{s})$$

做 $v_T\text{-}D$ 图，并将以上两种方法所得到的结果分别与实验室提供的蓖麻油黏度相比较，找出产生误差的主要原因是哪些。

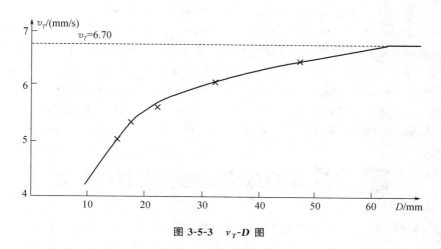

图 3-5-3　$v_T\text{-}D$ 图

【注意事项】

（1）使用读数显微镜测小球直径时，先要消除视差，然后才能读数。

（2）测小球通过两刻度线的时间时，应使观测者的视线通过刻度线所在的平面。这是本实验的关键步骤，应仔细测量。

（3）实验完毕或重复测量时，可用磁铁沿筒的外壁、将小球从上口吸出。

【思考题】

（1）影响黏滞力大小的因素都有哪些？

（2）实验中如何判断小球在液体中已处于匀速运动状态？

（3）分析影响测量精度的因素都有哪些？

【创新设计】

在黏度仪的上下刻度线处放置两束平行于刻度线的激光以及光电门和电子计时器，提高计时精度，使得测量的小球从上刻度线下降到下刻度线的时间 t 更精确，减小实验误差。

 应用实例

血液的黏度

血液黏度是血液的主要力学特征，是影响血流阻力的重要因素。由于不同病理状态下，血液黏度变化有其规律性，所以它可为疾病的诊断、治疗提供有用的依据。

血液黏度与人的年龄、性别有密切的关系，此外与所用的仪器和操作方法也有一定的关

系。因此，血液黏度的正常值具有相对性。全血表观黏度的正常参考值为（旋转法测定，温度37℃，单位：mPa·s）：

切变率在230 s^{-1} 时，男性为4.53±0.46，女性为4.22±0.41；

切变率在11.5 s^{-1} 时，男性为9.31±1.48，女性为8.37±1.22。

生理状态的改变使血液黏度在一定范围内波动。夏天血浆体积增加，所以夏季血液黏度比冬季低。一天之中早晨血液黏度增加，上午8时达高峰，下午开始下降，凌晨3时降到最低点。此外，体育运动及饮食对血液黏度也有影响。

血液黏度异常是一种病态。血液黏度的病理改变多表现为高黏滞状态，在少数病理改变中也可出现血液黏度下降。血细胞异常会使血液黏度发生病理改变，如原发性红细胞增多症、白血病、骨髓瘤等。实际上很多疾病的发生、发展都与血液黏度的病理性改变有关，如心脑血管瘤、糖尿病、肿瘤等。因此对血液黏度的研究为解释病因、治疗疾病打开了新思路。现在已经发现有些药物能降低血液黏度，改善微循环，在临床治疗中已收到良好的效果。

实验六　霍尔效应法测量磁感应强度

早在1879年，霍尔在研究载流导体在磁场中所受力的性质时发现：把一半导体放在磁场中（如图3-6-1），如果在 x 方向通以电流 I，z 方向加以磁场 B 时，则在垂直于 x 与 z 的 y 方向上将产生一电势差，这种现象称为霍尔效应。这个半导体器件称霍尔器件。它由霍尔片（矩形半导体单晶薄片）、四根引线和壳体组成。其中两根引线通以控制电流称激励电极，另两根引线输出电势差，称为霍尔电极。霍尔器件的电磁特性有：U_H-I 特性，即霍尔输出电势与控制电流的关系；U_H-B 特性，即霍尔输出电势与磁场（恒定或交变）之间的关系；R-B 特性，即霍尔器件的输入或输出电阻与磁场之间的关系。霍尔器件结构简单，形小体轻，无触点，频带宽，动态特性好，寿命长，因而广泛应用于电磁测量、自动控制、非电量电测、计算装置及现代军事技术等各个方面。

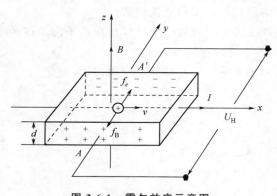

图 3-6-1　霍尔效应示意图

【实验目的】

（1）判断霍尔器件的导电类型；

（2）测绘霍尔器件的 U_H-I 特性曲线。

【实验原理】

1. 霍尔效应

霍尔效应是由于运动电荷在磁场中受到洛仑兹力作用而产生的。半导体中的电流是由载流子（电子或空穴）的定向运动形成，把一块厚度为 d，宽度为 b，长度为 l 的半导体材料制成的霍尔器件放在磁场 B 中（见图3-6-2）。

设控制电流 I 沿 x 轴正向流过半导体，若半导体内的载流子为电子，其电荷为 e，平均迁移速度为 v，则载流子在磁场中受到洛仑兹力为

$$f_B = evB$$

在 f_B 作用下，电子流发生偏转，聚集到薄片的横向端面 A' 上，而使横向端面 A 上出现了剩余正电荷。由电荷的两边堆积形成了一个横向电场 E，方向由 A 指向 A'，电场对载流子产生一个方向和 f_B 相反的静电场力 f_E，其大小为

$$f_E = eE$$

f_E 阻碍着电荷的进一步堆积，最后达到动态平衡状态时有 $f_B = f_E$，即

$$evB = eE = e\frac{U_H}{b}$$

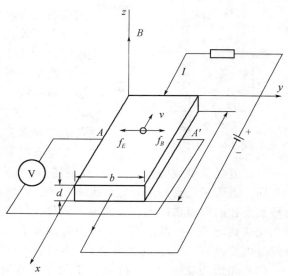

图 3-6-2　霍尔效应测磁场原理

这时，A，A' 间的霍尔电势差为

$$U_H = vbB \qquad (3\text{-}6\text{-}1)$$

由图 3-6-2 可分析出，若载流子为电子，则电势差是 A 高而 A' 低，若载流子为空穴，则电势差是 A 低而 A' 高。前者称为 N 型霍尔片，后者称为 P 型霍尔片。根据霍尔片的类型，只要已知 I 和 U_H 的方向，即可判断磁场的方向。

我们知道，控制电流 I 与载流子电荷 e，载流子浓度 n，迁移速度及霍尔片的截面积 bd 之间的关系为

$$I = nevbd \qquad (3\text{-}6\text{-}2)$$

代入式（3-6-1）中，则

$$U_H = \frac{IB}{ned} = R_H\frac{IB}{d} = K_H IB \qquad (3\text{-}6\text{-}3)$$

式中，$R_H = \dfrac{1}{ne}$ 称为霍尔系数；$K_H = \dfrac{1}{ned}$ 称为霍尔元件的灵敏度。K_H 是一个重要参数，表示该元件在单位磁感应强度和单位控制电流时的霍尔电势差。它的大小与材料性质，薄片的几何尺寸有关。对一定的霍尔元件在温度和磁场变化不大时，可认为基本上是常数。可用实验方法测得。K_H 的单位为 mv/mA·T。本实验中霍尔器件的 K_H 值参见仪器说明书。

由式（3-6-3）可知：霍尔电势差 U_H 正比于电流 I 和外磁场 B。显然 U_H 的方向既随电流 I 的换向而换向，也随磁场的换向而换向。如果霍尔元件的灵敏度 K_H 已经测定，用仪器测得 I 和相应 U_H，就可以算出霍尔元件所在处的磁感应强度为

$$B = \frac{U_H}{IK_H} \qquad (3\text{-}6\text{-}4)$$

这就是利用霍尔效应测磁场的原理。

2. 消除霍尔器件副效应对测量结果的影响

在测量霍尔电势差 U_H 时，实际上同时存在着各种副效应产生的附加电势差叠加在 U_H 上，造成了测量中的系统误差。如何有效地消除这些副效应带来的影响呢？让我们进一步分

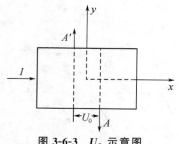

图 3-6-3 U_0 示意图

析这些副效应产生的原因并探讨解决方法。

（1）不等势电压降 U_0 由横向电极位置不对称而产生的电压 U_0，是因为在实际制作霍尔元件时，很难做到横向引出的两个电极 A、A' 在同一个等势面上，因此即使不加磁场，只要霍尔片上通以电流，A、A' 两引线间就有一个电势差 U_0，如图 3-6-3 所示。U_0 的方向与电流方向有关，与磁场的方向无关。U_0 的大小与霍尔电势 U_H 同数量级或更大，在所有附加电势中居首位。

（2）爱廷豪森效应 U_E 当放在磁场 B 中的霍尔片通以电流 I 后，由于载流子迁移速度的不同，载流子所受的洛仑兹力也不相等。作圆周运动的轨道半径也不相等。速率较大的将沿较大半径的圆轨道运动，而速率小的载流子将沿较小半径的轨道运动。从而导致霍尔片一面出现快载流子多，温度高；另一面慢载流子多，温度低。两端面之间由于温度差，于是出现温度电势差 U_E，U_E 的大小与 IB 乘积成正比，方向随 I、B 换向而改变。

（3）能斯托效应 U_N 由于霍尔元件的电流引出线焊点的接触电阻不同，通以电流以后，发热程度不同，据帕尔帖效应，一端吸热，温度升高；另一端放热，温度降低。于是出现温度差，在 x 轴方向引起热扩散电流。加入磁场后，会出现电势梯度，从而引起附加电势 U_N，U_N 的方向与磁场的方向有关，与电流方向无关。

（4）里纪-勒杜克效应 U_{RL} 上述热扩散电流的载流子迁移速度不尽相同，在磁场作用下，类同于爱廷豪森效应，电压引线 A、A' 间同样会出现温度梯度，从而引起附加电势 U_{RL}，U_{RL} 的方向与磁场的方向有关，与电流方向无关。

可见，由于上述四种副效应总是伴随着霍尔效应一起出现，实际测量的电压值只不过是综合效应的结果，即：U_H、U_0、U_E、U_{RL}、U_N 的代数和。而并不只是 U_H。在测量时应考虑这些副效应，并消除各种副效应引入的误差。本实验中，对各种副效应的消除办法很巧妙：通过改变 I 和 B 方向，使 U_0、U_N、U_{RL} 从计算中消失。而 U_E 的方向始终同 U_H 的方向保持一致，在实验中无法消去，但一般 U_E 比 U_H 小得多，由它带来的误差可以忽略不计。（或将工作电流 I 改为用交流电，因为 U_E 的建立需要一定的时间，而交流电变化快，使得 U_E 效应来不及建立，可以减小测量误差）。

综上所述，在确定磁场 B 和工作电流 I 的条件下，实验时需测量下列四组数据：

当 B 为正，I 为正时，测得电压

$$U_1 = U_H + U_E + U_N + U_{RL} + U_0$$

当 B 为正，I 为负时，测得电压

$$U_2 = -U_H - U_E + U_N + U_{RL} - U_0$$

当 B 为负，I 为负时，测得电压

$$U_3 = U_H + U_E - U_N - U_{RL} - U_0$$

当 B 为负，I 为正时，测得电压

$$U_4 = -U_H - U_E - U_N - U_{RL} + U_0$$

从上述四组结果可得：

$$U_H = \frac{1}{4}(U_1 - U_2 + U_3 - U_4) - U_E$$

因为 U_E 远小于 U_H，可以忽略不计，所以霍尔电压为

$$U_H = \frac{1}{4}(U_1 - U_2 + U_3 - U_4)$$

$$(3\text{-}6\text{-}5)$$

这种消除副效应的办法，是消除系统误差的一种常用方法。采取了上述消除系统误差的措施后，可使准确度达 0.1% 以上。

【实验仪器】

如图 3-6-4 的实验装置。图中 AA' 为霍尔器件的输出端引线，V 是电势差计，E_I 为控制电流的电源，E_B 励磁电流电源，K_M 和 K_B 均为双刀双向开关，K_M 可改变控制电流的方向，K_B 可改变磁场方向。

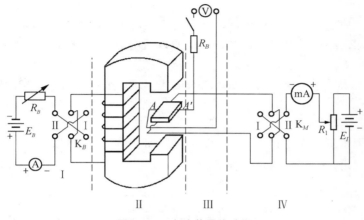

图 3-6-4 实验装置线路图

【实验任务和方法】

1. 判断半导体载流子的类型，作 U_H-I 图线

(1) 按图 3-6-4 连接好线路，工作电流采用直流电。数据记录表格参见表 3-6-1。

(2) 励磁电流的大小（一般为几百毫安）。

(3) 判断半导体载流子的类型。由电磁铁励磁电流的方向定出磁铁气隙的磁场方向，再根据工作电流的方向及霍尔电势的正负判断霍尔元件是空穴导电还是电子导电。

(4) 工作电流依次取 2.00、4.00、6.00、8.00、10.00 mA，测出相应的霍尔电势 U_H，填入表 3-6-1。考察霍尔电势 U_H 与工作电流 I 是否是线性关系，并作 U_H-I 图线。

表 3-6-1 U_H-I 特性数据表

工作电流 I/mA	2.00	4.00	6.00	8.00	10.00
霍尔电压 $U_1(+I,+B)$					
霍尔电压 $U_2(-I,+B)$					
霍尔电压 $U_3(-I,-B)$					
霍尔电压 $U_4(+I,-B)$					
霍尔电压 U_H/mV					

2. 测量电磁铁气隙中的磁感应强度

给定 K_H 值，根据式 (3-6-4) 算出磁感应强度大小。

U_1，U_2，U_3，U_4 是在相同电流条件下，不同电流方向或磁场方向时的霍尔元件的输出电压。这样做的目的是消除各种副效应带来的干扰。

【数据处理】

1. 作出霍尔元件的 U_H-I 图线

根据表 3-6-1 结果，根据式（3-6-5），作出霍尔元件的 U_H-I 图线。

2. 测量电磁铁气隙中的磁感应强度

给定 K_H 值，根据式（3-6-4）算出磁感应强度大小。

【注意事项】

（1）霍尔元件质脆，引线的接头细，使用时不可碰压、扭弯，要小心轻拿轻放。

（2）本实验测量结果受温度的影响较大。所以通电时间不宜过长，测量时动作要敏捷，每测完一次最好把 K_B 和 K_M 断开片刻。

（3）两块电流表千万不要接错，因为励磁电流和工作电流的大小差别悬殊。

【创新设计】

图 3-6-5 为用霍尔效应测磁场的一个参考电路图。请编制出测绘 U_H-I 特性曲线的操作程序，并在现场测出霍尔器件的导电类型。

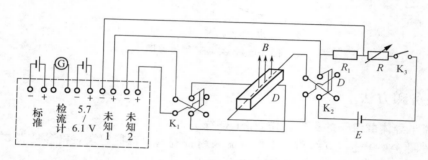

图 3-6-5   测 U_H-I 特性曲线电路图

实验七 固体比热容的测量

比热容是物质的一个重要物理特性，比热容的测量是热学中的一个基本测量，在新能源的开发和新材料的研制中，物质的比热容的测量往往是不可缺少的。

量热学是以热力学第一定律为理论基础的，量热学所研究的范围就是如何计量物质系统借温度变化、相变、化学反应等所吸收和放出的热量。

量热学的实验方法有混合法、稳流法、冷却法、潜热法、电热法等，本实验采用混合法测金属样品的比热容。

【实验目的】

（1）掌握基本的量热方法——混合法。

（2）测定金属样品的比热容。

【实验原理】

将温度不同的物体混合后，如果由这些物体组成的系统设有与外界交换热量，最后系统将达到稳定的平衡温度。在此过程中，高温物体放出的热量等于低温物体所吸收的热量。这就是热平衡原理。根据这一原理可用混合法测量金属的比热容。

为了做好实验，需有一个隔热良好的量热器。本实验用的量热器如图 3-7-1 所示，它由外筒和内筒组成，内筒放置在绝热架上，与外筒隔开，外筒用绝热盖盖住，盖上开两个小孔，可放入温度计和搅拌器（连有绝缘柄）。由于内筒与外筒间的空气是不良导体，它们间传导的热量很小；又由于外筒装有绝热盖，对流的热量也很小，内筒的外壁和外筒的内外壁都抛光，以减少热辐射。这样的量热器的内桶可看作一个隔热良好的实验系统。实验时，将待测金属样品置于加热器中加热至温度 θ_1，并迅速将它投入量热器的水（温度为 θ_2）中，最后达到平衡温度 θ。设待测样品的质量为 m，比热容为 c，则其放出的热量为

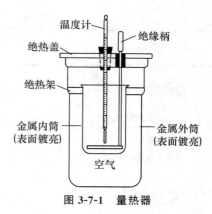

图 3-7-1　量热器

温度计　绝缘柄
绝热盖
绝热架
金属内筒（表面镀亮）　金属外筒（表面镀亮）
空气

$$Q_1 = mc(\theta_1 - \theta) \tag{3-7-1}$$

设量热器内筒的质量为 m_1，比热容为 c_1；水的质量为 m_2，比热容为 c_2，则量热器和水吸收的热量为

$$Q_2 = (m_1 c_1 + m_2 c_2)(\theta - \theta_2) \tag{3-7-2}$$

根据热平衡原理，$Q_1 = Q_2$。由式（3-7-1）和式（3-7-2）可得待测样品的比热容为

$$c = \frac{(m_1 c_1 + m_2 c_2)(\theta - \theta_2)}{m(\theta_1 - \theta)} \tag{3-7-3}$$

以上讨论并没有考虑系统热量的散失，但实际上只要有温差存在，总会发生系统与外界的热交换现象。本实验中热量散失主要有以下三部分：一是加热后的被测样品在投入量热器过程中散失的热量；二是量热器外部若附着水分，会因水分蒸发损失一定的热量；三是在混合过程中量热器与外部的热交换。因此，必须考虑防止热量散失以及对热量散失进行修正。对于第一部分散失的热量，一般不易测准和修正，所以应尽量缩短投放的时间；对于第二部分，只要用干布揩干量热器的外筒壁即可；对于第三部分散失的热量，可以用"反向补偿法"来消除，使量热器和水的初始温度 θ_2 低于环境温度 θ_0，混合后的末温度 θ 高于 θ_0，并使 $\theta_0 - \theta_2$ 和 $\theta - \theta_0$ 大致相等，这样，量热器从系统外吸收的热量与散失的热量近似相等而相互抵消。

【实验仪器】

量热器、加热器、温度计、物理天平、待测金属块。

【实验任务与方法】

（1）用天平测出量热器内筒和搅拌器的质量 m_1。

（2）在量热器内筒放入适量冷水（约为内筒容积的 2/3），称出其质量 m_1'，则水的质量为 $m_2 = m_1' - m_1$。

（3）称出待测金属块的质量 m，用细线拴住金属块，将其放在加热锅中加热至沸点 θ_1。

（4）测出冷水的温度 θ_2，然后迅速地将金属块取出投放到量热器内筒中央的搅拌器中间，

盖上量热器外筒盖，立即轻轻地搅拌，观察温度计，直到温度稳定不变时，记录此时的温度 θ。

（5）将测量数据填入自拟的表格中。计算待测样品的比热容及其百分误差。

【数据处理】

将实验测得数据填入表 3-7-1 格中，并计算待测样品的比热容及其百分误差。

表 3-7-1　混合法测比热容数据记录表

m_1/kg	m'_1/kg	m_2/kg	$\theta_1/℃$	$\theta_2/℃$	$\theta/℃$	$c/(\text{J} \cdot \text{kg}^{-1} \cdot \text{K}^{-1})$

铜的比热容 $c_1 = 0.385 \times 10^3 \ \text{J} \cdot \text{kg}^{-1} \cdot \text{K}^{-1}$，水的比热容 $c_2 = 4.187 \times 10^3 \ \text{J} \cdot \text{kg}^{-1} \cdot \text{K}^{-1}$

$$c = \frac{(m_1 c_1 + m_2 c_2)(\theta - \theta_2)}{m (\theta_1 - \theta)} = \underline{\hspace{3cm}} \tag{3-7-4}$$

$$百分误差 = \frac{c - c_1}{c_1} \times 100\% = \underline{\hspace{3cm}}$$

【注意事项】

（1）温度计容易碰碎，在揭开和盖上绝热盖时，都要先把温度计妥善放好。

（2）实验过程中，把待测样品迅速放入量热器和进行搅拌时，不要使水溅出。

（3）实验时应揩干量热器的筒壁。

【思考题】

（1）用混合法测量比热容的理论根据是什么？

（2）为了符合热平衡原理，实验中应注意哪几点？

（3）本实验中哪些是已知量？哪些是可测量？

（4）估算一下，如何做到 $\theta_0 - \theta_2 \approx \theta - \theta_0$。$\theta_0$ 为环境温度，θ_2 为水及量热器内筒的系统初温，θ 为混合温度。如 $m_0 = 190\text{g}$，$m_1 = 177\text{g}$，$c_0 = 1.00\text{cal}/(\text{g} \cdot ℃)$，$c_1 = 0.094\text{cal}/(\text{g} \cdot ℃)$，$m = 350\text{g}$，$c$ 估计为 $0.092\text{cal}/(\text{g} \cdot ℃)$。假设 $\theta_0 = 22℃$，$\theta_1 = 100℃$，则水的初温大约为 $17℃$，你是怎样估算的？（提示：根据 $\theta_0 - \theta_2 = \theta - \theta_0$，$\theta = 2\theta_0 - \theta_2$ 代入式（3-7-4）中求 θ_2。$1\text{cal} = 4.184\text{J}$。）

【创新设计】

在热学实验中，保持系统为孤立系统是基本的实验条件，即保证在使用过程中，系统与外界环境没有热量交换，但在实际操作中绝对的孤立系统是达不到的，只有从使用装置，测量方法和操作技术上去尽量保证系统与外界环境的热传递最小，上述的讨论是在假定量热器与外界没有热交换时的结论，实际上只要有温度差异就必然会有热量交换的存在，因此，必须考虑如何防止或进行修正散热的影响。进行散热修正可用图解法，即把系统温度外推到假定于外界的热交换进行得无限快的情况进行修正，如图 3-7-2 所示。

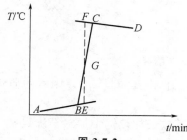

图 3-7-2

在图 3-7-2 中，吸热用面积 BEG 表示，散热用面积

CFG 表示，当两面积相等时，说明使用过程中，对外的吸热与发热相抵消。否则，使用将受环境影响。实验中，力求两面积相等。

经数据测量，由表 3-7-2、表 3-7-3 的数据绘制 $t(\text{min})$ —— $T(℃)$ 散热修正曲线图，由图可得出，经过散热修正后的初温 θ_2，混合后的终温 θ。

表 3-7-2　投入物体前量热器中水的温度随时间的变化表

时间 t/min	0.5	1	1.5	2	2.5	3	3.5	4
温度 $T/℃$								

表 3-7-3　投入物体后系统温度随时间的变化表

时间 t/min	4.5	5	5.5	6	6.5	7	7.5	8
温度 $T/℃$								

实验八　惠斯登电桥测电阻

电桥是用比较法来测量物理量的测量仪器。由于它有准确度高，稳定性好，使用方便等优点，在实际中具有广泛的应用。电桥电路是电磁测量中电路连接的一种基本方式，按电源的性质可将电桥分为直流电桥和交流电桥。直流电桥主要用于电阻测量，它又可以分为单电桥和双电桥两种，前者称为惠斯登电桥，用于测量中值电阻（$1 \sim 10^6\ \Omega$），后者称为开尔文电桥，用于测量低值电阻（$10^{-6} \sim 1\ \Omega$）。交流电桥除了测量电阻之外，还可以测量电容、电感等电学量。电桥的种类比较多，但直流单电桥是最基本的一种，它是学习其他电桥的基础。

【实验目的】

（1）掌握用惠斯登电桥的基本原理。
（2）学会用惠斯登电桥测电阻。
（3）了解电桥灵敏度的概念。

【实验原理】

1. 惠斯登电桥的电路原理

惠斯登电桥的电路原理图如图 3-8-1 所示。R_1、R_2、R_x 和 R_0 四个电阻组成电桥的四个臂，设 R_x 为待测电阻（称为待测臂），电阻 R_0 称为比较臂，电阻 R_1 和 R_2 称为比例臂。在对角线 A、B 两端接入电源，在 C、D 两端接检流计 G。

接通电源，如果 C、D 两点电位相等，则检流计

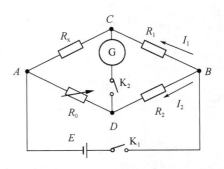

图 3-8-1　惠斯登电桥原理图

G 没有电流流过，称电桥达到了平衡。此时，$I_g=0$，$I_1=I_x$，$I_2=I_0$，而电压的关系为：

$$I_1R_1=I_2R_2$$
$$I_xR_x=I_0R_0$$

于是有

$$R_x=\frac{R_1}{R_2}R_0=KR_0 \qquad (3-8-1)$$

式中，$K=R_1/R_2$ 称为比例系数，其取值为 10^k（k 取值一般为 -3，-2，-1，0，1，2，3），K 值确定后，选取合适的 R_1、R_2 实现之。若已知 K、R_0 的值，可求出 R_x 的值。这是用惠斯登电桥测电阻的基本原理。

在实验中，首先根据被测电阻大概值确定比例系数，再用逐次逼近法调节比较臂电阻使电桥达到平衡，从而求出待测电阻。待测电阻的准确度主要取决于电阻 R_1、R_2、R_0，对电源的稳定性要求不高，而电阻 R_1、R_2、R_0 的精度可以很高，所以用电桥测电阻的准确度很高。

2. 电桥的灵敏度

电桥的平衡是由检流计指针是否指零来判断的，而人眼存在视差，判断检流计的指针指零时，必然存在零视误差，因而对测量结果有一定的影响，这种影响的大小取决于电桥的灵敏度。

在电桥处于平衡时，若改变比较臂电阻 ΔR_0，将破坏电桥的平衡，使得检流计有电流通过，它将引起检流计指针发生偏转 Δn 小格，定义电桥相对灵敏度 s 为：

$$s=\frac{\Delta n}{\Delta R_x/R_x}=\frac{\Delta n}{\Delta R_0/R_0} \qquad (3-8-2)$$

电桥相对灵敏度能表明一定范围被测电阻电桥平衡时的灵敏程度。也可以用相对灵敏度计算由零视误差产生的不确定度分量，只是计算过程有些麻烦。

为计算方便，定义电桥绝对灵敏度 S 为：

$$S=\frac{\Delta n}{\Delta R_x}=\frac{\Delta n}{K \cdot \Delta R_0} \qquad (3-8-3)$$

电桥绝对灵敏度只能表明测某被测电阻时电桥的灵敏程度，S 越大，对电桥平衡的判断也越准确，因而对测量结果影响越小。用绝对灵敏度计算零视误差产生的不确定度分量比较简单。

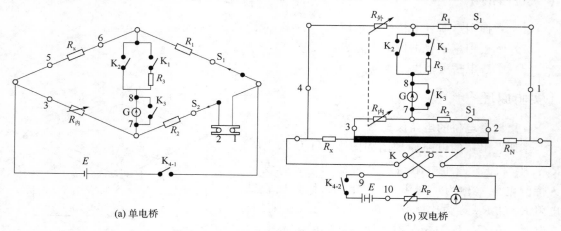

(a) 单电桥 　　　　　　　　　　(b) 双电桥

图 3-8-2　QJ-19 型单双臂电桥使用原理图

对内置检流计的箱式电桥，适当增大工作电压 E（此时电阻要受到额定电流的限制）可以提高电桥灵敏度；对外接检流计的电桥，首先选择和所用电桥匹配合理的灵敏度的检流计，这个选择还和被测电阻大小有关，应尽量保证比较臂最小电阻旋钮调节时，检流计有偏转。电桥灵敏度还与四个桥臂电阻有明显关系，实验证明，在条件许可的情况下，应尽可能使四个桥臂电阻接近，能获得最大的电桥灵敏度。

【实验仪器】

QJ-19 型单双臂电桥（使用原理图见图 3-8-2，面板图见图 3-8-3）：

R_1、R_2——比例臂电阻；

S_1、S_2——比例臂选择开关；

R_0——比较臂电阻；

×100、×10、×1、×0.1、×0.01——测量盘旋钮；

R_3——检流计保护电阻；

G——检流计，配接 AZ19 型检流计；

K_1——检流计"粗"接通开关；

K_2——检流计"细"接通开关；

K_3——检流计"短路"开关；

K_4——单桥电源与双桥电源转换开关。开关拨向"单桥"，选择单桥电源；开关拨向"双桥"，9 和 10 端子有双桥电源输出，开关处于"断"位置时，关断了机内单桥电源和双桥输出电源。

1、2 端——双桥标准接线端（对单桥实验短接）。

3、4 端——双桥未知电阻接线端（对单桥实验悬空）。

5、6 端——单桥未知电阻接线端（接待测电阻）。

7、8 端——检流计接线端。

9、10 端——双桥电源输出接线端（对单桥实验悬空）。

11 端——静电屏蔽端。

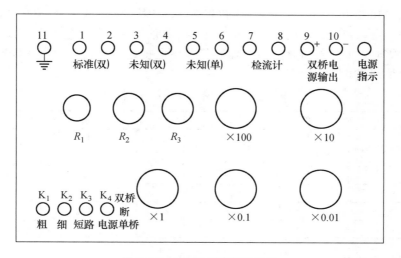

图 3-8-3 QJ-19 型电桥面板图

【实验任务与方法】

1. 用逐次逼近法测电阻

(1) 如图 3-8-4 所示，将检流计 G 接到"检流计"7、8 的接线柱上，并调好检流计零点待用。

(2) 根据待测电阻的标称值估算 K 值，要求比较臂的最高位应有非零的数值（充分利用所用仪器的精度）。并选用最优 R_1 和 R_2（选用原则是尽量使 4 个桥臂电阻接近）设置好 K 值。

(3) 检查电桥面板上粗、细及短路弹性按键是否处于锁住状态。打开检流计及电源开关，并将电桥面板开关 K_4 打到"单桥"上。

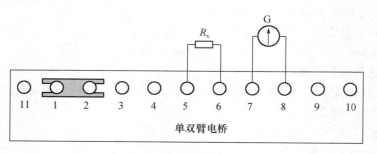

图 3-8-4　单桥实验接线图

(4) 用逐次逼近法调节比较臂（以测标称值 510 Ω 电阻为例）

(5) 确定比例臂电阻，此时应选 $K=1$，R_1、R_2 置于 1 000 Ω 位置。

(6) 为实现快速逐次逼近，将比较臂各旋钮电阻置于最小位置。

(7) 确定×100 旋钮数值，调节×100 挡于"6"的位置，跃接（点接）粗按键，观察并记忆检流计指针偏转方向；再调节×100 挡于"4"的位置，跃接粗键，观察并记忆检流计指针偏转方向。如果两次偏转方向相反，说明线路连接及 K 值设定正确。再调节×100 挡于"5"的位置，跃接粗键，若检流计指针偏转方向与置于"4"时相同，即可确定此旋钮选数值 5。

(8) 确定×10 旋钮数值，将×10 旋钮置于 1，跃接粗键，根据检流计指针偏转情况，应用前述方法，可以依次确定比较臂后几个旋钮的数值。逐次判断过程中，当按下粗键，检流计指针接近零时，要换细键，直至检流计指零，电桥达到平衡，读出比较臂电阻值 R_0，并将测量结果填到表 3-8-1 中。

表 3-8-1　用单臂电桥测中值电阻

	测量待测电阻				测量电桥灵敏度				
待测电阻	标称值/Ω	比例系数 $K=R_1/R_2$	R_0/Ω	R_x/Ω	Δn_L	Δn_R	$\overline{\Delta n}$	$\Delta R_0/\Omega$	$S=\dfrac{\overline{\Delta n}}{K \cdot \Delta R_0}$
R_{x1}									
R_{x2}									
R_{x3}									
R_{x4}									

2. 测电桥的灵敏度

在电桥平衡的条件下，如果改变比较臂 R_0 的数值，检流计的指针会发生偏转，记下比

较臂的变化量 ΔR_0 和检流计指针偏转的格数 Δn，就可以求出电桥的灵敏度。为了消除零点的偏差，可以取 $\pm\Delta R_0$，使检流计指针先向左（右）偏转，记下偏转格数 Δn_L，然后再使检流计指针向右（左）偏转，相应地记下偏转的格数 Δn_R，由于两次测量均保持比较臂的改变量 ΔR_0 相同，可以用二者的算术平均值 $\Delta\bar{n}$ 作为检流计指针偏转的格数。

【数据处理】

1. 直接单次测量的不确定度由仪器误差限确定

根据电桥的基本误差限，可以得出待测电阻的基本 B 类不确定度为：

$$U_{B1}(R_x) = \frac{a}{100}\left(R_0 + \frac{R_N}{10}\right) \cdot K \tag{3-8-4}$$

式中，$a = 0.05$ 为电桥的准确度等级；R_0 为比较臂的示值；R_N 为基准电阻值，它与比较臂的量限有关，这里取 $1\,000\ \Omega$；K 为比例系数，即电阻 R_1 与 R_2 的比值。

由于人眼判断检流计指针指零时存在视差，一般取 $1/5$ 分度值（小格），这是引起测量结果 B 类不确定度的又一个原因，其值为：

$$U_{B2}(R_x) = \frac{0.2}{S} \tag{3-8-5}$$

上式中 S 为绝对灵敏度，即 $S = \dfrac{\Delta\bar{n}}{K \cdot \Delta R_0}$。

则待测电阻合成 B 类不确定度为：

$$U_B(R_x) = \sqrt{U_{B1}^2 + U_{B2}^2} \tag{3-8-6}$$

2. 待测电阻的结果表达式为

$$R_x = KR_0 \pm U_{R_x} \tag{3-8-7}$$

每一个被测电阻都要分别写出测量结果表达式，结果表达式书写要规范，尤其注意测量值及不确定度的有效数字表达正确。

【数据处理示例】

数据示例见表 3-8-2。

表 3-8-2 数据示例

	测量待测电阻				测量电桥灵敏度				
待测电阻	标称值/Ω	比例系数 $K = R_1/R_2$	R_0/Ω	R_x/Ω	Δn_L	Δn_R	$\Delta\bar{n}$	$\Delta R_0/\Omega$	$S = \dfrac{\Delta\bar{n}}{K \cdot \Delta R_0}$
R_{x4}	510k	1 000	512.30	512.30k	6.5	7.5	7	1.0	0.007

$$U_{B1}(R_{x4}) = \frac{a}{100}\left(R_0 + \frac{R_N}{10}\right)K = \frac{0.05}{100}\left(512.30 + \frac{500}{10}\right) \times 1\,000 = 281\ \Omega$$

$$U_{B2}(R_{x4}) = \frac{0.2}{S} = 28.57\ \Omega$$

$$U_B(R_{x4}) = \sqrt{U_{B1}^2(R_{x4}) + U_{B2}^2(R_{x4})} = \sqrt{281^2 + 28.57^2} = 282\ \Omega$$

$$R_{x4} = \bar{R}_{x4} \pm U_{R_x}(R_{x4}) = 512.30 \times 1\,000 \pm 282 = (5.123\,0 \pm 0.002\,8) \times 10^5\ \Omega$$

【思考题】

(1) 电桥在粗调时，检流计支路串接一个大电阻，起的作用是什么？它对电桥灵敏度有影响吗？

(2) 电桥平衡和检流计电路中有断路的情况下，检流计中的电流均为零，如何区分这两种情况？

(3) 在惠斯登电桥实验中，接通电路后发现检流计指针总向一个方向偏转，可能是什么原因？

(4) 什么是电桥的灵敏度？如何提高电桥的灵敏度？

(5) 如果比值 R_1/R_2 增大时，电桥灵敏度会如何变化？

【创新设计】

惠斯登电桥是一种平衡电桥，只能用来测量稳定的物理量，实际上，惠斯登电桥也可以作为非平衡电桥来使用，这样它还可以测量连续变化的物理量。如果对图 3-8-1 中的待测臂换成阻值可连续变化的元件，则这种变化会导致在 C 和 D 两端建立一个电压 U_{CD}，如此就将待测臂阻值的变化转化成电压的变化，而电压可以用数字电压表很方便地测出来。

设 $R_x = R + \Delta R$，并有 $R \gg \Delta R$，试推出：

$$U_{CD} = \frac{KU_0 \Delta R}{(1+K)^2 R}$$

式中，U_0 为电桥电源电压，$K = R_1/R_2$。

【附录】

QJ-19 型单双臂电桥作为单桥使用时的主要技术参数：

(1) 准确度等级：0.05 级；

(2) 测量范围：单桥 $10^2 \sim 10^6 \ \Omega$；

(3) 满足温度 $20 \pm 5 \ ℃$，相对湿度 $\leqslant 80\%$ 条件下，各有效量程误差如附表所示。

附表

量程			工作电源电压/V	允许误差/%
待测电阻	比例臂阻			
R_x/Ω	R_1/Ω	R_2/Ω		
$10^2 \sim 10^3$	10^3	10^3	置9	± 0.05
$10^3 \sim 10^4$	10^3	10^2		
$10^4 \sim 10^5$	10^4	10^2		
$10^5 \sim 10^6$	10^4	10		± 0.5

(4) 工作电源

内置 9 V 稳压电源：该电源直接用于单臂电桥工作方法，最大工作电流 0.2 A。"电源"钮子开关拨向"单桥"，内置电源为单臂电桥提供工作电源。

实验九 **电势差计的使用**

直流电势差计（简称电势差计）是一种根据补偿原理制成的高精度和高灵敏度比较式电

磁测量仪器。它用一个已知的电动势与被测电压相对接，如果两个电压实现平衡则连接两电压的导线中将无电流流动，即实现了电压补偿，所以电势差计也称为补偿器。直流电势差计最适合于测量高内阻的直流电压，如极化电势。按其测量回路的电阻分：1 kΩ以上的称高阻电势差计；1 kΩ以下的称低阻电势差计。电势差计主要用来测量直流电动势和电压，但配合标准电阻也可测量电流和电阻。它也常用于非电学参量（如压力、温度、位移等）的电测法中，它是电磁测量中常用仪器之一，在生产实践中得到了极其广泛的应用。当然，近年来由于数字电压表的快速发展，其测量准确度已接近电势差计的水平，预计不久将有取代电势差计的趋势。

　　本实验将通过用电势差计校准电流表和测量其内阻的实践过程，掌握电势差计的工作原理及使用方法。

【实验目的】

　　（1）了解电势差计的工作原理，掌握其使用方法；
　　（2）学会用电势差计测量电流表的内阻；
　　（3）学会用电势差计校准电流表。

【实验原理】

1. 用电势差计校正电流表

　　磁电式电表随着使用时间的延长，性能可能有所下降，表现在显示值与实际值有了偏离。这就需要对电表定期进行校正。校正电流表的测量线路如图 3-9-1 所示。图中毫安表为被校电流表，R 为限流器，R_S 为标准电阻。R_S 有四个接头，上面两个接头接电流表，下面两个接头接电势差计。

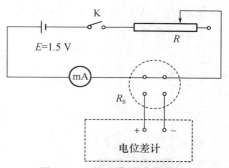

图 3-9-1　校正电流表接线图

　　电势差计可测出 R_S 上的电压 U_S，则流过 R_S 中电流的实际值为：

$$I_0 = \frac{U_S}{R_S} \tag{3-9-1}$$

　　在毫安表上读出的电流表指示值 I 与 I_0 的差值称为电流表指示值的绝对误差。即 $\Delta I = I - I_0$。找出所测值中的最大绝对误差 ΔI_m，按下式确定电流表级别 K。

$$K = \frac{\Delta I_m}{量限} \times 100\% \tag{3-9-2}$$

　　"量限"为被校电流表的最大量程。

　　为了使被校电流表校正后有较高的可靠性，电势差计与标准电阻的准确度等级必须比被校电表的级别高得多（至少 2 级）。

　　箱式电势差计直接可以测量电压，故可以用来校正电压表（直流），这种测量回路比较简单，这里就不再叙述了。

2. 用电势差计测电流表的内阻

　　按图 3-9-2 接线，K_1 是双刀双掷开关，K_2 是单刀单掷开关，R_S 是标准电阻，R_g 是待测电流表内阻。

　　根据串联电路中电流相等的原理，可以得到

$$\frac{U_g}{R_g}=\frac{U_S}{R_S} \qquad (3\text{-}9\text{-}3)$$

接通电源，分别测出 U_g 与 U_S，则电表内阻为

$$R_g=R_S\frac{U_g}{U_S} \qquad (3\text{-}9\text{-}4)$$

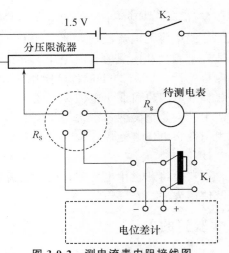

图 3-9-2   测电流表内阻接线图

【实验仪器】

电势差计的工作原理

结合物理实验室中常见的 UJ36 型便携式直流电势差计做以说明：

1. 结构

UJ36 型电势差计，由步进读数盘、滑线读数盘、晶体管放大检流计、电键开关和标准电池等组成。工作回路电流在×1 时，为 5 mA，×0.2 时，为 1 mA。步进读数盘由 11 只 2 Ω 电阻组成，滑线盘电阻为 2.2 Ω。UJ36 型电势差计的面板图如图 3-9-3 所示。图中"调零"为检流计的电气调零旋钮；倍率开关共有 G1、×1、断、×2、G0.2 五挡；步进读数盘旋钮每挡递增 10 mV，最高挡为 110 mV；滑线读数盘自 0 至 10.5 mV 连续可调。

2. 工作原理

直流电势差计是一种根据补偿原理制成的测量电动势（或电势差）的仪器。它是以被测量与已知标准量比较为基础实现测量的。图 3-9-4 所示的是其线路原理图。它可分为三个基本回路：

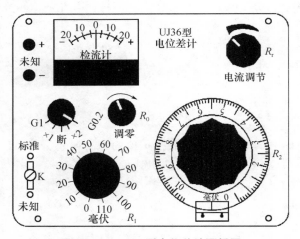

图 3-9-3   UJ-36 型电位差计面板图

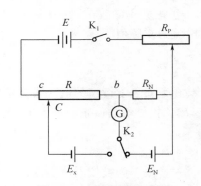

图 3-9-4   电位差计原理图

（1）工作电流调节回路（辅助回路） 该回路由工作电源 E、电源开关 K_1、电流调节电阻 R_P、标准电阻 R_N 及补偿电阻 R 组成。调节电阻 R_P 可改变回路的电流。

（2）校准工作电流回路 由标准电池 E_N、标准电阻 R_N、检流计 G 及开关 K_2 组成。

当 K_2 倒向 E_N 端时，检流计接到标准电池 E_N 一边，调节 R_P 使检流计的指针指零，即：使该校准回路的电流为零，此时标准电池的电动势 E_N 与标准电阻两端的电压降 $U_N = IR_N$ 大小相等，互相补偿。

（3）测量回路　由待测电源 E_x、测量电阻 R 的一部分、检流计 G、开关 K_2 组成。当 K_2 倒向 E_x 测量端时，若保持 R_P 不变，即保持工作回路电流 I 不变，调节 R 上的触点 c 改变 bc 间电阻值 R_k，使检流计 G 的指针再指零（只有 G 指零时 I 的大小才不改变），这样 E_x 与 R_k 两端电压降 U_k 相补偿，即

$$E_x = U_k = IR_k \qquad (3\text{-}9\text{-}5)$$

所以

$$E_x = \frac{E_N}{R_N}R_k \qquad (3\text{-}9\text{-}6)$$

由以上可知，电势差计的工作原理是以比较法为基础，把待测电源电动势通过工作回路与标准电池进行比较，条件是工作回路中的电流应保持不变，再通过补偿的方式完成测量工作。

由于 $I = \dfrac{E_N}{R_N}$ 是一个固定值，所以 R 的分度可以用电压为单位进行刻度，从而直接读出被测电动势的大小。

使用电势差计时总是使检流计指示为零，即测量回路中无电流，待测电动势的能量不致消耗在电测量仪器和线路里，因而能够准确地测量电动势，测量结果只依赖于精度极高的标准电池、标准电阻以及高灵敏度的检流计。若用伏特表一类仪器进行测量，总要耗散待测电动势的部分能量，因此用伏特表测得的实际上是端电压的大小，而不是电动势。

直流电势差计的型号较多，但其工作原理是相同的。

【实验任务和方法】

1. 电位差计连线

（1）将待测未知的电压（或电动势）接在未知的二个接线柱上（注意极性）。

（2）把倍率开关旋向需要的位置上（根据待测电动势大小进行选择），同时也接通了电位差计工作电源和检流计放大器电源。

（3）调节调零旋钮，使检流计指针指零。

（4）将电键开关扳向"标准"端，调节工作电流旋钮，使检流计指零。

（5）再将电键开关扳向"未知"端，调节步进读数盘和滑线读数盘使检流计再次指零，未知电压（或电动势）按下式计算：

$$U_x = （步进读数盘读数＋滑线盘读数）×倍率$$

（6）倍率开关旋向 G1 时，电位差计处于 1 位置，检流计短路；倍率开关旋向 G0.2 时，电位差计处于 ×0.2 位置，检流计短路。在未知端可输出标准直流电动势（不可输出电流）。

（7）在连续测量时，要求经常校准电势差计工作电流，防止工作电流的漂移。

2. 按图 2 连接好实验线路，测量电流表的内阻

（1）测待校电流表 0～5 mA 的内阻。标准电阻 R_S 取 10 Ω，读出 U_g 与 U_S，按式（3-9-4）求出内阻 R_g。

（2）测微安表的内阻。标准电阻 R_S 取 100 Ω，读出 U_g 与 U_S，求 R_g。为减小误差，每组值分别测两次，求其平均值。

3. 用电位差计校正电流表

（1）按图 3-9-1 接好线路。

（2）对被校毫安表各刻度示值 1,2,3,4,5 mA 逐一进行校正（注意：在选择标准电阻时，应使从电位差计读取的数值有尽量多的有效数字）。

（3）算出电流表的标准值 I_0 与指示值 I 的差值，即为修正值。用坐标纸作修正值 ΔI 与 I 的校正曲线（修正值 ΔI 为纵坐标，I 为横坐标）。

（4）找出标准值与指示值之间的最大差值（用绝对值表示），求待校电流表的级别 K。

【注意事项】

（1）测量结束后，倍率开关应放在"断"位置上，电键开关应放在中间位置，避免不必要的能量消耗。

（2）如发现检流计灵敏度低，应更换 B2 电池（6F22,9 V 两节并联）。调节工作电流旋钮，检流计指针不能指零时，则更换 1 号干电池。

（3）滑线读数盘必须指示在有刻度的部分，否则内部电路未接通。

（4）为了保证测量准确，每次测量待测电压以前必须校准工作电流。

实验十 电表的改装

电学实验中经常要用电表（电压表和电流表）进行测量，常用的直流电流表和直流电压表都有一个共同的部分，常称为表头。表头通常是一只磁电式微安表，它只允许通过微安级的电流，一般只能测量很小的电流和电压。如果要用它来测量较大的电流或电压，就必须进行改装，以扩大其量程。经过改装后的微安表具有测量较大电流、电压和电阻等多种用途。若在表中配以整流电路，将交流变为直流，则它还可以测量交流电的有关参量。我们日常接触到的各种电表几乎都是经过改装的，因此学习改装和校准电表在电学实验部分是非常重要的。

【实验目的】

（1）了解改装电表的基本原理和方法。

（2）了解电表的性能、使用和校准的方法。

（3）能够对电表进行改装和校正。

【实验原理】

1. 改装微安表为直流电流表

微安表头习惯上称为表头。使表针偏转到满刻度时所需的电流 I_g 称为表头的量限。电流 I_g 越小，表头的灵敏度就越高。表头内线圈的电阻 R_g 称为表头的内阻。利用并联电阻的分流作用（如图 3-10-1 所示），使被测电流大部分从分流电阻 R_S 上通过，而表头上通过的电流仍然不超过 I_g，从而增加了表头的量限。

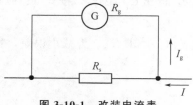

图 3-10-1 改装电流表

设表头改装后的量限为 $I = nI_g$，根据欧姆定律则有
$$(I - I_g)R_S = I_g R_g$$
所以
$$R_S = \frac{I_g}{I - I_g} R_g = \frac{R_g}{n-1} \qquad (3\text{-}10\text{-}1)$$
可见，将微安表的电流量限扩大 n 倍，只需在该表

头上并联一个满足式（3-10-1）的分流电阻 R_S，改装后电流表的量限为 I，内阻为

$$R_A = \frac{R_S R_g}{R_S + R_g} = \frac{R_g}{n}$$

在表头上并联阻值不同的分流电阻，便可制成多量限的电流表。

2. 改装微安表头为直流电压表

利用串联电阻的分压作用，可以扩大表头的电压量限。

如图 3-10-2 所示。在表头上串联一个附加电阻（也称分压电阻）R_H，从而使被测电压大部分降落在电阻 R_H 上，而微安表上的电压降仍不超过原来的量值 $I_g R_g$。

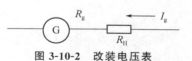

图 3-10-2　改装电压表

设表头改装后量限为 V，则

$$I_g(R_g + R_H) = V$$

所以

$$R_H = \frac{V}{I_g} - R_g \tag{3-10-2}$$

可见，若将上述表头改装成量限为 V 的电压表，只需在表头上串联一只满足式（3-10-2）的分压电阻 R_H。改装后的表头成为量限为 V 的电压表，其内阻为

$$R_V = R_g + R_H = \frac{V}{I_g}$$

根据上述原理，在表头上串联不同的附加电阻，便可制成多量限的电压表。

3. 改装微安表头为欧姆表

用来测量电阻大小的电表称为欧姆表，其电路如图 3-10-3 所示。图中 V 为电池的端电压，它与固定电阻 R_i、可变电阻 R_0 以及微安表头相串联，R_x 是待测电阻。用欧姆表测电阻时，首先需要调零，即将 a、b 两点短路（相当于 $R_x = 0\ \Omega$），调节可变电阻 R_0，使表头指针偏转到满刻度。这时电路中的电流即为微安表的量限 I_g。由欧姆定律得

$$I_g = \frac{V}{R_g + R_0 + R_i} = \frac{V}{R_g + r} \tag{3-10-3}$$

式中，R_g 为表头的内阻；$r = R_0 + R_i$。

可见，欧姆表的零点是在表头标度尺的满刻度处，它正好跟电流表和电压表的零点相反。

在 a、b 端接入待测电阻 R_x 后，电路中的电流为

$$I = \frac{V}{R_g + r + R_x} \tag{3-10-4}$$

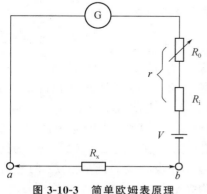

图 3-10-3　简单欧姆表原理

当电池端电压 V 保持不变时，待测电阻 R_x 和电流值 I 有一一对应的关系，就是说，接入不同的电阻 R_x，表头的指针就指出不同的偏转读数。如果表头的标度尺预先按已知电阻刻度，就可以直接用来测量电阻。因为待测电阻 R_x 越大，电流 I 就越小，当 $R_x = \infty$ 时（相当于 a、b 开路），$I = 0$，即表头的指针在零位，所以，欧姆表的标度尺为反向刻度，且刻度是不均匀的，电阻 R_x 越大，刻度线间隔越小（见图 3-10-4）。

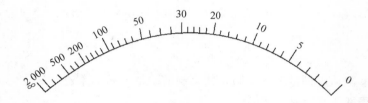

图 3-10-4　欧姆表的刻度盘

要满足待测电阻 $R_x = 0$ 时，电路中通过的电流恰为表头的量限 I_g，对于式（3-10-3）中的 R_0 和 R_i 就有一定的要求。因电池的端电压 V 在使用过程中会不断下降，而表头的内阻 R_g 为常数，故要求 $r = R_0 + R_i$ 也要跟着改变才能满足式（3-10-3）。实际上，在 $R_x = 0$ 时，表头的指针偏到满刻度是通过调可变电阻（电位器）R_0 的阻值来实现的。为防止电位器 R_0 调得过小而烧坏电表，用固定电阻 R_i 来限制电流。

确定欧姆表电路中可变电阻 R_0 和固定电阻 R_i 的阻值。其方法如下：一般说新旧干电池的电压范围为 $1.30 \sim 1.65$ V。考虑调节的余地，可取干电池最高电压 $V_{max} = 1.70$ V，最低电压 $V_{min} = 1.25$ V。由式（3-10-3）得

$$r_{max} = \frac{V_{max}}{I_g} - R_g, \qquad r_{min} = \frac{V_{min}}{I_g} - R_g$$

可见，V 在 $V_{min} \sim V_{max}$ 之间，其变化范围为（$V_{max} \sim V_{min}$）。因此，R_0 可以用 $0 \sim$（$r_{max} - r_{min}$）的电位器，而 R_i 可用阻值为 r_{min} 的固定电阻。

4. 电表的校准

电表在扩大量程或改装后，还需要进行校准。校准的目的是给出被校电表示值误差，看其指示值与相应的标准值（从标准电表读出）相符的程度。标准表应该比被校表高 $1 \sim 2$ 个准确度级别。校准点应选择被校表刻度的一组整数值。由校准的结果得到电表各个整数刻度值的绝对误差。选取其中最大的绝对误差即得该电表的允许误差，有时也称最大允许误差。允许误差除以电表的量限，再加上标准表的准确度等级 a_0（校准表级别较高时可忽略），就可估算出该表的准确度等级。若用 a 表示改装表的准确度等级，则有

$$a = \frac{允许误差}{量程} \times 100\% + a_0 \qquad (3\text{-}10\text{-}5)$$

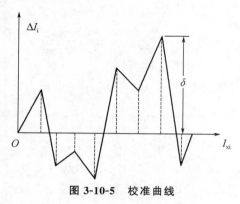

图 3-10-5　校准曲线

电表的等级一般分为 0.1、0.2、0.5、1.0、1.5、2.5、5.0 七个级别。根据式（3-10-5）算出的 a 达到哪一级就定为哪一级。电表的准确度除用等级表示外，也可用校准曲线表示。即以被校电表的指示值 I_{xi} 为横坐标，以该点的示值误差 ΔI_i（ΔI_i 等于被校电表的指示值 I_{xi} 与标准表相应的指示值 I_{si} 的差值，即 $\Delta I_i = I_{xi} - I_{si}$）为纵坐标，两个校正点之间用直线段连接，根据校正数据作出呈折线状的校准曲线（不能画成光滑曲线），如图 3-10-5 所示。在以后使用这个电表时，根据校准曲线可以修正电表的读数。

【实验仪器】

微安表头、标准电流表、标准电压表、电阻箱、滑线变阻器、稳压电源、干电池等。

【实验任务和方法】

1. 电流表的改装及校正

（1）根据实验室给定的表头量限 I_g、内阻 R_g 及改装后的电流表量限 I，计算出所需分流电阻 R_S 的阻值（$I_g = 500\ \mu A$，$R_g = 464\ \Omega$，$I = 5\ mA$）。

（2）用电阻箱作为分流电阻 R_S 与表头并联组成改装后的电流表，按图 3-10-6 接好线路（一般滑线变阻器应先选处于分压最小及限流最大位置）。

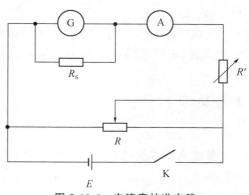

图 3-10-6　电流表校准电路

（3）经老师检查线路及核对计算结果 R_S 后，方可接通电源。接通电源后，电源输出电压应从小到大依次增加，每次应同时观察线路中各仪表的指示情况，调节滑线变阻器，使回路电流为适当值。再调节滑线变阻器，使标准表示值增至 5 mA，此时，改装表指针应满偏。但因 R_g、R_S 可能存在误差，标准表读数也可能存在误差，所以大多数情况下，改装表指针不会刚好对准满度值。如果改装表的读数偏低或偏高，则应适当调整 R_S（增大或减小）使其指针指到满刻度，记下此时的 R'_S 值。

（4）调节电路中可变电阻器，以改变回路中的电流，使改装表的读数取若干整数值，从零增加到满刻度，然后按原读数再减小至零，同时记下改装表和标准表相应电流的读数，填入自己设计的表格中。

注意满量程点校准与逐点校准的差别：前者是先将标准表调节到满量程后仔细调节分流电阻，使表头指针恰好指满刻度值，这一程序是电表的改装；而后者是保持分流电阻的电阻值不变，使表头指针为一列整刻度值时，记录对应标准表的值，这一程序是对改装后电表的校准。

（5）以改装表读数为横坐标，改装表读数的误差为纵坐标，在坐标纸上作出电流表的校准曲线。

（6）根据式（3-10-5）给所改装电流表定级。

2. 电压表的改装及校正

（1）根据实验室给定的表头量限 I_g、内阻 R_g 及改装后的电压表的量限 V，计算出分压电阻 R_H 的阻值（$I_g = 500\ \mu A$，$R_g = 464\ \Omega$，$V = 5\ V$）。

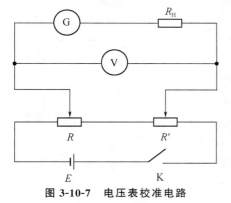

图 3-10-7　电压表校准电路

（2）从电阻箱取出阻值为 R_H 的电阻，与表头串联组成改装后的电压表，按图 3-10-7 接好线路，请老师检查并核对计算结果。

（3）接通电源后，同时观察各仪表指示情况。调节滑线变阻器，使标准表指示 5 V，此时表头应满偏，否则应再调节 R_H，使表头满偏，记下此时的 R'_H。

（4）以改装表读数为横坐标，改装表读数的误差为纵坐标，在坐标纸上作出电压表的校准曲线。

（5）根据式（3-10-5）给所改装电压表定级。

3. 欧姆表的改装及表盘刻度的标定（选做）

（1）根据表头的参数 I_g 和 R_g 以及电池端电压 V 的变化范围，按式（3-10-3）分别算出图形中电阻 r（$r = R_0 + R_i$）的上、下限阻值。

（2）选取一个固定电阻 R_i（R_i 的阻值应与算出的下限阻值相等）和一个可变电阻 R_0（R_0 的最大阻值应大于或等于上、下限阻值之差），然后将它们与表头和电池串联，组成如图 3-10-3 所示的欧姆表电路。

（3）将图 3-10-3 中的 a、b 两点短路，调节可变电阻 R_0，使表针偏转到满刻度（$R_x = 0\ \Omega$）。

（4）将电阻箱（即图中的 R_x）接于欧姆表的 a、b 端。取电阻箱的电阻为一组特定的整数值 R_{xi}，记录相应的表针偏转格数 d_i。利用所得数据 R_{xi} 与 d_i，绘制出改装欧姆表的标度尺。

【数据处理】

$R_g = $ _____ Ω。

1. 电流表的改装及校正（记录数据于表 3-10-1）

$R_{i理论} = $ _____ Ω，$R_{i实验} = $ _____ Ω。

表 3-10-1　电流表的改装及校正

表头刻度/μA		0	100	200	300	400	500
改装表读数 I_x/mA		0.00	1.00	2.00	3.00	4.00	5.00
标准版读数 I_S/mA	由大到小						
	由小到大						
	平均值						
$I_S - I_x$/mA							

2. 电压表的改装及校正（记录数据于表 3-10-2）

$R_{u理论} = $ _____ Ω，$R_{u实验} = $ _____ Ω。

表 3-10-2　电压表的改装及校正

表头刻度/μA		0	100	200	300	400	500
改装表读数 U_x/V		0.00	1.00	2.00	3.00	4.00	5.00
标准版读数 U_S/V	由大到小						
	由小到大						
	平均值						
$U_S - U_x$/V							

【注意事项】

防止表头过流！

【思考题】

（1）改装电流表时，如果发现改装表的读数相对标准表的读数普遍偏高，R_S 应如何调节？

（2）改装电压表时，如果发现改装表的读数相对标准表的读数普遍偏低，R_H 应如何调节？

（3）欧姆表的内阻又称中值电阻（$R_中 = R_g + R_i + R_0$），当 $R_x = R_中$ 时，表头指针偏转到何处？

【创新设计】

将微安表设计改装成多量程直流电流、电压两用表，其电流挡的量程为 5 mA，50 mA，电压表的量程为 5 V 和 50 V。具体要求如下：

（1）设计并画出改装电表的电路原理图。

（2）计算各附加电阻值（包括两个分流电阻和两个分压电阻）。

实验提示：要求改装的两用表电路具有"整体性"。因此，计算各附加电阻值（分流电阻和分压电阻）时，要注意各量程之间的相互关系以及电流挡和电压挡之间的相互关系。对要改装的电压挡，是以改装好的电流表，作为改装电压表的等效表头。

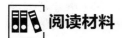 阅读材料

表头内阻的测量

电表改装之前，必须测出被改装表头的内阻。常用的方法有替代法、半偏法、电桥法和电势差计法。下面介绍前三种方法。

1. 替代法

测量电路如图 3-10-8。G_0 是标准表头，K_2 是单刀双掷开关。首先将 K_2 扳至"1"，调节 R，使 G_0 读数达到满度值 n，再将 K_2 扳至"2"，调节 R_0 使读数值再次达到满度值 n，此时的 R_0 便是被测表头内阻。即 $R_g = R_0$。这个方法的缺点是，若 R 或 R_{g0} 过大，则调节 R_0 时，G_0 改变不明显，造成较大测量误差，若降低 R，又容易造成 G 或 G_0 的过载。

2. 半偏法

测量电路如图 3-10-9。首先断开 K_2，调节 R，使 G 满偏，然后合 K_2，调节 R_0，使 G 半偏，这时有

$$R_g = \frac{R \cdot R_0}{R + R_0}$$

测量误差决定于表头的准确度和灵敏度。准确度高，才能保证半偏时的电流是满偏时的电流的二分之一，灵敏度高，才能保证微调 R 或 R_0 时，表头的指针有容易察觉的偏转。

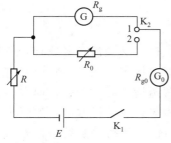

图 3-10-8 替代法测量电路

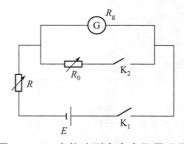

图 3-10-9 半偏法测电表内阻原理图

3.电桥法

测量电路如图 3-10-10。Q 是直流电桥。标准电阻箱 R_0 与表头 G 串联是为了避免表头过载。若电桥平衡时示值为 R_x，则表头的内阻为

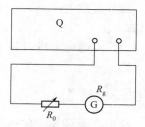

$$R_g = R_x - R_0$$

其测量误差既包含电桥的测量误差 ΔR_x，也包含标准电阻箱的示值误差 ΔR_0。一般情况下 R_x 较大，所以 ΔR_x 也较大。但选这种方法的准确度一般要高于半偏法和替代法。

图 3-10-10　电桥法测量电路

实验十一　透镜焦距的测量

　　透镜是光学仪器中最基本的器件。焦距是反映透镜性质的一个重要参数。由透镜组成的显微镜和望远镜是最常用的助视光学仪器，常被组合在其它光学仪器中。因此了解并掌握透镜焦距的测定方法，不仅有助于加深理解几何光学中的成像规律，也有助于加强对光学仪器调节和使用的训练，本实验的目的是测定薄透镜焦距并掌握光学元件共轴的调节方法。光具坐是光学实验中的一种常用设备。它由光具坐架（导轨型和船型等）及光凳、夹具等组成，可根据不同实验的要求，将光源、各种光学元件装在光具架上进行实验。在光具座上可进行多种实验，如焦距测定，显微镜、望远镜的组装及其放大率的测定，还可进行单缝衍射、阿贝成像等。进行各种光学实验首先应进行光路调整，这是实验成败的关键。

【实验目的】

　　（1）掌握透镜焦距测定的几种方法。
　　（2）学会调节光学系统使之共轴。

【实验原理】

　　测量凸透镜的焦距，可用以下几种方法。

1.物距像距法

　　如图 3-11-1 所示，设薄透镜的焦距为 f，物距为 S，对应的像距为 S'，则透镜成像的高斯公式为

$$\frac{1}{S'} - \frac{1}{S} = \frac{1}{f'} \tag{3-11-1}$$

故

$$f' = \frac{SS'}{S - S'} \tag{3-11-2}$$

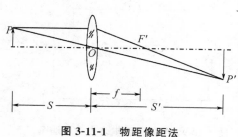

图 3-11-1　物距像距法

　　应用上式时，必须注意各物理量所适用的符号规则。本书中规定：光线自左向右进行；距离自参考点（薄透镜光心）量起，向左为负，向右为正，即距离与光线进行方向一致时为正，反之为负。运算时已知量需添加符号，未知量则根据求得结果中的符号判断其物理意义。

　　由光学成像原理可知，实物经会聚透镜后能成实像，故可用白屏接收实像，通过测定物距和像距，利用式（3-11-2）即可算出 f。

2. 共轭法求焦距

　　取物与屏之间的距离 L 大于四倍焦距 $4f$，此后固定物与幕的位置，移动透镜，则必能在幕上两次成像，如图 3-11-2 所示，透镜位于Ⅰ时，得放大像；透镜位于Ⅱ时，得缩小像。透镜在两次成像之间的位移为 d，根据透镜公式，对于位置Ⅰ而言，有

$$S_1 = -(L - d - S'_2), \quad S'_1 = d + S'_2$$

则

$$f = \frac{(L - d - S'_2)(d + S'_2)}{L}$$

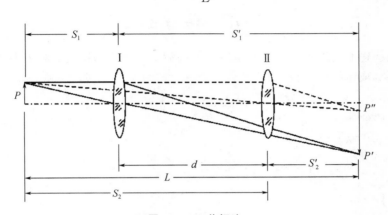

图 3-11-2　共轭法

对于位置Ⅱ而言，有

$$S_2 = -(L - S'_2), \quad \text{像距} = S'_2$$

则

$$f = \frac{(L - S'_2)S'_2}{L}$$

解得

$$S'_2 = \frac{L - d}{2}$$

因此

$$f = \frac{L^2 - d^2}{4L} \tag{3-11-3}$$

3. 自准直法求焦距

　　如图 3-11-3 所示，当光源 P 作为物放在透镜 L 的第一焦平面上时，由 P 发出的光经透镜后将成为平行光；如果在透镜后面放一与透镜光轴垂直的平面反射镜 M，则平行光经 M 反射后将沿原来的路线反方向进行，并成像于 P 点，P 与 L 之间的距离，就是透镜 L 的焦距 f。

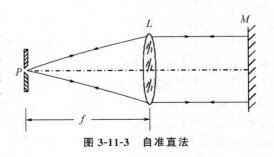

图 3-11-3　自准直法

4. 由辅助透镜成像法求凹透镜焦距

对于凹透镜，因为实物不能得到实像，所以不能应用白屏接取像的方法求得焦距。可以利用辅助透镜成像的方法求得焦距。

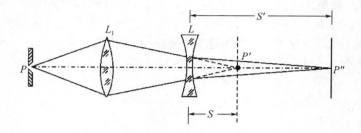

图 3-11-4　辅助透镜成像法

物 P 经凸透镜 L_1 成像于 P'，在 P' 和 L_1 间放上待测凹透镜 L。就 L 而言，虚物 P' 又成像于 P''。根据成像公式，得

$$\frac{1}{S'} - \frac{1}{S} = \frac{1}{f_2}$$

$$f_2 = \frac{SS'}{S - S'} \tag{3-11-4}$$

只要测得 S，S' 绝对值，就可得凹透镜焦距 f_2。

【实验仪器】

光具座，凸透镜，凹透镜，平面镜，屏，小灯狭缝，滤光片。

在狭缝前方放置滤光片的作用是消色差，提高测量的准确性。

【实验任务和方法】

（1）光具座上各元件共轴的调节是本实验的基本训练，必须很好掌握，调节的要求是：①所有光学元件的光轴重合；②公共的光轴与光具座的导轨严格平行。

调节的方法如下：

①粗调。把透镜、物、屏用光具夹夹好后，先将它们靠拢，调节高低、左右，使光源、物的中心、透镜中心、屏幕中央大致在一条与导轨平行的直线上。并使物、透镜、屏的平面互相平行且垂直于导轨；②细调。依靠成像规律进行细调，例如在二次成像法测透镜焦距的实验中，如果物的中心偏离透镜的光轴，那么在移动透镜的过程中，像的中心位置会改变，即大像和小像的中心不重合，这时可根据偏移的方向判断物中心究竟是偏左还是偏右、偏上还是偏下，然后加以调整。

（2）用白炽灯照亮狭缝，在狭缝处插上滤光片，以透光狭缝作为物，将狭缝及白屏放置在光具座上，相隔一定距离，然后在它的中间放入待测凸透镜（见图 3-11-1），移动透镜，使屏上得到清晰的狭缝像，测量物距 S 与像距 S'，算出 f，重复三次，求平均值。

（3）将狭缝光源与白屏固定在间距大于 $4f$ 的位置，测出它们之间的距离 L，将待测凸透镜放在光源与白屏之间，如图 3-11-2。移动透镜，使屏上得到清晰的狭缝像，记录透镜位置，移动透镜至另一位置，使屏上又得到清晰的狭缝像再记录透镜位置，由两个位置算出距离 d 并由式（3-11-3）求出 f。重复三次，求平均值。

（4）按图 3-11-3，把光具座上的器件放好。移动凸透镜 L 和改变平面反射镜 M 的方位，使在狭缝平面上形成一个与狭缝大小相同的清晰像，测出狭缝平面到透镜的距离 f，即得透镜的焦距。重复三次，求其平均值。

（5）按图 3-11-4，先用辅助凸透镜 L_1，把狭缝 P 成像在 P' 处的屏上，记录 P' 的位置。然后将待测凹透镜 L 置于 L_1 与 P 之间的适当位置，并将屏向外移至 P'' 处，使屏上重新得到清晰的像。分别测出 P' 和 P'' 至 L 的距离，这两个距离对 L 来说，分别代表物距 S 和像距 S''，由式（3-11-4）算出 f_2，改变凹透镜的位置，重复三次，求其平均值。

【数据处理示例】

表 3-11-1　物距、像距求焦距

次数	S/mm	S'/mm	f/mm
1	-49.5	78.0	30.3
2	-40.5	115.8	30.0
3	-58.0	62.2	30.0

$$\overline{f}=\frac{30.3+30.0+30.0}{3}=30.1(\text{mm})$$

其它方法的数据处理参照表 3-11-1 设计并计算。

【注意事项】

共轴调节要求所有光学元件的光轴重合。

【思考题】

（1）共轴调节的目的是要实现哪些要求？不满足这些要求对测量会有什么影响？

（2）为什么会聚透镜两次成像时，必须使白屏和物体之间的距离大于透镜焦距的 4 倍？

（3）做凸透镜成大像、小像实验时，如果大像中心在上、小像中心在下，说明物的位置偏上还偏下？请画光路图加以分析。

（4）下列几种物体哪种适宜做接收像的屏？为什么？

①白纸；②黑纸；③玻璃；④毛玻璃。

【创新设计】

自己设计一个用"自准直法"原理测量凹透镜焦距的实验方案并实施它。画出简单的原理性光路图（物点在光轴上的图），并简要说明之。将测量结果与物距像距法测量值比较。

 阅读材料

照相机镜头焦距的妙用

1. 标准镜头

标准镜头的焦距等于或接近底片画幅对角线的长度，它拍摄出来的影像范围和透视效果，接近人眼通常所看到的视觉效果。绝大多数照相机都装配着这种标准镜头。标准镜头是

使用起来很方便的一种镜头，如果在一定的距离上拍摄，它能包括足够开阔的场景；倘若你从近距离上拍摄，它也适于选取比较小的面积。而且，标准镜头的最大相对孔径往往较大，可以允许你使用较慢的快门速度而不致影响影像的清晰。

摄影者在购买照相机的时候，首先要选购的是标准镜头，因为它的用途广泛，能适应多数摄影任务。

2. 广角镜头

广角镜头的焦距比标准镜头小，它的景角大，能够拍摄到范围更广的场面，所以，对于拍摄大的全景以及室内的场景是特别有用的。此外，在光圈大小和拍摄距离不变的情况下，它比标准镜头的景深大，可较清晰地再现有纵深感的景物。

对 35 mm 的照相机来说，最常见的广角镜头的焦距是 35 mm 到 28 mm。它们的景角比标准镜头大一些，但又不至于因景角过大使用起来较难掌握。焦距更短的广角镜头有 24 mm、21 mm、18 mm 等。这些镜头虽然景角大，但透视变形现象很明显，使用时要小心处理。

景角更大的是鱼眼镜头，有的焦距仅为 6 mm，景角达到 220°。

3. 长焦距镜头

长焦距镜头的焦距比标准镜头大，它的景角小，所摄取的范围窄，看上去好像把远处的景物拉近了似的。长焦距镜头拍摄的画面，被摄体在底片上的成像较大，这一点对于拍摄远处的物体是非常有用的。特别是有一些摄影题材，摄影者往往难以十分接近被摄对象，如拍摄野生动物、体育比赛等，长焦距镜头就非常必要了。

长焦距镜头的景深小，这一点也非常有用，它可以使比较杂乱的背景或前景虚化，而突出主体，使画面显得简洁。

长焦距镜头还适合于人像摄影。由于长焦距镜头影像的成像比例较大，拍摄人像可以不必过于靠近被摄者，一方面可以防止因拍摄距离过近而造成影像的变形，另一方面使被摄者不致因拍摄的人太近而感到紧张，甚至能够在被摄者不注意的情况下抓拍到生动的神态。对于拍摄人物肖像来说，摄影镜头的焦距最好是大于标准镜头的一倍。如对 35 mm 照相机来说，105 mm 的镜头是极好的肖像拍摄镜头。

长焦距镜头也有它的缺点，在使用时要加以注意。首先，它的最大相对孔径比较小，对焦点时要格外仔细，稍微疏忽，焦点容易不实。其次，拍摄时略有振动其后果就十分明显，拍摄时照相机应特别稳定，快门速度要高一些，最好是用三脚架或采用别的支撑。如果你使用 200 mm（35 mm 照相机）或焦距更长的镜头，快门速度在 1/250 s 以下时，最好使用三脚架。

35 mm 照相机的长焦距镜头，最常用的是 85 mm 至 200 mm。

4. 变焦距镜头

变焦距镜头的焦距可以在它本身限定的最短和最长焦距之间任意调整，所以，一只变焦距镜头，能够当作许多只不同焦距的镜头使用。根据设计上的不同，变焦距镜头上，最长的焦距可能是最短焦距的二倍、三倍甚至四倍。现代多数变焦距镜头在变焦的过程中，焦点是固定不变的，不需要反复对焦。

使用变焦距镜头的最大优点，可不必更换别的镜头或移动拍摄距离，就能拍摄到构图饱满的画面，不仅使用方便，而且比购买数只不同焦距的镜头要便宜得多。有一些变焦距镜头还有微距摄影装置，可供特写摄影使用，不必加用任何附件。但是，变焦距镜头只能用于单镜头反光照相机。

实验十二 牛顿环实验

牛顿环是一组明暗相间的同心圆环图样，是一种典型的等厚干涉现象。这种干涉现象被牛顿所发现，并对其进行了观测和研究，故称该明暗相间的同心圆环为牛顿环。牛顿环仪是由凸透镜和平面玻璃组成，在日光下或用白光照射时，可以看到接触点为一暗点，周围是一些明暗相间的彩色圆环；而用单色光照射时，则表现为一些明暗相间的单色圆环。这些圆环的距离不等，随离中心点的距离的增加而逐渐变窄。牛顿环用光的波动学说可以很容易解释，也是光的干涉现象的极好演示。

光的干涉在科研、生产实践和生活中都有广泛的应用。如薄膜厚度、微小角度、曲面的曲率半径等几何量的测量；光学元件表面光洁度和平整度的检验、光波波长的测量；研究机械零件内应力的分布以及在半导体技术中测量硅片上氧化层的厚度等。本实验应用牛顿环仪测量平凸透镜的曲率半径，由此可以深刻地学习理解等厚干涉原理及应用。

【实验目的】

（1）掌握读数显微镜的使用方法。
（2）观察光的等厚干涉现象，了解等厚干涉特点。
（3）掌握用牛顿环测量凸透镜曲率半径的方法。

【实验原理】

牛顿环是把一个曲率半径较大的平凸透镜的凸面放在一块光学平玻璃板上构成，如图 3-12-1 所示。平凸透镜与平板玻璃间形成以接触点 O 为对称中心、半径 r 相同的地方厚度相同的空气层。当平行单色光垂直照射到透镜上时，通过透镜，近似垂直地入射到空气层中，经过上、下表面反射的两束光存在着光程差，在反射方向就会观察到干涉图样，干涉图样是以接触点 O 为中心的一系列明暗相间的同心圆环，称为牛顿环，如图 3-12-2 所示。牛顿环是典型的分振幅干涉法产生的等厚干涉。它的特点是：明暗相间的同心圆环；级次中心低、边缘高；间隔中心疏、边缘密；同级干涉，波长越短，条纹越靠近中心。

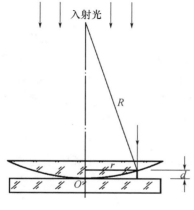

图 3-12-1 牛顿环实验装置

图 3-12-2 牛顿环干涉图样

设透镜半径为 R，与接触点 O 的距离为 r 处的薄膜厚度为 d_m，从图 3-12-1 中可得出其几何关系：

$$R^2 = (R - d_m)^2 + r_m^2 = R^2 - 2Rd_m + d_m^2 + r_m^2 \tag{3-12-1}$$

因为 $R \gg d_m$，式中可略去二阶小量 d_m^2，有：

$$d_m = \frac{r_m^2}{2R} \tag{3-12-2}$$

考虑到光从平板玻璃上反射会有半波损失，则光程差为：

$$\delta = 2d_m + \frac{\lambda}{2} \tag{3-12-3}$$

产生第 m 级暗纹的条件为：

$$\delta = (2m + 1)\frac{\lambda}{2} \tag{3-12-4}$$

由式（3-12-2）～式（3-12-4），可得出第 m 级暗纹的半径为：

$$r_m = \sqrt{mR\lambda} \tag{3-12-5}$$

同理，也可以得出第 m 级明纹的半径为：

$$r_m = \sqrt{(2m - 1)R\lambda} \tag{3-12-6}$$

由式（3-12-5）或式（3-12-6）可知，如果已知光波波长，只要测出暗纹半径或明纹半径，数出对应的级数，就可求出曲率半径。

在实验中，暗纹的位置更容易确定，所以一般都选暗纹来进行测量。实际上，由于玻璃的弹性形变以及接触处的尘埃等因素的影响，凸透镜和平板玻璃间不可能是一个理想的点接触，因此很难确定干涉环的中心，则 r_m 和 m 不能准确确定，所以不能直接用十字来测量。为了避免上述困难，可采用测量距中心稍远的两个暗纹直径 D_m 和 D_n 来计算曲率半径 R，有：

$$D_m^2 = 4Rm\lambda, \quad D_n^2 = 4Rn\lambda \tag{3-12-7}$$

两式相减可得：

$$R = \frac{D_m^2 - D_n^2}{4(m - n)\lambda} \tag{3-12-8}$$

在实验中，如单色光的波长已知，则可用此方法测出透镜曲率半径 R；反之亦然。

【实验仪器】

读数显微镜、钠灯、牛顿环仪

（1）读数显微镜。读数显微镜的型号很多，但基本结构都类似。用读数显微镜测微小长度有两种方式，一种为在视场中直接读数，视场中的分划板平面已有刻线，它把被测物体成像到视场分划板平面上，即可测出长度。另一种是把显微成像与螺旋测微杆结合到一起来读数。图 3-12-3 所示的读数显微镜属于后种。

（2）钠灯是一种实验室常用的光源，其灯泡内充有钠蒸气，通过气体来发光，钠灯在可见光区有两条黄色的谱线，波长分别为 589.0 nm 和 589.6 nm。通常在对光源的单色性要求不太高时，可将钠灯作为单色光源来使用，波长值取为 589.3 nm。牛顿环实验装置如图 3-12-4 所示，用钠灯 S 作为单色光源，它发出的光照射到读数显微镜镜筒上的 45°半反镜上，使一部分反射光接近垂直地入射到牛顿环仪上，用读数显微镜测量牛顿环的直径。

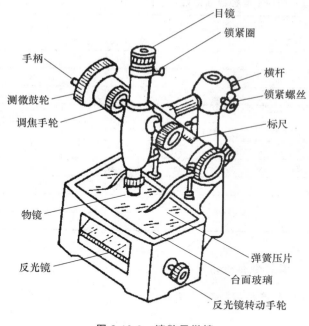

图 3-12-3　读数显微镜

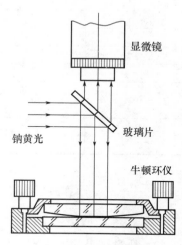

图 3-12-4　牛顿环光路示意图

【实验任务和方法】

1. 读数显微镜的调节

开启钠光灯电源预热 10min，将牛顿环仪放在显微镜的载物台上。把读数显微镜的镜筒处于刻度尺中间位置，使显微镜视场中亮度最大。这时基本上满足入射光垂直于透镜的要求。在整个调节过程中应仔细观察各种现象，并进行分析。

2. 调节目镜

使目镜内分划板平面上的十字叉丝清晰，并且转动目镜使十字叉丝中的一条线与刻度尺垂直。

3. 物镜调节

调节显微镜镜筒，使它与待测物慢慢靠近，然后再调节显微镜的焦距，能在视场中看到清晰物像，并清除视差，即眼睛左右移动时，叉丝与物象间无相对位移。

4. 牛顿环直径的测量

（1）调节牛顿环的位置，使显微镜十字叉丝焦点与干涉暗环圆心大致重合。

（2）转动读数显微镜的读数鼓轮，将镜筒左右移动，观察牛顿环的全貌。

（3）转动读数显微镜的鼓轮，从中心视觉零级开始向左数到第 26 级，然后返回到 24 级（消除空程差）。将叉丝的竖线与第 24 级暗环的外缘相切，记下读数，继续沿同一方向移动镜筒，接下来开始连续读数（24,22,20,…,6），继续沿同一方向移动镜筒，将叉丝的竖线与第 6 级暗环的内缘相切，记下读数，接下来依次连续读数（6,8,10,…,24）。将数据记入表 3-12-1。

【数据处理】

（1）转动读数显微镜的鼓轮，从读数显微镜连续读第 26,24,22,20,…,6 环与叉丝的竖线相切位置的读数，接下来依次连续读数（6,8,10,…,24）。用逐差法处理数据，

表 3-12-1　用牛顿环测量透镜的曲率半径数据记录　　　$\lambda=589.3$ nm, $\Delta_仪=0.005$ mm

环的序数 i	叉丝左切环 读数 A_i/mm	叉丝右切环 读数 B_i/mm	环的直径 $D_i=(A_i-B_i)$/mm	D_i^2/mm^2

由 $R=\dfrac{D_m^2-D_n^2}{4(m-n)\lambda}$ 计算曲率半径（具体方法参考数据处理示例）。

（2）计算 R 的不确定度 U_R（具体方法参考数据处理示例）。

（3）测量结果为 $R=\bar{R}\pm U_R$。

【数据处理示例】

表 3-12-2　用牛顿环测量透镜的曲率半径数据记录　　　$\lambda=589.3$ nm, $\Delta_仪=0.005$ mm

环的序数 i	叉丝左切环 读数 A_i/mm	叉丝右切环 读数 B_i/mm	环的直径 $D_i=(A_i-B_i)$/mm	D_i^2/mm^2
6	26.355	21.510	4.845	23.474
8	26.642	21.221	5.421	29.387
10	26.925	20.938	5.987	35.844
12	27.158	20.688	6.470	41.861
14	27.392	20.476	6.916	47.831
16	27.602	20.275	7.327	53.685
18	27.825	20.075	7.750	60.062
20	28.005	19.882	8.123	65.983
22	28.185	19.682	8.503	72.301
24	28.350	19.514	8.836	78.075

用逐差法处理数据，由表 3-12-2 知 $m-n=10$，已知钠光波长 $\lambda=589.3$ nm，由 $R=\dfrac{D_m^2-D_n^2}{4(m-n)\lambda}$ 可得曲率半径为：

$$R_1=\frac{D_{24}^2-D_{14}^2}{4(24-14)\lambda}=\frac{78.075-47.831}{4\times10\times589.3\times10^{-6}}=1\,283.0\text{ mm}$$

同理可得

$R_2=1\,291.4$ mm；$R_3=1\,278.6$ mm；$R_4=1\,301.3$ mm；$R_5=1\,281.6$ mm

则平均曲率半径：

$$\bar{R} = \frac{R_1 + R_2 + R_3 + R_4 + R_5}{5}$$

$$= (1\ 283.0 + 1\ 291.4 + 1\ 278.6 + 1\ 301.3 + 1\ 281.6) \div 5$$

$$= 1\ 287.2\ \text{mm}$$

标准差为：

$$S_R = \sqrt{\frac{\sum_{i=1}^{5}(R_i - \bar{R})^2}{5-1}}$$

$$= \sqrt{\frac{(-4.2)^2 + 4.2^2 + (-8.6)^2 + 14.1^2 + (-5.6)^2}{4}} = 9.21\ \text{mm}$$

不确定度 A 类评定

$$u_A(R) = t_5(0.683) \cdot \frac{S_R}{\sqrt{5}} = 1.14 \times 9.21 \div 2.2361 = 4.7\ \text{mm}$$

根据实验方案分析知道，仪器误差影响远小于随机误差，可忽略 B 类不确定度分量。则标准不确定度为

$$u_R = 4.7\ \text{mm}$$

扩展不确定度为

$$U_R = 2 \times 4.7 = 9.4\ \text{mm} \approx 9\ \text{mm}$$

所以透镜的曲率半径测量结果为

$$R = \bar{R} \pm U_R = (1\ 287 \pm 9)\text{mm},\ k=2$$

【注意事项】

(1) 调节显微镜的焦距时，应使物镜筒从待测物移开，使物镜筒自下而上地调节。严禁将镜筒反向调节，以免碰伤或损坏物镜和待测物。

(2) 在整个测量过程中，十字叉丝中的一条线必须与主尺平行，十字叉丝的走向应与待测物的两个位置连线平行，同时不要将待测物移动。

(3) 测量中的测微鼓轮只能向一个方向移动，以防止因螺纹中的空程引起误差。

(4) 钠灯不要时开时关，以免过早老化或损坏。

【思考题】

(1) 牛顿环的干涉条纹是由哪两束光线干涉产生的？这两束光为什么是相干光？为什么这种干涉称为等厚干涉？

(2) 当用白光照射时，牛顿环的反射条纹与单色光照射时有何不同？

(3) 使用读数显微镜进行测量时，如何消除视差及空程误差？

(4) 如果不用平面玻璃，而用两块透镜，则能否形成牛顿环？

(5) 测量中，若叉丝的交点没有通过牛顿环的圆心，导致测得不是直径，而是弦，对测量结果有无影响？

【创新设计】

用两平面干涉的方法测量头发的直径。

取一根头发，放在两块平面玻璃片之间，使形成一个劈形空气隙，用读数显微镜读出等厚条纹的间距，量出玻璃片的长度，从而算出头发的直径（自行推导公式）。直接用读数显微镜读出头发的直径，对结果进行分析比较。

实验十三 分光计的调节和使用

分光计又称光学测角仪，是一种能够精确测量光线间夹角的仪器。由于许多光学量的测量多能归结为对相关光线偏转角度的测量，因此，可以用分光计测量介质的许多光学特性。如棱镜顶角、最小偏向角、介质的折射率、光波的波长、光栅常数、光谱观测等。还可以和偏振片、波片配合做光的偏振研究。所以在光学技术中，分光计的应用十分广泛。

分光计的基本部件和调节原理与其它光学仪器（如单色仪、光谱仪、摄谱仪等）有许多相似之处，因此学习调节和使用分光计，能为今后学习更为精密的光学仪器打下良好基础。

【实验目的】

（1）了解分光计的结构和原理，学会分光计的调整和使用方法。
（2）掌握用反射法测量三棱镜的顶角的方法。
（3）学会用最小偏向角法测量透明介质的折射率的方法。

【实验原理】

1. 反射法测量三棱镜的顶角

如图 3-13-1 所示，AB 面和 AC 面分别为三棱镜的两个光学表面，其夹角 A 为三棱镜的顶角（待测量），BC 为底面（毛玻璃面），三角形 ABC 表示三棱镜的主截面。设一束平行光从上向下入射到三棱镜上，经 AB 面和 AC 面反射后，形成两束反射光线，其夹角为 θ，由反射定律可以证明：

$$A = \frac{\theta}{2} \qquad (3\text{-}13\text{-}1)$$

用分光计测出 θ 角，就可以用式（3-13-1）计算出顶角 A。

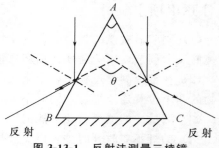

图 3-13-1　反射法测量三棱镜

2. 最小偏向角法测量三棱镜的折射率

（1）偏向角。如图 3-13-2 所示。设有一束波长为 λ 的单色平行光入射到 AB 面上，经过两次折射从 AC 面射出。则入射光线的延长线与出射光线之间的夹角 δ 称为偏向角。

（2）最小偏向角。当入射角等于出射角，即 $i_1 = i_2$ 时，偏向角有极小值，记为 $\delta_{\min}$，称为最小偏向角。

可以证明棱镜玻璃对该单色光的折射率 n_λ 与棱镜顶角 A 和最小偏向角 $\delta_{\min}$ 有如下关系

$$n_\lambda = \frac{\sin[(A + \delta_{\min})/2]}{\sin(A/2)} \qquad (3\text{-}13\text{-}2)$$

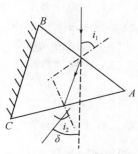

图 3-13-2　最小偏向角法
测量三棱镜

因此，只要测出顶角 A 和最小偏向角 $\delta_{\min}$，就可以用式（3-13-2）计算出折射率 n_λ。

【实验仪器】

分光计的结构如图 3-13-3 所示，它主要由平行光管、望远镜、载物台和读数装置四部分构成。分光计的下部是一个三角底座，其中央固定一竖直转轴称为中心轴。主刻度转盘、游标盘、望远镜和载物台均可以绕它转动。

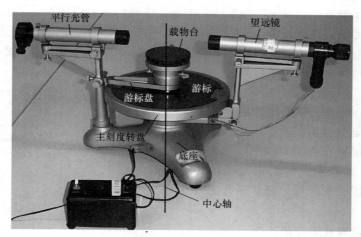

图 3-13-3 分光计结构图

1. 望远镜：观察平行光所成的像

如图 3-13-4 所示。分光计的望远镜由目镜（复合正透镜）、物镜（复合正透镜）、分划板组成。

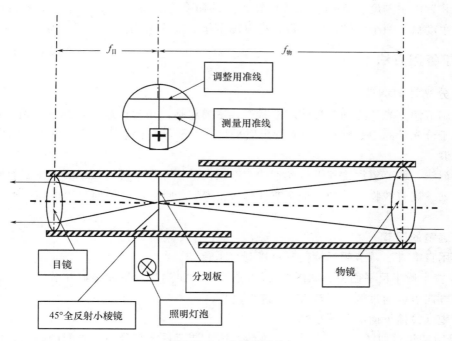

图 3-13-4 望远镜结构

（1）物镜：装在外镜筒右端；

（2）目镜：装在内镜筒左端。

常用目镜有高斯目镜和阿贝目镜两种。本分光计所用目镜为阿贝目镜。它是在分划板和目镜之间紧贴竖直准线的下方装有一个45°全反射小棱镜，在靠准线的一面镀有挡光膜（黄色），其上刻有一透光的小十字窗，十字窗交点到测量用准线交点的距离等于调节用准线交点到测量用准线交点的距离。

（3）分划板：刻有一个双十字形准线，上十字线称为调整用准线，下十字线称为测量用准线（该十字线的交点位于镜筒轴心）。

当调节物镜与分划板之间的距离等于物镜的焦距；调节目镜与分划板之间的距离等于目镜的焦距时，望远镜可以观察平行光。

2. 平行光管：平行光管是产生平行光的装置

如图 3-13-5 所示。平行光管由物镜和狭缝组成，物镜是一组消色差正透镜，装在外筒的右端，狭缝装在内筒的左端。光源发光进入狭缝，当调节狭缝与物镜之间的距离，使之等于物镜的焦距时，则从平行光管出射平行光。

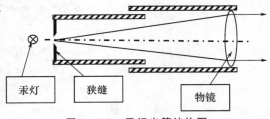

图 3-13-5　平行光管结构图

3. 载物台：用来放置待测元件

载物台套在游标盘的中心轴上，轴上有一个锁紧螺钉。拧紧该螺钉可以将载物台固定，松开螺钉载物台可以绕该轴转动。载物台下面有三个调平螺钉，可调节台面法线与中心轴之间的夹角。

4. 读数装置：用来确定望远镜的角位置

读数装置由主刻度转盘和装在游标转盘上的两个弯游标（两个相差180°）组成。测量时，读出主度盘和两个弯游标的读数，可以确定望远镜的角位置。

【实验任务和方法】

一、分光计的调节

通过调节使分光计达到测量前基准状态，主要包括：望远镜适合观察平行光；望远镜的轴线垂直于分光计的中心轴；平行光管出射平行光；平行光管轴线垂直于分光计的中心轴。

1. 粗调

用目视法，调节望远镜和平行光管的左右偏向、倾角调节螺钉使二者同轴且垂直于分光计的中心轴。调节载物台下的三个调节螺钉 $V_1 \sim V_3$，使载物台平面尽可能与分光计中心轴垂直。

2. 望远镜的调节

（1）用自准直法调节望远镜使其可以观察平行光。

① 放置半透半反平面镜：如图 3-13-6 所示，将半透半反平面镜放在载物台上。使该镜面的法线方向可以通过调节螺钉 V_1 来进行调节。

点亮望远镜筒下面的照明小灯。

② 目镜调焦：如图 3-13-7 所示。旋转目镜来调节目镜与分划板之间的距离，使从目镜中能清楚地看到分划板上的准线。此时，目镜与分划板之间的距离等于目镜的焦距 $f_目$。

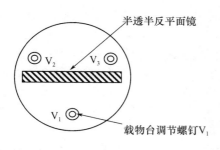

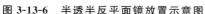

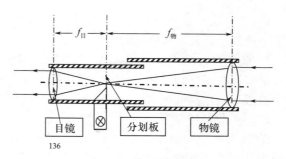

图 3-13-6　半透半反平面镜放置示意图　　　　**图 3-13-7　望远镜光路图**

③ 望远镜调焦：如图 3-13-7 所示。慢慢转动载物台或望远镜，使半透半反平面镜与望远镜大概垂直，此时可以从望远镜中观察到一个黄色亮十字（该黄色十字像可能不很清楚）。调节物镜与分划板之间的距离，直至能看到清晰的黄色十字像为止。此时，物镜与分划板之间的距离等于物镜的焦距 $f_物$。

完成以上调节后，望远镜可以观察平行光。

④ 消视差：细心调节物镜到准线的距离和目镜到准线的距离，直到当眼睛左右移动时黄十字像与准线像之间无相对移动，这时黄十字像与准线像均位于物镜和目镜共同的焦平面上。

（2）调节望远镜的轴线垂直于分光计中心轴

转动载物台，当从望远镜中分别看到经半透半反平面镜的 A 面和 B 面反射的黄色十字像均位于调整用准线上时，望远镜的轴线就与分光计的中心轴垂直了。

具体调节步骤如下。

① 在望远镜里观察从半透半反平面镜的 A 面反射的黄十字像，此像位于视场的任意位置，如图 3-13-8（a）所示。设黄十字像与调整用准线的距离为 h，将 h 大约均分成两份，调节望远镜筒下面的螺钉来改变其轴线方向，使该黄十字像靠近调整用准线 $h/2$，黄十字像位置如图 3-13-8（b）所示。调节半透半反平面镜的法线使该黄十字像再靠近调整用准线 $h/2$ 直至与调整用准线重合，如图 3-13-8（c）所示。

② 转动载物台，在望远镜里看到从半透半反平面镜的 B 面反射的黄十字像，此像可能位于视场的任意位置。设黄十字像与调整用准线的距离仍为 h，也将 h 大约均分成两份，调节望远镜的轴线使该黄十字像靠近调整用准线 $h/2$，调节半透半反平面镜的法线使该黄十字像再靠近调整用准线 $h/2$，直至黄十字像与调整用准线重合。如图 3-13-8（c）所示。

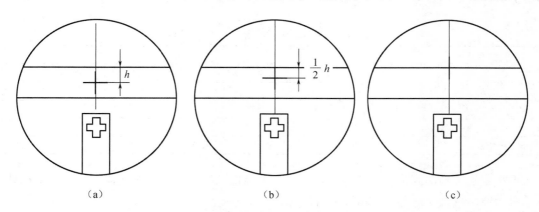

（a）　　　　　　　　　　　（b）　　　　　　　　　　　（c）

图 3-13-8　调节望远镜的轴线垂直于分光计中心轴示意图

③ 重复步骤①、②多次，直到半透半反平面镜的两个反射面不论哪个对准望远镜时，黄十字像都与调整用准线重合为止。

④ 调节竖直准线与分光计中心轴平行。旋转载物台，并同时在望远镜里观察黄十字像，是否沿着调整用准线的横线移动。若不是，则须转动望远镜的目镜来调节准线的角度，使黄十字像沿调整用准线的横线水平移动。此时准线的横线水平、竖线垂直。

（3）调节平行光管

① 调节平行光管使之出射平行光。关闭望远镜下面的照明小灯，取下载物台上的反射镜，用汞灯照亮平行光管的狭缝。将望远镜对着平行光管，并以调好的望远镜作标准，前后移动平行光管套筒，直到从望远镜中能看到清晰的狭缝像。此时，平行光管出射的是平行光。调节狭缝与准线间无视差。

② 调节平行光管轴线垂直于分光计中心轴。如图 3-13-9 所示，调节平行光管倾角调节螺钉，从望远镜里观察使测量用准线的横线平分狭缝像。

③ 转动狭缝，使其与竖直准线重合（注意不要破坏了平行光管的调焦）。

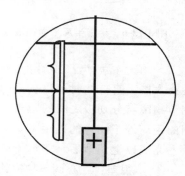

图 3-13-9　观察测量用准线的横线平分狭缝像示意图

二、测量三棱镜的顶角 A

1. 调节三棱镜的主截面与分光计的中心轴垂直

如图 3-13-10 所示。把三棱镜放在载物台上，顶角 A 对准平行光管，三棱镜各边分别垂直于平台下二螺钉的连线。固定载物台。

① 转动望远镜对准 AB 面看到反射的狭缝像，通过调节载物台下面的螺钉 V_1 或 V_3 来改变 AB 面的发法线方向，从望远镜里观察，使测量用准线的横线平分狭缝像（如图 3-13-9 所示）。

② 转动望远镜对准 AC 面看到反射的狭缝像，通过调节载物台下面的螺钉 V_2 来改变 AC 面的发法线方向，从望远镜里观察，使测量用准线的横线平分狭缝像（如图 3-13-9 所示）。

2. 测量三棱镜顶角 A

如图 3-13-11 所示。转动望远镜到第一位置观察，使准线对准由 AB 面反射的狭缝像。从两个游标处读出反射光的角位置 φ_{1L} 和 φ_{1R}，将数据记入表 3-13-1。

表 3-13-1　测量三棱镜顶角 A 数据记录表格

测量次数	第一位置		第二位置	
	左游标 φ_{1L}	右游标 φ_{1R}	左游标 φ_{2L}	右游标 φ_{2R}
1				
2				
3				
平均值				

再将望远镜转动到第二位置观察，使准线对准由 AC 面反射的狭缝像。从两个游标处读出反射光的角位置 φ_{2L} 和 φ_{2R}，将数据记入表 3-13-1。

重复测量三遍，求出各个角位置的平均值，代入式（3-13-3）计算三棱镜的顶角 A。

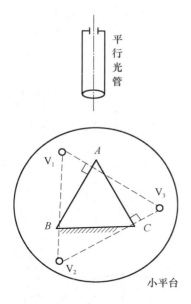

图 3-13-10　三棱镜位置示意图

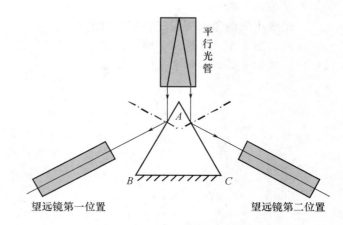

图 3-13-11　测量三棱镜的顶角 A

【数据处理】

$$\overline{A} = \frac{1}{4}\left[\,|\,\overline{\varphi}_{2L} - \overline{\varphi}_{1L}\,| + |\,\overline{\varphi}_{2R} - \overline{\varphi}_{1R}\,|\,\right] = \underline{\hspace{3cm}} \tag{3-13-3}$$

不确定度评定：

查得 $t(0.683) = 1.32$

$$u_{\varphi 1LA} = t_3(0.683)\sqrt{\frac{\displaystyle\sum_{i=1}^{3}(\overline{\varphi}_{1L} - \varphi_{1Li})^2}{3(3-1)}} = \underline{\hspace{3cm}}$$

$$u_{\varphi 1RA} = t_3(0.683)\sqrt{\frac{\displaystyle\sum_{i=1}^{3}(\overline{\varphi}_{1R} - \varphi_{1Ri})^2}{3(3-1)}} = \underline{\hspace{3cm}}$$

$$u_{\varphi 2LA} = t_3(0.683)\sqrt{\frac{\displaystyle\sum_{i=1}^{3}(\overline{\varphi}_{2L} - \varphi_{2Li})^2}{3(3-1)}} = \underline{\hspace{3cm}}$$

$$u_{\varphi 2RA} = t_3(0.683)\sqrt{\frac{\displaystyle\sum_{i=1}^{3}(\overline{\varphi}_{2R} - \varphi_{2Ri})^2}{3(3-1)}} = \underline{\hspace{3cm}}$$

$$u_{\varphi 1LB} = u_{\varphi 1RB} = u_{\varphi 2LB} = u_{\varphi 2RB} = \frac{\Delta_{仪}}{\sqrt{3}} = \frac{1'}{\sqrt{3}} = \underline{\hspace{3cm}}$$

$$u_{\varphi 1L}^2 = u_{\varphi 1LA}^2 + u_{\varphi 1LB}^2 = \underline{\hspace{3cm}}$$

$$u_{\varphi 1R}^2 = u_{\varphi 1RA}^2 + u_{\varphi 1RB}^2 = \underline{\hspace{3cm}}$$

$$u_{\varphi 2L}^2 = u_{\varphi 2LA}^2 + u_{\varphi 2LB}^2 = \underline{\qquad\qquad}$$

$$u_{\varphi 2R}^2 = u_{\varphi 2RA}^2 + u_{\varphi 2RB}^2 = \underline{\qquad\qquad}$$

$$u_A = \frac{1}{4}\sqrt{u_{\varphi 1L}^2 + u_{\varphi 1R}^2 + u_{\varphi 2L}^2 + u_{\varphi 2R}^2} = \underline{\qquad\qquad}$$

测量结果：$A = (\overline{A} + 2u_A) = \underline{\qquad}$，$k = 2$

3. 用最小偏向角法测量三棱镜的折射率

（1）如图 3-13-12 所示。将三棱镜放在载物台上，转动望远镜直至能看到汞灯经棱镜色散后所形成的光谱，如图 3-13-13 所示。

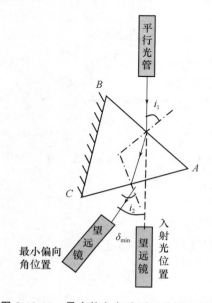

图 3-13-12　最小偏向角法测三棱镜折射

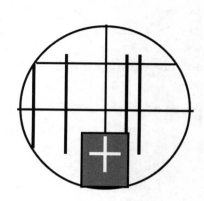

图 3-13-13　汞灯经棱镜色散形成的光谱

（2）将准线对准绿谱线（$\lambda = 546.1$ nm），慢慢转动载物台，使绿谱线向偏向角减小的方向移动，同时用望远镜跟踪绿谱线。可以看到该绿谱线移动到某一位置后即向相反的方向移动，说明偏向角有一极小值。这条谱线开始反向移动的极限位置就是棱镜对该谱线的最小偏向角的位置。

（3）用望远镜对准该极限位置，分别记下两个游标读数 α 和 α'，并记入表 3-13-2 中。

表 3-13-2　最小偏向角法测量三棱镜的折射率数据记录表格　$\lambda = 546.1$ nm（绿色）

测量次数	最小偏向角位置		入射光位置	
	左游标 α	右游标 α'	左游标 α_0	右游标 α_0'
1				
2				
3				
平均值				

（4）取下三棱镜，转动望远镜对准平行光管中的狭缝像，从两个游标处分别记下入射光的角位置 α_0 和 α_0'，并记入表 3-13-2 中。

（5）重复测量三次计算角位置的平均值，代入式（3-13-4）计算最小偏向角，代入式（3-13-2）计算折射率。

$$\delta_{min} = \frac{1}{2}(|\bar{\alpha} - \bar{\alpha}_0| + |\bar{\alpha}' - \bar{\alpha}'_0|) = \underline{\hspace{3cm}} \qquad (3\text{-}13\text{-}4)$$

$$n_\lambda = \frac{\sin[(A + \delta_{min})/2]}{\sin(A/2)} \underline{\hspace{3cm}}$$

【注意事项】

（1）精密狭缝切勿闭拢。如果实验室已经调好，请不要再调。

（2）转动望远镜镜筒时，应扶镜筒下面的三角支架转动，切勿手扶望远镜镜筒下的照明灯或镜筒本身让其转动。

（3）不要触碰、擦拭仪器和棱镜的光学表面。

【思考题】

（1）用自准直法调节望远镜时，如何判断分划板上黑十字线与物镜焦平面严格共面？

（2）测棱镜折射率时，应把三棱镜如何放置在载物台上？为什么这样做？

（3）在已调好望远镜光轴与分光计转轴垂直以后，拧载物台的螺丝，会不会破坏这种垂直性？

（4）何谓最小偏向角？实验中如何确定最小偏向角的位置？

【创新设计】

设计用"自准直法"测三棱镜顶角的实验方案，并画出简单示意图。

第四章
综合与应用性实验

实验一　梁弯曲法测量杨氏弹性模量

杨氏模量是描述固体材料抵抗形变能力的重要物理量，在工程上作为选择材料的依据之一，是工程技术中常用的参数。杨氏模量的测量方法有多种，传统方法有拉伸法、梁弯曲法、百分表法、干涉条纹法和共振法等。随着科学的进步，又有一些新的实验技术引入到实验中，如光纤位移传感器法、摩尔条纹法、电涡流传感器和波动传递技术（微波或超声波）等。这些测量方法各有优缺点，适合不同的测试条件。本实验采用的是梁弯曲法，其特点是难点适中，可供训练的操作项目多。

杨氏模量的测量其实验难点是微小位移的测量，在本实验中，除了使用测微目镜测量微小位移，同时引入了霍尔位置传感器，其工作原理是引用磁铁和集成霍尔元件间位移变化引起霍尔电势差的变化来测量微小位移量。该项技术的应用，可使学生加深对霍尔传感器原理应用的认识，学会传感器的定标，掌握霍尔位置传感器进行微小位移测量的方法。

【实验目的】

(1) 熟悉霍尔位置传感器的特性；
(2) 掌握用梁弯曲法测量黄铜杨氏模量；
(3) 测量黄铜杨氏模量同时，对霍尔位置传感器定标；
(4) 用霍尔位置传感器测量铸铁的杨氏模量。

【实验原理】

1. 霍尔位置传感器

如图 4-1-1 所示，将霍尔元件置于磁感强度为 B 的磁场中，并使霍尔元件的表面与磁场方向垂直，在垂直于磁场方向通以电流 I，则与这二者垂直的方向上将产生霍尔电势差 U_H

$$U_H = KIB \qquad (4\text{-}1\text{-}1)$$

式中，K 为元件的霍尔灵敏度，单位为 $mV/(mA \cdot T)$。

如果使霍尔元件在一个具有梯度的磁场中移

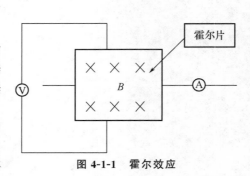

图 4-1-1　霍尔效应

动，并保持通过它的电流 I 不变，则输出的霍尔电势差的变化量为

$$\Delta U_H = KI\frac{\mathrm{d}B}{\mathrm{d}Z}\Delta Z \qquad (4\text{-}1\text{-}2)$$

式中，ΔZ 为位移量。当霍尔元件在一个具有均匀梯度的磁场中移动时，$\frac{\mathrm{d}B}{\mathrm{d}Z}$ 为常数时，则 ΔU_H 与 ΔZ 成正比。即

$$\Delta U_\mathrm{H} = k\Delta Z \qquad (4\text{-}1\text{-}3)$$

式中，$k = KI\frac{\mathrm{d}B}{\mathrm{d}Z}$ 为常数，如果知道其值，那么测出 ΔU_H 值，便可通过式（4-1-3）计算出位移量 ΔZ。

本实验采用 SS495A 线性集成霍尔元件，该元件具有响应快，对剩余电压进行补偿，输出电压与磁场强度呈良好的线性关系，好的温度稳定性、高灵敏度和准确度等。灵敏度大于 250 V/mm，线性范围 0～2 mm。

为获得梯度均匀的磁场，可以将两块相同的磁铁（磁铁截面积及表面感应强度相同）的 N 极与 N 极相对放置，如图 4-1-2 所示。两磁铁之间留一等间距间隙，霍尔元平行于磁铁放在该间隙的中轴上。间隙大小要根据测量范围和测量灵敏度要求而定，间隙越小，磁场梯度就越大，灵敏度就越高。磁铁截面要远大于霍尔元件，以尽可能地减小边缘效应的影响，提高测

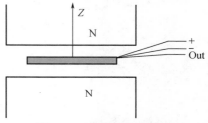

图 4-1-2　梯度均匀的磁场

量精确度。若磁铁间隙内中心截面处的磁感应强度为零，霍尔元件处于该处时，输出的霍尔电势差应该为零。当霍尔元件偏离中心沿 Z 轴发生位移时，由于磁感应强度不再为零，霍尔元件也就产生相应的电势差输出，其大小可以用数字电压表测量。由此可以将霍尔电势差为零时元件所处的位置作为位移参考零点。霍尔电势差与位移量之间存在一一对应关系，当位移量较小（<2 mm），这一对应关系具有良好的线性。

2. 杨氏模量 E

一段固体棒，在其两端沿轴方向施加大小相等、方向相反的外力 F，其长度 l 发生改变 Δl，以 S 表示横截面面积，称 $\frac{F}{S}$ 为应力，相对长变 $\frac{\Delta l}{l}$ 为应变。在弹性限度内，根据胡克定律有 $\frac{F}{S} = E\frac{\Delta l}{l}$，$E$ 称为杨氏模量，其数值与材料性质有关。

如图 4-1-3 所示，一根长 L 为规则矩形梁，水平对称地放置在相距为的两刀口上，忽略梁本身的质量，将一质量为 M 的负载挂在梁的中心，梁发生弯曲，即自由端 AB 上升，而中心 O 点下降，当中心下降的距离 ΔZ 远小于 d 时，则该材料的杨氏模量 E 可以表示为

$$E = \frac{d^3 Mg}{4a^3 b\Delta Z} \qquad (4\text{-}1\text{-}4)$$

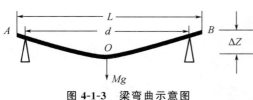

图 4-1-3　梁弯曲示意图

式中，d 为两刀口之间的距离；M 为所加砝码的质量；a 为梁的厚度；b 为梁的宽度；ΔZ（又叫挠度）为梁中心由于外力作用而下降的距离；g 为重力加速度。

为了方便推导公式，建立如图 4-1-4 所示

坐标系。在横梁发生微小弯曲时，梁中存在一个中性面，面上部分发生压缩，面下部分发生拉伸；从整体来看横梁发生了长度的变化。虚线表示弯曲梁的中性面，易知其既不拉伸也不压缩，取弯曲梁长为 dx 的一小段，设其曲率半径为 $R(x)$，所以对应的张角为 $d\theta$，再取中性面上部距为 y 厚为 dy 的一层面为研究对象，那么，梁弯曲后其长变为 $[R(x)-y]d\theta$，则变化量为 $[R(x)-y]d\theta-dx$，因为 $d\theta=\dfrac{dx}{R(x)}$，有 $(R(x)-y)d\theta-dx=-\dfrac{y}{R(x)}dx$。

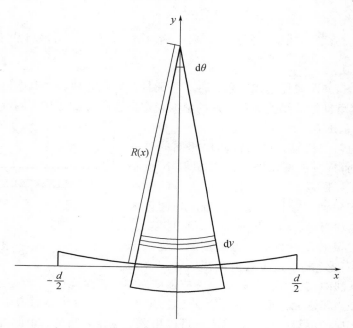

图 4-1-4　弯曲梁受力分析图

应变为 $\varepsilon=-\dfrac{y}{R(x)}$，根据胡克定律有 $\dfrac{dF}{dS}=-E\dfrac{y}{R(x)}$，由于 $dS=b\cdot dy$，所以 $dF(x)=-\dfrac{E\cdot b\cdot y}{R(x)}dy$，对中性面的转矩为 $d\mu(x)=|dF|\cdot y=\dfrac{E\cdot b}{R(x)}y^2\cdot dy$，积分得到

$$\mu(x)=\int_{\frac{a}{2}}^{\frac{a}{2}}\frac{E\cdot b}{R(x)}y^2\cdot dy=\frac{E\cdot b\cdot a^3}{12\cdot R(x)} \tag{4-1-5}$$

对梁上各点，有 $\dfrac{1}{R(x)}=\dfrac{y^n(x)}{[1+y'(x)^2]^{\frac{3}{2}}}$，因梁的弯曲微小 $y'(x)=0$，所以有

$$R(x)=\frac{1}{y''(x)} \tag{4-1-6}$$

梁平衡时，梁在 x 处的转矩应与梁右端支撑力 $\dfrac{Mg}{2}$ 对 x 处的力矩平衡，所以

$$\mu(x)=\frac{Mg}{2}\left(\frac{d}{2}-x\right) \tag{4-1-7}$$

根据式（4-1-5）～式（4-1-7）可以得到 $y''(x)=\dfrac{6Mg}{E\cdot b\cdot a^3}\left(\dfrac{d}{2}-x\right)$，根据所讨论问题的性质有边界条件 $y(0)=0$；$y'(0)=0$，解上面的微分方程得 $y(x)=\dfrac{3Mg}{E\cdot b\cdot a^3}\left(\dfrac{d}{2}x^2-\dfrac{1}{3}x^3\right)$。

将 $x = \dfrac{d}{2}$ 代入上式，得右端点的 $y = \dfrac{Mg \cdot d^3}{4E \cdot b \cdot a^3}$，因为 $y = \Delta Z$；所以杨氏模量为

$$E = \frac{d^3 \cdot Mg}{4a^3 \cdot b \cdot \Delta Z}。$$

【实验仪器】

如图 4-1-5 所示，霍尔位置传感器（包括底座固定箱、读数显微镜、磁铁两块、霍尔位置传感器输出信号仪等）；游标卡尺；螺旋测微器；待测黄铜样品；待测铸铁样品。

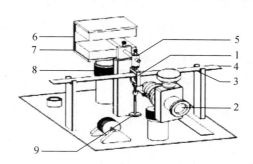

图 4-1-5 霍尔位移传感器测杨氏模量实验装置

1—铜刀口上的基线；2—测微目镜；3—刀口；4—横梁；5—铜杠杆（顶端装有 SS495A 型集成霍尔传感器）；
6—磁铁盒；7—磁铁（同级相对放置）；8—三维调节架；9—砝码盘

【实验任务和方法】

1. 实验任务

（1）测量黄铜薄板的杨氏模量和霍尔位置传感器的定标。

（2）用霍尔位置传感器测量铸铁薄板的杨氏模量。

2. 实验方法

（1）测量黄铜样品的杨氏模量和霍尔位置传感器的定标。

① 调节工作台面水平，通过调节工作台底座螺丝，用水准仪衡量工作台面是否水平。

② 调节铜杠杆上的调节螺丝，使集成霍尔位移传感器的霍尔片处于磁铁中间位置。

③ 松开固定螺丝，上下调节磁铁高度，使毫电压表读数值接近零，停止调节，固定螺丝。

④ 调节测微目镜，使分划板上的十字叉丝和刻度线清晰。

⑤ 调节铜刀口的位置，使铜刀口上的基线水平；调节测微目镜到铜刀口之间的距离使能清晰看到铜刀口上的基线的像；转动测微目镜使十字叉丝的水平线与铜刀口上的基线水平。

⑥ 逐次增加砝码 M（每次增加 10.00 g 砝码），相应从测微目镜读出铜刀口上基线的位置 Z_{i+} 和数字电压表读数 U_{i+}，将数据记入表 4-1-1。逐次减少砝码（每次减少 10.00 g 砝码），相应地从测微目镜读出铜刀口上基线的位置 Z_{i-} 和数字电压表读数 U_{i-}。

⑦ 测量梁两刀口间的长度 d、梁宽 b 和梁厚 a，记录游标卡尺和螺旋测微器零点误差，将测量结果记入表 4-1-2 中。

⑧ 按照式（4-1-4）用逐差法计算，求得黄铜样品的杨氏模量；并求出霍尔位置传感器的灵敏度，并把黄铜的杨氏模量测量值与标准值进行比较。

表 4-1-1　霍尔位置传感器静态特性测量

次数 i 项目	1	2	3	4	5	6	7	8
M_i/g	10.00	20.00	30.00	40.00	50.00	60.00	70.00	80.00
Z_{i+}/mm								
Z_{i-}/mm								
$\overline{Z}/\text{mm}$								
U_{i+}/mV								
U_{i-}/mV								
$\overline{U}/\text{mV}$								

表 4-1-2　黄铜样品梁的几何尺寸数据记录表　　　　已知：$d=23.00\text{ cm}$

待测量次数 i	1	2	3	平均值	零点 修正值	测量值 （平均值±零点修正值）
梁厚 a_i/mm						
梁宽 b_i/mm						

（2）用霍尔位置传感器测量铸铁的杨氏模量

① 更换铸铁样品，增加砝码 20.00 g，读出数字电压表的示数 U_1；增加砝码 60.00 g，读出数字电压表的示数 U_2，数据记录到表 4-1-3 中。

② 测量铸铁梁两刀口间的长度 d、梁宽 b 和梁厚 a，将测量结果记入表 4-1-4 中。

表 4-1-3　测量铸铁的杨氏模量数据记录表

项目	1	2	差值
砝码质量 M/g	20.00	60.00	40.00
电压表读数 U_i/mV			

表 4-1-4　铸铁梁的几何尺寸数据记录表　　　　已知：$d=23.00\text{ cm}$

待测量 次数	1	2	3	平均值	零点 修正值	测量值 （平均值±零点修正值）
梁厚 a_i/mm						
梁宽 b_i/mm						

【数据处理】

1. 测量黄铜样品的杨氏模量和霍尔位置传感器的定标

用逐差法对表 4-1-1 的数据进行处理，分别算出样品在 $M=40.00$ g 的作用下产生的位移量和霍尔电压变化量。

（1）位移量：

$$\Delta\overline{Z}=\frac{1}{4}[(\overline{Z}_8-\overline{Z}_4)+(\overline{Z}_7-\overline{Z}_3)+(\overline{Z}_6-\overline{Z}_2)+(\overline{Z}_5-\overline{Z}_1)]=\underline{\qquad}$$

（2）霍尔电压变化量：

$$\Delta\overline{U}=\frac{1}{4}[(\overline{U}_8-\overline{U}_4)+(\overline{U}_7-\overline{U}_3)+(\overline{U}_6-\overline{U}_2)+(\overline{U}_5-\overline{U}_1)]=\underline{\qquad}$$

（3）计算霍尔位置传感器的灵敏度 $k = \dfrac{\Delta \overline{U}}{\Delta \overline{Z}} =$ _____。

（4）将位移量（即挠度）$\Delta \overline{Z}$、梁宽 b 和梁厚 a 的测量值（平均值修正后）代入杨氏模量的计算式 $E_{黄铜} = \dfrac{d^3 Mg}{4a^3 b \Delta \overline{Z}} =$ _____。

（5）已知黄铜的杨氏模量的标准值 $E_0 = 10.55 \times 10^{10}$ N/m^2。计算出黄铜的杨氏模量测量值的百分误差 $\dfrac{|E_0 - E_{黄铜}|}{E_0} \times 100\% =$ _____。

2. 用霍尔位置传感器测量铸铁的杨氏模量

（1）铸铁在受到 40.00 g 的砝码的作用下，霍尔电势差的变化量 $\Delta U = U_2 - U_1 =$ _____。

（2）根据霍尔传感器灵敏度 K 的公式可得铸铁在受到 40.00 g 砝码的作用下位移量（即挠度）$\Delta Z = \dfrac{\Delta U}{K} =$ _____。

（3）将铸铁梁中心的位移量 ΔZ、梁的厚度 a 和宽度 b 的测量值（平均值修正后）代入杨氏模量公式 $E_{铸铁} = \dfrac{d^3 Mg}{4a^3 b \Delta Z} =$ _____。

（4）铸铁的杨氏模量的标准值为 $E_0 = 18.15 \times 10^{10}$ N/m^2。则可算出铸铁的杨氏模量测量值的百分误差 $\dfrac{|E_0 - E_{铸铁}|}{E_0} \times 100\% =$ _____。

【思考题】

（1）弯曲法测杨氏模量实验，实验中误差来源有哪些？如何克服？

（2）霍尔位置传感器定标前，如何将霍尔位置传感器调整到零输出位置？

（3）本实验中，磁铁盒的中心磁感应强度为零，利用逐差法处理本实验数据时，调节中是否一定得使霍尔传感器处于该中心方可进行测量？

（4）加减砝码时，如何避免砝码架的晃动带来的实验误差？

（5）霍尔位置传感器的灵敏度是如何定义的？简述其意义。

【注意事项】

（1）梁的厚度必须测准确。用千分尺待测样品厚度必须不同位置多点测量取平均值。测量黄铜样品时，因黄铜比钢软，旋紧千分尺时，用力适度，不宜过猛。在用千分尺测量黄铜厚度 a 时，将千分尺旋转时，当将要与金属接触时，必须用微调轮。当听到"嗒嗒嗒"三声时，停止旋转。有个别学生实验误差较大，其原因是不熟悉千分尺的使用，将黄铜梁厚度测得偏小。

（2）测微目镜的准线对准铜刀口挂件上的基线时（注意要区别是黄铜梁的边沿，还是基线）。用测微目镜测量砝码的刀口架基线位置时，刀口架不能晃动。

（3）霍尔位置传感器定标前，应先将霍尔位置传感器调整到零输出位置，这时可调节永磁铁盒下的升降杆上的旋钮，达到零输出的目的，另外应使霍尔位置传感器的探头处于两块磁铁的正中间（磁铁上有十字标线）稍偏下的位置，这样测量数据更可靠一些。

（4）加砝码时，应该轻拿轻放，尽量减小中间的砝码架的晃动，这样可以使电压值在较短的时间内达到稳定值，节省了实验时间。

　　（5）实验开始前，必须检查横梁是否有弯曲，如有应矫正。

【创新设计】

　　由于仪器设计是将铜刀口架在待测横梁上，而实验过程中很难将铜刀口刚好放在待测横梁的正中心线上，而且由于受力不均匀，并不能保证铜刀口完全的垂直放置，这导致铜刀口与横梁相接时，很容易出现一端在中心线的左侧，而另一端则在中心线右侧的现象，从而用测微目镜观察时，观察到铜框上的标志刻度线与测微目镜中的水平参考基线不平行，如图 4-1-6 （a）所示。而且很难保证刚好使铜框处于视场的中心处，使标志刻度线关于竖直参考基线不对称，如图 4-1-6 （b）所示。而利用霍尔元件检测时，也会使得霍尔元件在磁场中的位移量不能与霍尔电势成一一对应关系。如何设计实验仪器以改进以上所述问题，使测微目镜中观察到的图像如图 4-1-6 （c）所示？

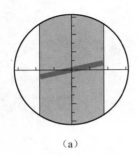 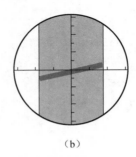 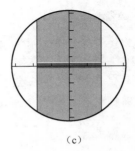

　　（a）　　　　　　　　　（b）　　　　　　　　　（c）

图 4-1-6　测微目镜分划板

实验二　用双臂电桥测量低电阻

　　电阻按其阻值大小通常分为三类：小于 1 Ω 的称为低电阻，1 Ω～100 kΩ 之间的称为中电阻，大于 100 kΩ 的称为高电阻。不同阻值的电阻，其测量方法有所不同。

　　测量金属材料的电阻率、测量低阻值线圈的电阻、测量电机和变压器绕组的电阻、测量分流器的电阻等，都需要低电阻的测量技术。因此学习低电阻的测量方法具有重要的实际意义。

【实验目的】

　　（1）学会测量低电阻的接线——四端点接线法。
　　（2）学习双臂电桥的结构和原理。
　　（3）掌握用双臂电桥测量低电阻的阻值方法。

【实验原理】

　　测量低电阻的主要困难在于，当把低电阻接入测量电路时，导线本身就存在着电阻，称为接线电阻，接头处实际上是点接触，也存在电阻，称为接触电阻，二者的总和称为附加电阻，阻值约为 10^{-2}～10^{-5} Ω 数量级。对于中、高电阻的测量，附加电阻可以忽略不计，但对于低电阻的测量，附加电阻的影响却很显著，不可忽略，必须采取特殊的测量方法。

1. 测量低电阻的接线——四端点接线法

图 4-2-1 是伏安法测电阻的电路图。图 4-2-1（a）采用的是常用的两端点接线法。图 4-2-1（b）是图 4-2-1（a）的等效电路。r_1、r_2、r_3、r_4 为附加电阻。由于电压表的内阻远大于附加电阻，所以 r_3、r_4 对测量结果的影响可以忽略不计，而 r_1、r_2 的阻值与待测低电阻的阻值数量级相近，所以它们对测量结果的影响不可忽略不计。采用常用的两端接线法实际测量值应为 $R_x + r_1 + r_2$。待测电阻 R_x 越小，r_1、r_2 对测量值的影响就越大。

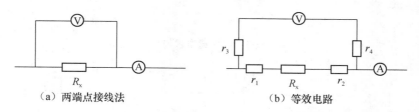

（a）两端点接线法　　　　　　　　（b）等效电路

图 4-2-1 伏安法测电阻（两端点接线）电路图

为消除附加电阻对测量结果的影响，应采取如图 4-2-2（a）所示的四端点接线法。C_1、C_2 称为电流端，电流由这两端点引入和引出；P_1、P_2 称为电压端，用来测量电压值。由图 4-2-2（a）的等效电路 4-2-2（b）看出，采用如图 4-2-2（a）所示的四端点接线法测量低电阻，测量结果已经不包含附加电阻 r_1 和 r_2 了。

注意：四端点接线法从电压表上读出的是 P_1、P_2 两点间的电压值。

用四端点接线法接线的伏安法测电阻，所得到的结果还是比较准确的，但是由于电压表的分流作用和电表准确度等级等因素的影响，测量精度会受到很大限制。于是人们想到了电桥法。

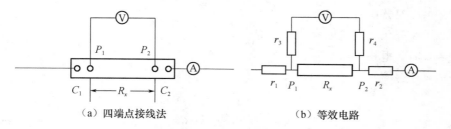

（a）四端点接线法　　　　　　　　（b）等效电路

图 4-2-2 伏安法测电阻（四端点接线）电路图

2. 开尔文双臂电桥原理

（1）惠斯通电桥

图 4-2-3（a）为惠斯通电桥电路图，电桥平衡条件为：

$$R_x R_2 = R_N R \tag{4-2-1}$$

为了使附加电阻可以忽略，R_2、R_N、R 的阻值应尽可能大些。但是由于 R_x 是低电阻，为了使电桥能达到平衡状态，R 和 R_N 二者必须有一个用低电阻。从提高灵敏度方面考虑，R_N 应该用低电阻。并且低电阻 R_N 和 R_x 均应采用四端点接线法，如图 4-2-3 所示。

考虑到电桥测量电阻用的是电位比较法。为了消除附加电阻的影响，使 A 点有稳定的电位，不能把 A_1、A、A_2 直接地接在一起。而应在 A_1 和 A 之间、A 和 A_2 之间分别接入阻值较大的电阻 R_1 和 R'，以保证 A 点具有稳定的电位，如图 4-2-4 所示。这种电桥称为开尔文双臂电桥。

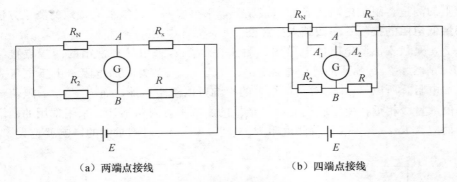

（a）两端点接线   （b）四端点接线

图 4-2-3   惠斯通电桥电路图

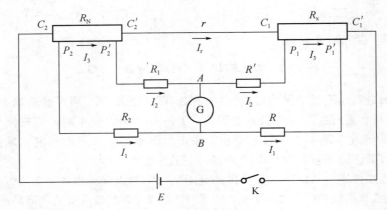

图 4-2-4   开尔文双臂电桥电路图

（2）开尔文双臂电桥

图 4-2-4 为开尔文双臂电桥的电路图。

当 $I_g=0$ 时，电桥平衡。有：

$$U_{BP_1'} = U_{AP_1'}, \quad U_{BP_2'} = U_{AP_2'} \tag{4-2-2}$$

则

$$\left.\begin{array}{l} I_1 R_2 = I_2 R_1 + I_3 R_N \\ I_1 R = I_2 R' + I_2 R_x \\ I_r r = I_2 (R_1 + R') \\ I_r = I_3 - I_2 \end{array}\right\} \tag{4-2-3}$$

将式（4-2-3）中的四个式子联立解得双臂电桥的平衡条件：

$$R_x = \frac{R}{R_2} R_N + \frac{R_1 r}{R_1 + R' + r}\left(\frac{R}{R_2} - \frac{R'}{R_1}\right) \tag{4-2-4}$$

实际上，不能直接用式（4-2-4）来计算待测电阻，原因是图 4-2-4 中的低电阻 r 是未知的。开尔文双臂电桥在设计时满足如下附加条件：

$$R_1 = R_2, \quad R = R' \tag{4-2-5}$$

且 r 采用阻值很小的粗铜导线，此时式（4-2-4）第二项等于零。

因此双臂电桥的平衡条件可写成：

$$R_x = \frac{R_N}{R_2} R \tag{4-2-6}$$

式中，R_N 为标准低电阻，阻值的大小可以从铭牌上查到；$\dfrac{R_N}{R_2}$ 为桥率，可根据待测电阻的阻值大小选择适当的桥率；R 为比较臂。测量时调节其大小直至检流计指零，电桥达到平衡状态。

（3）测量电阻率

用长度测量仪器（直尺、千分尺）分别测出待测样品的长 L 和直径 D，可以得到待测样品的电阻率：

$$\rho = \frac{S}{L}R_x = \frac{\pi D^2}{4L}R_x \qquad (4\text{-}2\text{-}7)$$

【实验仪器】

QJ19A 型单双臂两用电桥、电流表、检流计、滑动变阻器、换向开关、标准低电阻、四端点接线测试板、导线、待测样品。

【实验任务和方法】

（1）按图 4-2-5 连线。

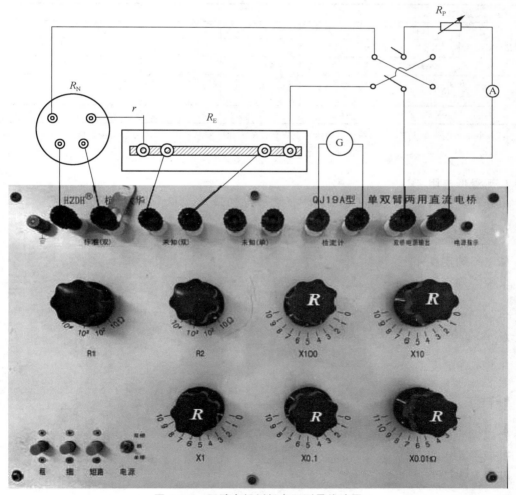

图 4-2-5　双臂电桥侧低电阻测量线路图

（2）按要求选择 R_1、R_2 值；按要求预置 R 值。完成以上步骤，经指导教师检查无误后开始测量。

（3）调节滑动变阻器 R_P，使电流表示数为 0.4 A。

（4）先点接检流计电计粗按键（在电桥面板的左下角），使用逐次逼近法，从最高倍率依次调节比较臂 R，使检流计指零；再点接检流计电计细按键（在电桥面板的左下角），依次调节比较臂 R 的次小倍率和最小倍率转盘，直至检流计指零；此时电桥达到平衡状态。

（5）读出 R 值，将数据记录到表 4-2-1 中。

注意：检流计的电计按键开始时要点接，并要先粗调，后细调。当指针没有超量程时，可以稍长时间接触。

（6）重复测量 5 次，取平均值。计算待测低电阻值。估算不确定度。

（7）分别用千分尺和直尺测量样品的直径 D 和长 L（数据记录到表 4-2-2 中），计算电阻率 ρ。

【数据处理】

表 4-2-1　测量低电阻数据记录表

测量次数 i		1	2	3	4	5
R_{xi}/Ω	反向					
	正向					
	平均值					
$R_x = \dfrac{R_N}{R_2} R/\Omega$						
$R_1 = R_2 = $ _____ ，$R_N = $ _____ ，$\Delta R = 0.01\ \Omega$。$a = $ _____ ，$b = $ _____ 。						

注：表中 a 为准确度等级，可以在仪器的铭牌上查到；R 为比较臂总电阻；ΔR 为最小步进值；b 为与 a 有关的系数。当 $a \leqslant 0.02$ 时，$b = 0.3$，当 $a \geqslant 0.05$ 时，$b = 0.2$。

1. 测量低电阻

（1）计算待测低电阻：

$$\overline{R_x} = \frac{1}{5}\,(R_{x1} + R_{x2} + R_{x3} + R_{x4} + R_{x5}) = \underline{\qquad}$$

（2）不确定度评定：

A 类不确定度：

$$u_A = t_5(0.683)\sqrt{\frac{\displaystyle\sum_{i=1}^{5}(R_{xi} - \overline{R_x})^2}{5 \times (5-1)}} = \underline{\qquad}$$

B 类不确定度：

$$u_B = \frac{\Delta_{仪}}{\sqrt{3}} = \frac{1}{\sqrt{3}}\left[\frac{R_N}{R_2}\,(a\%R + b\Delta R)\right] = \underline{\qquad}$$

合成标准不确定度为 $u_{RN} = \sqrt{u_A^2 + u_B^2} = \underline{\qquad}$

扩展不确定度为 $U_{RN} = 2 \times u_{RN} = \underline{\qquad}$

（3）测量结果：

$$R = \overline{R}_x \pm U_{RN} = \underline{\qquad}，\quad k = 2。$$

2. 测量电阻率

表 4-2-2 测量样品直径及长度数据记录表

测量次数	1	2	3	平均值
直径 D/mm				
长度 L/mm				

计算电阻率：$\rho = \dfrac{S}{L}R_x = \dfrac{\pi D^2 R_x}{4L} =$ _____

【注意事项】

（1）本实验仪器为单双臂两用直流电桥，要注意在连接电路时，将标准（双）接线柱的连接片断开，并在进行本实验时将电源开关扳至双桥挡。

（2）连接电路注意紧密性，不要虚接影响实验结果。

（3）使用检流计前要注意调零。

（4）为了保护检流计，使用时应选择合适的挡位，不要使指针超过量程，使用后要将检流计恢复到表头保护状态，并关闭检流计电源。

【思考题】

（1）实验中得到的低电阻的测量结果是图 4-2-5 中哪段的电阻值？

（2）用双臂电桥侧低电阻时，如果接线正确，导线良好且无虚接现象，但总找不到平衡点，试分析原因。

【创新设计】

自制双臂电桥（开尔文电桥）测铝箔的电阻。以现有材料为基础，自行设计电路原理图，并进行实验测量，计算铝的电阻率并与理论值比较。

实验三 电子示波器的调节和应用

电子示波器是用来显示被测电压波形的电子测量仪器，它可用于观测和测量随时间变化的电压波形，凡是能转化为电压的电学量（电流、功率、阻抗）和非电量（如温度、位移、速度、压力、光强、磁场等）都可以用示波器进行测量。在工业上常用示波器探伤和检验产品质量，医学上用示波器诊断病灶。至于无线电制造工业和电子测量技术等领域，示波器更是不可缺少的测试仪器。

【实验目的】

（1）了解示波器的结构与原理，熟悉示波器的使用方法。

（2）学习用示波器观察电信号波形，并测量电压、周期及频率值。

（3）观察李萨如图形，掌握用李萨如图形测量正弦波信号频率的方法。

【实验原理】

1. 模拟式示波器的基本结构

示波器的型号和规格有很多，基本结构一般由示波管、（垂直）Y 轴放大器、（水平）X

轴放大器，扫描锯齿波信号发生器及电源等部分组成，如图 4-3-1 所示。

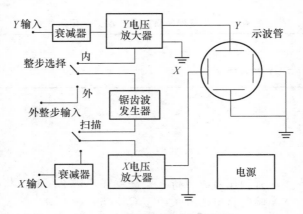

图 4-3-1　模拟示波器结构框图

（1）示波管　示波管可以将电信号转换成光信号。

（2）扫描同步电路　如图 4-3-2 所示，在垂直（Y 轴）方向上加一个正弦电压，同时在水平（X 轴）方向上加一个锯齿波电压，电子的运动由两个相互垂直的运动合成。在两个方向偏转电压共同作用下，在荧光屏上，光点留下的径迹是与正弦波完全相似的波形。这种通过水平电压，将垂直电压展开为随时间变化的作用称为扫描。

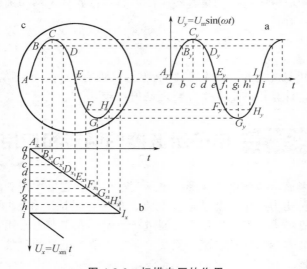

图 4-3-2　扫描电压的作用

当锯齿波电压的周期 T_x 和正弦波电压的周期 T_y 成整数倍，且在时间或相位上有稳定的关系时，就可在荧光屏上显示完整、稳定的波形。

$$T_x = nT_y \tag{4-3-1}$$

如若不然，当扫描电压周期 T_x 略高于待测电压周期 T_y（或 nT_y）时，观察到的波形将是逐渐向右移动的图形；反之，当扫描电压周期 T_x 略低于待测电压周期 T_y（或 nT_y）时，观察到的波形将是逐渐向左移动的图形；若二者相差较大，则波形将混乱到难以分辨。

实际上，待测电压的周期与扫描电压的周期都不太稳定，很难随时保持倍数关系，示波器中有一个同步电路,它能使扫描电压的周期准确地等于待测电压的周期。如果同步电路的信号来自垂直放大电路,当有微小变化时,它将跟踪其变化,保证波形的完整稳定,这称为"内同步"。如果同步电路的信号来自外部电路,则称为"外同步"。如果同步电路的信号来自电源,则称为"电源同步"。

(3)放大电路 为了使波形在荧光屏上有适当大的大小,当待测电压较小时,需要经过放大后再加到偏转板上;当所加的电压较大时,需要经过分压后再送入放大电路,这个作用是由 Y 轴放大、衰减电路来完成的,对于 X 轴的电压,也有相应的放大电路。

(4)电源电路 电源电路给上述三种电路提供各种电压。

2. 数字式示波器的基本原理

如图 4-3-3 所示,数字式示波器首先对模拟信号进行高速采样,并将相应的数字信号存储,用数字信号处理技术对数字信号进行处理及运算后,可得到所需要的参数,处理后的信号经过转换变为模拟信号加到显示器的 Y 偏转板上。同时,通过 CPU 可产生一个扫描电压,并将它加到显示器的 X 偏转板上,从而可在显示屏上得到所需的波形和各种参数。

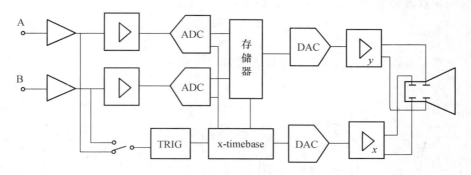

图 4-3-3 数字式示波器原理框图

3. 电压峰-峰值及周期(频率)的手动测量

如图 4-3-4 所示,在屏幕上显示的是一个正弦波。

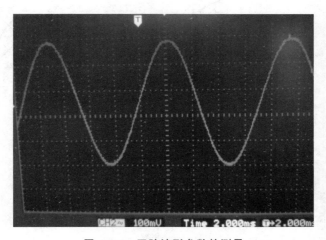

图 4-3-4 正弦波形参数的测量

从液晶显示区的左下方可以看到 CH2 通道的信号,在竖直方向(Y 方向),每格的电压为 100 mV,在水平方向(X 方向),每格的时间为 2.000 ms。从下端的峰到上端的峰间距

为 4.8 格，则可以算出电压峰峰值为

$$V_{pp} = 100 \times 4.8 = 480 \text{ mV} \tag{4-3-2}$$

水平方向两个峰值的间距为 4.7 格，则周期为

$$T = 2.00 \times 4.7 = 9.40 \text{ ms} \tag{4-3-3}$$

进一步，可以算出电压频率为

$$f = \frac{1}{T} = 106.4 \text{ Hz} \tag{4-3-4}$$

对于数字式示波器，可以利用自动测量方式更为方便地测出电压参数。

4. 利用李萨如图形测电压信号的频率

如果在示波器的 Y 轴和 X 轴上输入的都是正弦波电压，则荧光屏上光点的运动轨迹将是两个相互垂直的正弦振动合成的结果。进一步看，如果两个正弦振动的频率成简单的整数比，则合成的结果将是一条稳定的闭合曲线，称为李萨如图形，图 4-3-5 是常见的几种李萨如图形。对于一个稳定的李萨如图形，在其边缘上分别作一条水平切线和一条垂直切线，并将所对应的切点数分别称为 N_x 和 N_y，则有：

$$\frac{f_y}{f_x} = \frac{N_x}{N_y} \tag{4-3-5}$$

通过示波器可以观察出切点数，所以若已知一个频率，利用式（4-3-5）可以测出另一个频率。

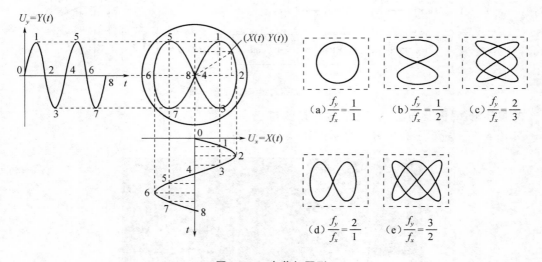

图 4-3-5   李萨如图形

【实验仪器】

1. 数字式示波器（DS1072U）

如图 4-3-6 所示为数字式示波器（DS1072U）面板图。

液晶显示区：显示电压波形、菜单及各种参数。

菜单显示区：打开菜单显示在液晶显示区的右侧。

菜单操作键：打开菜单后用它们来操作菜单。

消屏菜单键：用此键可以关闭菜单。

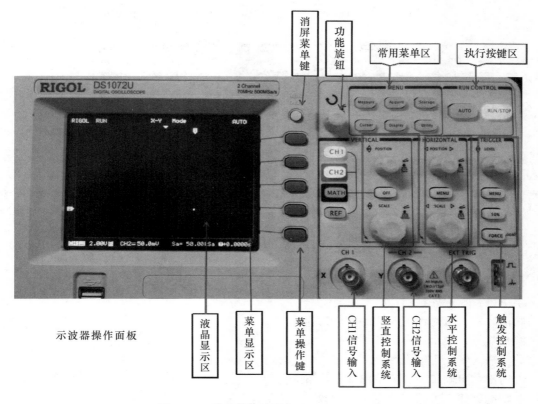

图 4-3-6　数字式示波器（DS1072U）面板图

功能旋钮：用它可以实现一部分功能调节。

常用菜单区（MENU）：可以对波形做各种测量和操作，其中测量键（Measure）可以自动测量电压波形的各种参数。

执行按键区（RUN CONTROL）：执行按键（AUTO）可以自动配置各种参数，显示电压波形；运行/暂停键（RUN/STOP）可在运行、暂停交替转换。

竖直控制系统（VERTICAL）：控制波形竖直方向的位置（POSITION）和波形的竖直方向的大小（SCALE）。

水平控制系统（HORIZONTAL）：控制波形水平方向的位置（POSITION）和波形的水平方向的大小（SCALE），还可以用菜单（MENU）对水平方向的信号做进一步的操作。

触发控制系统（TRIGGER）：对所加的扫描电压做进一步的操作。可利用菜单（MENU）手动选择触发源。

CH1 按键：可对 X 输入信号做进一步的操作。

CH2 按键：可对 Y 输入信号做进一步的操作。

2. UTG6005B 信号发生器

如图 4-3-7 所示为 UTG006005B 信号发生器面板图。

电源按键：开关仪器。

波形显示：显示输出波形。

菜单操作键：可选择菜单对应的选项。

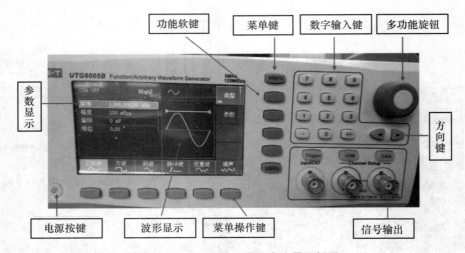

图 4-3-7   UTG6005B 信号发生器面板图

信号输出：输出信号接口。

菜单键：显示各种功能。

功能软键：可对出现对应的功能操作。

参数显示：显示波形的各种参数。

数字输入键：可输入数字。

方向键：可确定所要调节的数字位置。

多功能旋钮：可调节选定位置的数字。

3. SFG-2107 DDS 数字合成信号发生器

该信号发生器为示波器提供一个待测信号。

【实验任务与方法】

1. 观察常见的几种波形并测量波形的电压、频率和周期

(1) 将信号发生器（SFG-2107 DDS）的输出端接入示波器的 CH2 通道。

(2) 打开示波器和函数信号发生器的电源开关，信号发生器的波形先调到正弦波形。

(3) 按下示波器 "AUTO" 按键，可以观察到示波器显示的正弦波形。

(4) 按下示波器菜单上的测量键 "Measure"，在显示区出现的菜单中，选择 "信号源" 为 "CH2"，再选择 "全部测量"，在出现的表格中选择需要的参数填入表格 4-3-1 中。

表 4-3-1   测量电压信号参数

参数	最大值 V_{max}/mV	最小值 V_{min}/mV	峰峰值 V_{pp}/mV	平均值 V_{avg}/mV	有效值 V_{rms}/mV	周期 T/ms	频率/Hz	
							测量值	标准值

2. 用李萨如图形测量待测信号的频率

(1) 将待测正弦信号，从数字合成信号源（SFG-2107 DDS）的输出端接入到示波器的 "CH2" 通道；将信号发生器（UTG6005B）输出信号接入示波器的 "CH1" 通道，作为可调的正弦信号。

（2）选定一个图形，由示波器直接读出的信号频率，估算频率 f_x，并在信号发生器（UTG6005B）上调到该频率上的一个位置。

（3）在示波器的水平菜单中改变"时基信号"为"X-Y"模式，此时会观察到要调试的李萨茹图形的雏形；继续微调频率直到图形稳定，将调好的频率填入表 4-3-2 中。

表 4-3-2 利用李萨如图形测量电压信号的频率

$N_y : N_x$	1 : 1	1 : 2	3 : 1	2 : 3	3 : 2
图形					
f_x/Hz					
f_y/Hz					
Δf_x/Hz					
Δf_y/Hz					

【数据处理】

（1）求 f 平均值：$\bar{f}_y = \sum f_{yi}/n$

（2）求测量值的 A 类不确定度：$u_A(f_y) = t_n(0.683) \cdot \sqrt{\dfrac{\sum(f_{yi} - \bar{f}_y)^2}{n \times (n-1)}}$

（3）求测量值的 B 类不确定度：$u_B(f_y) = \dfrac{\Delta_仪}{\sqrt{3}}$

（4）求总不确定度：$U(f_y) = 2\sqrt{u_A(f_y)^2 + u_B(f_y)^2}$

结果表达式：$f_y = \bar{f}_y \pm U(f_y), k = 2$

【思考题】

（1）模拟式示波器由哪几部分构成？

（2）2 V 峰峰值的正弦波，它的有效值是多少？

（3）用示波器观察周期为 0.2 ms 的电压信号，若在荧光屏上看到 2 个周期的稳定波形，扫描周期应该为多少？

（4）用示波器观察频率为 200 Hz 的电压信号，若在荧光屏上显示 3 个周期的稳定波形，扫描周期为多少？

（5）数字式示波器如何改为"X-Y"模式？

【创新设计】

当一电源 E 通过一电阻对电容 C 充电时，电容 C 上的电压变化为 $u_C = E(1 - e^{-\frac{t}{RC}})$，$t = 0$ 时，$u_C = 0$；$t = \infty$ 时，$u_C = E$。开始时，C 上电压为 0，充电时间很长后，C 上电压为电源电压 E。请用示波器观察一下此充电波形。

操作提示：用函数信号发生器输出的方波 u（峰峰值约为 5 V，$f = 1\,000$ Hz），加在由 RC 组成的电路上（见图 4-3-8）。$R = 10$ kΩ，$C \approx 0.01$ μF。用示波器同时观察 u 及 u_C 的波形。然后缓慢提高方波 u 的频率，观看 u_C 的波形变化及幅度变化情况，记录变化规律及其变化前后的频率、电阻及电容等参数，并分析其原因。

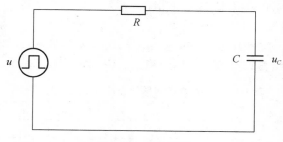

图 4-3-8　*RC* 电路

实验四　光敏传感器的光电特性测量实验

光敏传感器是利用光敏元件将光信号转换为电信号的传感器，也称为光电式传感器，它的敏感波长在可见光波长附近，包括红外线波长和紫外线波长。它可以用于检测直接引起光强度变化的非电量，如光强、光照度、辐射测温、气体成分分析等；也可以用来检测能转换成光量变化的其它非电量，如零件直径、表面粗糙度、位移、速度、加速度及物体形状、工作状态识别等。光敏传感器具有非接触、响应快、性能可靠等特点，因而在工业自动控制、非电量电测技术以及智能机器人中得到广泛应用。最简单的光敏传感器是光敏电阻，当光子冲击接合处就会产生电流。

【实验目的】

（1）了解光敏电阻的基本特性，测出它的伏安特性曲线和光照特性曲线。
（2）了解硅光电池的基本特性，测出它的伏安特性曲线和光照特性曲线。
（3）了解硅光敏二极管的基本特性，测出它的伏安特性和光照特性曲线。
（4）了解硅光敏三极管的基本特性，测出它的伏安特性和光照特性曲线。

【实验原理】

1. 光敏传感器的基本特性

光敏传感器的物理基础是光电效应，在光辐射作用下电子逸出材料的表面，产生光电子发射称为外光电效应，或光电子发射效应，基于这种效应的光电器件有光电管、光电倍增管等。电子并不逸出材料表面的则是内光电效应。光电导效应、光生伏特效应则属于内光电效应。即半导体材料的许多电学特性都因受到光的照射而发生变化。光电效应通常分为外光电效应和内光电效应两大类，几乎大多数光电控制应用的传感器都是此类，通常有光敏电阻、光敏二极管、光敏三极管、硅光电池等。

本实验主要是研究光敏电阻、硅光电池、光敏二极管、光敏三极管四种光敏传感器的基本特性。光敏传感器的基本特性则包括：伏安特性、光照特性等。其中光敏传感器在一定的入射照度下，光敏元件的电流 I 与所加电压 U 之间的关系称为光敏器件的伏安特性。改变照度则可以得到一族伏安特性曲线。它是传感器应用设计时选择电参数的重要依据。光敏传感器的光谱灵敏度与入射光强之间的关系称为光照特性，有时光敏传感器的输出电压或电流与入射光强之间的关系也称为光照特性，它也是光敏传感器应用设计时选择参数的重要依据之一。掌握光敏传感器基本特性的测量方法，为合理应用光敏传感器打好基础。

2. 光敏电阻

由半导体材料制成的光敏电阻，工作原理基于内光电效应，当掺杂的半导体薄膜表面受到光照时，其导电率就发生变化。不同的材料制成的光敏电阻有不同的光谱特性和时间常数。由于存在非线性，因此光敏电阻一般用在控制电路中，不适用作测量元件。目前，光敏电阻应用的极为广泛，可见光波段和大气透过的几个窗口都有适用的光敏电阻。利用光敏电阻制成的光控开关在我们日常生活中随处可见。

当内光电效应发生时，光敏电阻电导率的改变量为：

$$\Delta\sigma = \Delta p \cdot e \cdot \mu_p + \Delta n \cdot e \cdot \mu_n \qquad (4\text{-}4\text{-}1)$$

式中，e 为电荷电量；Δp 为空穴浓度的改变量；Δn 为电子浓度的改变量；μ 表示迁移率。

当两端加上电压 U 后，光电流为：

$$I_{ph} = \frac{A}{d} \cdot \Delta\sigma \cdot U \qquad (4\text{-}4\text{-}2)$$

式中，A 为与电流垂直的表面面积；d 为电极间的间距。在一定的光照度下，$\Delta\sigma$ 为恒定的值，因而光电流和电压成线性关系。测量光敏电阻的电路如图 4-4-1 所示。已知 $R = 1.00$ kΩ，则

$$U_{RP} = U - U_R$$

$$I_{ph} = \frac{U_R}{1.00 \text{ k}\Omega}$$

$$R_P = \frac{U - U_R}{I_{ph}}$$

当光敏电阻上的光照度不变时，光敏电阻的阻值不发生变化，此时光敏电阻的电压和电流的关系称为光敏电阻的伏安特性，如图 4-4-2(a) 所示。不同的光照度可以得到不同的伏安特性，表明电阻值随光照度发生变化。光照度不变的情况下，电压越高，光电流也越大，而且没有饱和现象。当然，与一般电阻一样光敏电阻的工作电压和电流都不能超过规定的最高额定值。

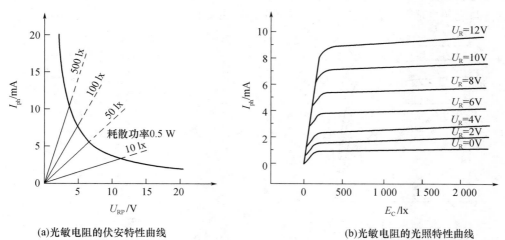

(a) 光敏电阻的伏安特性曲线　　　　　(b) 光敏电阻的光照特性曲线

图 4-4-2　光敏电阻伏安特性、光照特性曲线

当保持电路电源电压不变时，光敏电阻的光电流与光照度之间的关系称为光敏电阻的光照特性，如图 4-4-2（b）所示。不同的光敏电阻的光照特性是不同的，但是在大多数的情况下，曲线的形状都与图 4-4-2（b）的结果类似。由于光敏电阻的光照特性是非线性的，因此不适宜作线性敏感元件，这是光敏电阻的缺点之一。所以在自动控制中光敏电阻常用作开关量的光电传感器。

3. 硅光电池

硅光电池是目前使用最为广泛的光伏探测器之一。它的特点是工作时不需要外加偏压，接收面积小，使用方便。缺点是响应时间长。

图 4-4-3（a）为硅光电池的伏安特性曲线。在一定光照度下，硅光电池的伏安特性呈非线性。

当光照射硅光电池的时候，将产生一个由 N 区流向 P 区的光生电流 I_{ph}；同时由于 PN 结二极管的特性，存在正向二极管管电流 I_D，此电流方向与光生电流方向相反。所以实际获得的电流为：

$$I = I_{ph} - I_D = I_{ph} - I_0 \left[\exp(\frac{eV}{nk_BT}) - 1 \right] \tag{4-4-3}$$

式中，V 为结电压；I_0 为二极管反向饱和电流；n 为理想系数，表示 PN 结的特性，通常在 1 和 2 之间；k_B 为玻尔兹曼常数；T 为热力学温度。短路电流是指负载电阻相对于光电池的内阻来讲是很小时电路中的电流。在一定的光照度下，当光电池被短路时，结电压 V 为 0，从而有：

$$I_{SC} = I_{ph} \tag{4-4-4}$$

负载电阻在 20 Ω 以下时，短路电流与光照度有比较好的线性关系，负载电阻过大，则线性会变坏。

开路电压则是指负载电阻远大于光电池的内阻时硅光电池两端的电压，而当硅光电池的输出端开路时有 $I = 0$，由式（4-4-3）和式（4-4-4）可得开路电压为：

$$V_{OC} = \frac{nk_BT}{q} \ln\left(\frac{I_{SC}}{I_0} + 1 \right) \tag{4-4-5}$$

图 4-4-3（b）为硅光电池的光照特性曲线。开路电压与光照度之间为对数关系，因而具有饱和性。因此，把硅光电池作为敏感元件时，应该把它当作电流源的形式使用，即利用短路电流与光照度成线性的特点，这是硅光电池的主要优点。

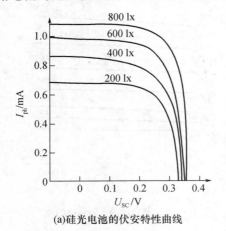

(a)硅光电池的伏安特性曲线

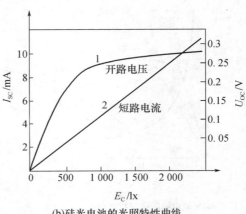

(b)硅光电池的光照特性曲线

图 4-4-3   硅光电池的伏安特性、光照特性曲线

4. 光敏二极管和光敏三极管

光敏二极管的伏安特性相当于向下平移了的普通二极管，光敏三极管的伏安特性和光敏二极管的伏安特性类似，如图 4-4-4（a）和（b）所示。但光敏三极管的光电流比同类型的光敏二极管大几十倍，零偏压时，光敏二极管有光电流输出，而光敏三极管则无光电流输出。因光电三极管的集电结在无反向偏压时没有放大作用，所以此时没有电流输出（或仅有很小的漏电流）。

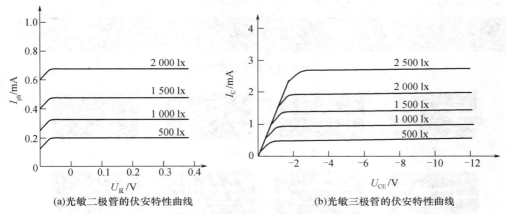

(a)光敏二极管的伏安特性曲线　　　　　　(b)光敏三极管的伏安特性曲线

图 4-4-4　光敏二极管、三极管伏安特性曲线

如图 4-4-5（a）、（b）所示为光敏二极管和光敏三极管的光照特性曲线。光敏二极管的光照特性亦呈良好线性，这是由于它的电流灵敏度一般为常数。而光敏三极管在弱光时灵敏度低些，在强光时则有饱和现象，这是由于电流放大倍数的非线性所致，对弱信号的检测不利。故一般在做线性检测元件时，可选择光敏二极管而不能用光敏三极管。

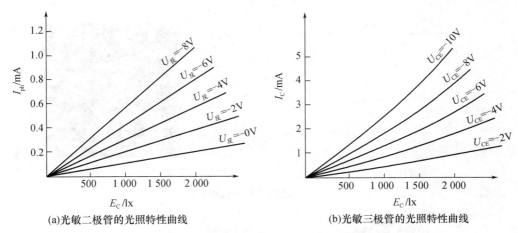

(a)光敏二极管的光照特性曲线　　　　　　(b)光敏三极管的光照特性曲线

图 4-4-5　光敏二极管、三极管光照特性曲线

【实验仪器】

DH6520 光敏电阻特性实验仪由下列部分组成：光敏电阻、光敏二极管、光敏三极管、硅光电池四种光敏元件，测试架、DH－VC3 直流恒压源、九孔板、万用表、电阻元件盒以及转接盒等组成。图 4-4-6 至图 4-4-9 为实验仪器中的相关器件。

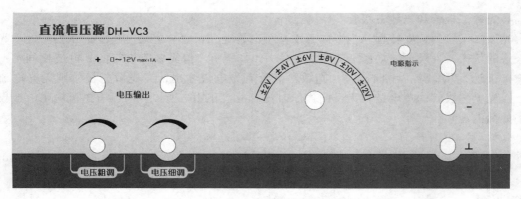

图 4-4-6   DH-VC3 直流恒压源面板图

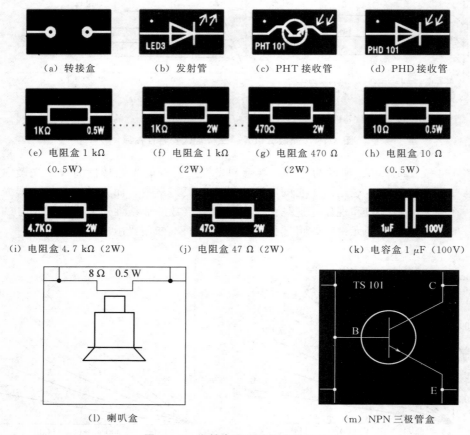

（a）转接盒　　（b）发射管　　（c）PHT 接收管　　（d）PHD 接收管

（e）电阻盒 1 kΩ　（f）电阻盒 1 kΩ　（g）电阻盒 470 Ω　（h）电阻盒 10 Ω
（0.5W）　　　　（2W）　　　　（2W）　　　　（0.5W）

（i）电阻盒 4.7 kΩ（2W）　（j）电阻盒 47 Ω（2W）　（k）电容盒 1 μF（100V）

（l）喇叭盒　　　　　　（m）NPN 三极管盒

图 4-4-7   光敏电阻实验仪中的器件

图 4-4-8   测试架

实验时，测试架中的光源电源插孔以及传感器插孔均通过转接盒与九孔板相连，其它连接都在九孔板中实现。

【实验任务与方法】

实验中对应的光照强度均为相对光强，可以通过改变光源电压或改变光源到光敏电阻之间的距离来调节相对光强。光源电压的调节范围在 0～12 V，光源和传感器之间的距离调节有效范围为 0～200 mm，实际距离为 50～250 mm。

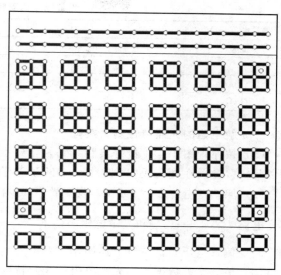

图 4-4-9 九孔板

一、光敏电阻特性实验

1. 光敏电阻伏安特性测试实验

（1）按原理图 4-4-1 接好实验线路，将标准钨丝灯和光敏电阻板置于测试架中，1 kΩ 电阻盒以及转接盒插在九孔板中，电源由 DH-VC3 直流恒压源提供。

（2）通过改变光源电压或调节光源到光敏电阻之间的距离以提供一定的光强，每次在一定的光照条件下，测出偏置电压 U 为 +2 V、+4 V、+6 V、+8 V、+10 V 时，取样电阻 R 两端的电压 U_R，计算光敏电阻上对应的电压 U_{RP}，即可得光电流 $I_{ph} = \dfrac{U_R}{1.00\ \text{kΩ}}$，同时算出此时光敏电阻的阻值 $R_P = \dfrac{U_{RP}}{I_{ph}}$。

改变光强重复上述实验，进行 3～5 组不同光照条件下实验数据的测量。

（3）根据实验数据画出光敏电阻的伏安特性曲线。

（本实验仪中没有提供照度测量计，可改用灯泡电压代替照度的改变；或参考本实验附录提供的照度数据）

表 4-4-1 光敏电阻伏安特性测试数据记录表　　　　　　　　　　照度：lx

偏置电压 U/V	2	4	6	8	10	12
U_{RP}/V						
U_R/V						
I_{ph}/mA						
R_P/Ω						

表 4-4-2 光敏电阻伏安特性测试数据记录表　　　　　　　　　　照度：lx

偏置电压 U/V	2	4	6	8	10	12
U_{RP}/V						
U_R/V						
I_{ph}/mA						
R_P/Ω						

表 4-4-3   光敏电阻伏安特性测试数据记录表   照度：lx

偏置电压 U/V	2	4	6	8	10	12
U_{RP}/V						
U_R/V						
I_{ph}/mA						
R_P/Ω						

2. 光敏电阻的光照特性测试实验

（1）按原理图 4-4-1 接好实验线路，将标准钨丝灯和光敏电阻置测试架中，1 kΩ 电阻盒以及转接盒插在九孔板中，电源由 DH-VC3 直流恒压源提供。

（2）取偏置电压 $U = +4$ V，改变光照强度测出取样电阻 R 上对应的电压 U_R 并计算对应光电流 $I_{ph} = \dfrac{U_R}{1.00 \text{ kΩ}}$ 和光敏电阻阻值 $R_P = \dfrac{U - U_R}{I_{ph}}$。

改变偏置电压 U，重复上述操作。

（3）根据实验数据画出光敏电阻的光照特性曲线。

表 4-4-4   光敏电阻光照特性测试数据记录表   偏置电压 $U = +4$ V

光照度/lx						
U_R/V						
I_{ph}/mA						
R_P/Ω						

表 4-4-5   光敏电阻光照特性测试数据记录表   偏置电压 $U = +8$ V

光照度/lx						
U_R/V						
I_{ph}/mA						
R_P/Ω						

表 4-4-6   光敏电阻光照特性测试数据记录表   偏置电压 $U = +12$ V

光照度/lx						
U_R/V						
I_{ph}/mA						
R_P/Ω						

二、硅光电池的特性实验

1. 硅光电池的伏安特性实验

（1）将硅光电池板置于测试架中，硅光电池的输出通过转接盒连接在九孔板上，电源由 DH-VC3 直流恒压源提供，R_x 接自备电阻箱或多圈电位器，范围 0~10 kΩ 可调，取样电阻 $R = 10.00$ Ω，按图 4-4-10 连接好实验线路，开关指向"2"。

（2）光照强度取一定值（调节光源电压或调节光源到

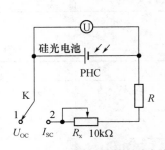

图 4-4-10   硅光电池特性测试电路

光敏电阻之间的距离），改变可调电阻 R_x，用电压表分别测量硅光电池上的光电压 U_{SC} 和取样电阻 R 的电压 U_R，计算出光电流 $I_{ph} = \dfrac{U_R}{10.00 \ \Omega}$。

（3）改变光照强度，重复操作步骤（2）。

（4）根据实验数据画出硅光电池的伏安特性曲线。

表 4-4-7　硅光电池伏安特性测试数据记录表　　　　　　照度：lx

$R_x/k\Omega$	0.1	0.5	1	2	3	4	5	6	7	8
U_{SC}/V										
U_R/V										
I_{ph}/mA										

表 4-4-8　硅光电池伏安特性测试数据记录表　　　　　　照度：lx

$R_x/k\Omega$	0.1	0.5	1	2	3	4	5	6	7	8
U_{SC}/V										
U_R/V										
I_{ph}/mA										

表 4-4-9　硅光电池伏安特性测试数据记录表　　　　　　照度：lx

$R_x/k\Omega$	0.1	0.5	1	2	3	4	5	6	7	8
U_{SC}/V										
U_R/V										
I_{ph}/mA										

2. 硅光电池的光照特性实验

（1）实验线路见图 4-4-10，可调电阻 R_x 调到 0 Ω。

（2）将光源电压调至某一值，即在一定的照度下，开关 K 打向 1 时，测量硅光电池上的电压即为开路电压 U_{OC}；开关 K 打向 2 时测出取样电阻 R（$R = 10.00 \ \Omega$）的电压，即可得短路电流 $I_{SC} = \dfrac{U_R}{10.00 \ \Omega}$（近似测量）。

改变光照强度，重复上述操作。

（3）根据实验数据画出硅光电池的光照特性曲线。

表 4-4-10　硅光电池光照特性测试数据记录表

光照度/lx						
U_{OC}/V						
U_R/V						
I_{SC}/mA						

三、光敏二极管的特性实验

1. 光敏二极管伏安特性实验

（1）按原理图 4-4-11 接好实验线路，将光电二极管板置于测试架中、1 kΩ 电阻盒置于九孔插板中，电源由 DH-VC3 直流恒压源提供，光源电压 0～12 V（可调）。

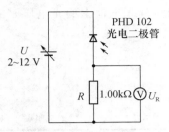

图 4-4-11　光敏二极管特性测试电路

（2）先将可调光源调至相对光强为"弱光"位置，反偏电压 U 由 2 V→12 V，测出光敏二极管上的反偏电压 U_D 和取样电阻 R 的电压 U_R，光电流：$I_{ph} = \dfrac{U_R}{1.00\ \text{k}\Omega}$（1.00 kΩ 为取样电阻 R）。

改变光照强度，重复上述实验。

（3）根据实验数据画出光敏二极管的伏安特性曲线。

表 4-4-11　光敏二极管伏安特性测试数据记录表　　　照度：lx

偏置电压 U/V	2	4	6	8	10	12
U_R/V						
I_{ph}/mA						

表 4-4-12　光敏二极管伏安特性测试数据记录表　　　照度：lx

偏置电压 U/V	2	4	6	8	10	12
U_R/V						
I_{ph}/mA						

表 4-4-13　光敏二极管伏安特性测试数据记录表　　　照度：lx

偏置电压 U/V	2	4	6	8	10	12
U_R/V						
I_{ph}/mA						

2. 光敏二极管的光照特性实验

（1）按原理图 4-4-11 接好实验线路。

（2）反偏压从 $U=0$ 开始到 $U=+12$ V，每次在一定的反偏电压下测出光敏二极管在相对光照度为"弱光"到逐步增强的光电流数据，其中光电流 $I_{ph} = \dfrac{U_R}{1.00\ \text{k}\Omega}$（1.00 kΩ 为取样电阻 R）。

（3）根据实验数据画出光敏二极管的光照特性曲线。

表 4-4-14　光敏二极管光照特性测试数据记录表　　　反偏电压：$U=8$ V

光照度/lx						
U_R/V						
I_{ph}/mA						

表 4-4-15　光敏二极管光照特性测试数据记录表　　　反偏电压：$U=10$ V

光照度/lx						
U_R/V						
I_{ph}/mA						

表 4-4-16　光敏二极管光照特性测试数据记录表　　　反偏电压：$U=12$ V

光照度/lx						
U_R/V						
I_{ph}/mA						

四、光敏三极管特性实验

1. 光敏三极管的伏安特性实验

（1）按原理图 4-4-12 接好实验线路，将光敏三极管板置于测试架中、电阻盒置于九孔插板中，电源由 DH-VC3 直流恒压源提供，光源电压 0～12 V（可调）。

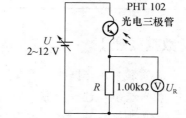

（2）先将可调光源调至相对光强为"弱光"位置，每次在一定光照条件下，测出加在光敏三极管的偏置电压 U 与产生的光电流 I_C 的关系数据。其中光电流 $I_C = \dfrac{U_R}{1.00\ \text{k}\Omega}$（$1.00\ \text{k}\Omega$ 为取样电阻 R）。

图 4-4-12　光敏三极管特性测试实验

（3）根据实验数据画出光敏三极管的一组伏安特性曲线。

表 4-4-17　光敏三极管伏安特性测试数据记录表　　　　　　　　　照度：lx

偏置电压 U/V	2	4	6	8	10	12
U_R/V						
I_{ph}/mA						

表 4-4-18　光敏三极管伏安特性测试数据记录表　　　　　　　　　照度：lx

偏置电压 U/V	2	4	6	8	10	12
U_R/V						
I_{ph}/mA						

表 4-4-19　光敏三极管伏安特性测试数据记录表　　　　　　　　　照度：lx

偏置电压 U/V	2	4	6	8	10	12
U_R/V						
I_{ph}/mA						

2. 光敏三极管的光照特性实验

（1）实验线路如图 4-4-12 所示。

（2）偏置电压 U：从 0 开始到 +12 V，每次在一定的偏置电压下测出光敏三极管在相对光照度为"弱光"到逐步增强的光电流 I_C 的数据，其中光电流 $I_C = \dfrac{U_R}{1.00\ \text{k}\Omega}$（$1.00\ \text{k}\Omega$ 为取样电阻 R）。

（3）根据实验数据画出光敏三极管的一组光照特性曲线。

表 4-4-20　光敏三极管光照特性测试数据记录表　　　　偏置电压：$U=8$ V

光照度/lx						
U_R/V						
I_{ph}/mA						

表 4-4-21　光敏三极管光照特性测试数据记录表　　　　偏置电压：$U=10$ V

光照度/lx						
U_R/V						
I_{ph}/mA						

表 4-4-22   光敏三极管光照特性测试数据记录表   偏置电压：$U=12$ V

光照度/lx									
U_R/V									
I_{ph}/mA									

【数据处理】

本实验采用作图法，需要绘制各元件的光照特性曲线和伏安特性曲线。作图步骤：

（1）选纸：选择合适大小的直角坐标纸。

（2）画坐标轴：水平轴为光敏电阻两端的电压 U_{RP}，竖直轴为光敏电流 I_{ph}，坐标轴要有方向，有物理量，有单位，有分度值等。

（3）描点作曲线：在坐标系内描出相应的实验测量点，连成光滑连续匀整的曲线。

1. 光敏电阻的特性测试实验数据处理

（1）根据表 4-4-1～表 4-4-3 中数据，用作图法画出光敏电阻不同光照度下的伏安特性曲线。

（2）根据表 4-4-4～表 4-4-6 中数据，用作图法画出光敏电阻不同电压下的光照特性曲线。

2. 根据实验数据画出硅光电池的伏安特性曲线和硅光电池的光照特性曲线。

3. 根据实验数据画出光敏二极管的伏安特性曲线和硅光电池的光照特性曲线。

4. 根据实验数据画出光敏三极管的伏安特性曲线和硅光电池的光照特性曲线。

【思考题】

1. 光电效应通常分为哪几类？与之对应的光电器件有哪些？

2. 当光照度一定时，光敏电阻的电压和光敏电流的关系？

3. 当电源电压一定时，光敏电阻的阻值和光照强度的关系？

4. 光敏传感器感应光照有一个滞后时间，即光敏传感器的响应时间，如何来测试光敏传感器的响应时间？

附录   DH6520 光敏传感器光电特性实验仪相对照度参考表

光强/lx　　　　距离/cm 光源电压/V	5	10	15	20	25
4	373	112	69	53	42
6	1129	423	261	202	159
8	2199	872	595	472	371
10	3179	1346	951	790	653
12	4384	1867	1302	1085	920

【创新设计】

设计一个光照强度自动检测、显示、报警系统，实现对外界三种不同条件下光强的分挡指示和报警（强、适宜、弱）。根据题目选定光照强度自动检测所用的光电传感器类型。

（1）自己设计至少三种不同光照条件，测定不同光照条件下光电传感器的输出。

（2）传感器测量电路采用集成运算放大器构成的比较器完成，完成至少一种以上不同光照条件下显示报警系统方案的论证和设计。

（3）完成自然光光照强度自动检测显示报警系统电路方框图、电路原理图的设计。

（4）完成课程设计报告。

实验五　用光栅测量光波的波长

光栅是由一系列等宽度、等间距的平行狭缝组成的。它具有很高的分辨本领，是一种应用很广的色散元件。目前常用的光学分析仪器如光栅单色仪、多功能光栅光谱仪、光栅摄谱仪、红外光谱仪、拉曼光谱仪、分光光度计等，其色散元件使用的都是光栅。因此，光栅广泛应用于光谱分析和分光光度测量中，光栅衍射原理也是现代光学中光学变换的基础。

常见的光栅有透射光栅和反射光栅两种。

【实验目的】

（1）观察光栅的衍射现象，加深理解光栅的分光特性。

（2）熟悉分光计的调节和使用。

（3）掌握测定光栅常数、角色散率和光波波长的方法。

【实验原理】

如图 4-5-1 所示，当一束平行的单色光垂直入射到光栅平面上时，由于每条狭缝对光波都发生衍射，则透过各狭缝的光将向各个方向传播。经透镜后，由于各缝所发出的光互相干涉的结果，在其焦平面上形成一系列间隔不等的明条纹，相邻的明条纹中间被较宽的暗区隔开。根据光栅衍射理论，产生衍射条纹的条件是

$$d\sin\varphi = k\lambda (k=0, \pm 1, \pm 2, \cdots) \tag{4-5-1}$$

式（4-5-1）称为光栅衍射方程。式中，d 为光栅常数，$d=a+b$；a 为光栅缝宽；b 为相邻两缝间不透光部分的宽度；φ 为衍射角；λ 为入射光的波长；k 为光谱级次。

由式（4-5-1）可以看出：

当 $k=0$ 时，对应于 $\varphi=0$ 处，可以观察到中央明条纹。$k=\pm 1$，± 2，± 3，…的条纹分别称为第一级、第二级、第三级……明条纹。±号表示各级明条纹对称地分布在中央明条纹的两侧。衍射明条纹是光源通过的狭缝的像，称为光谱线。

如果入射光是复色光，在 $\varphi=0$ 的方向上，各种波长的光谱线重叠在一起，形成与复色光颜色相同的中央明条纹。在其他方向上，对于同一级次不同波长的光，虽然入射角相同，

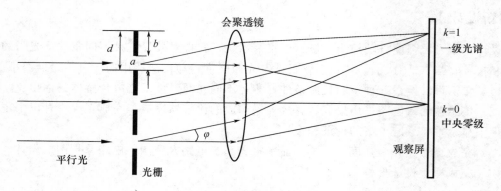

图 4-5-1　光栅衍射光路图

由于波长不同而衍射角不同，经光栅衍射后的光谱线将按波长排开。波长短的谱线在里侧，波长长的谱线在外侧，称为光栅光谱。图 4-5-2 表示低压汞灯的光栅衍射光谱。

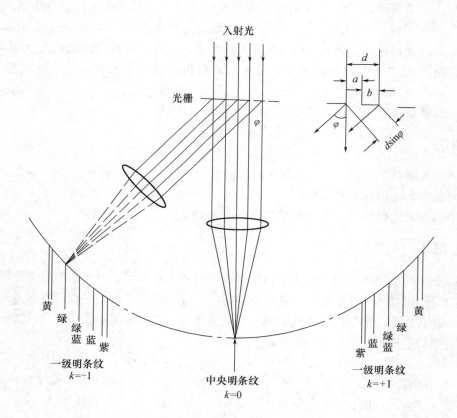

图 4-5-2　光栅衍射光谱示意图

由式（4-5-1）可知，如果入射光波长已知，测出第 k 级该谱线的衍射角 φ，就可计算出光栅常数 d；反之，如果光栅常数 d 已知，测出待测谱线的衍射角 φ 和相应的光谱级次 k，就可以计算其波长 λ。

角色散率（或称角色散）是描述光栅特性的一个重要参量。它定义为同级中两条谱线的

衍射角之差 $\Delta\varphi$ 与它们的波长差 $\Delta\lambda$ 之比。即：

$$D = \frac{\Delta\varphi}{\Delta\lambda} \tag{4-5-2}$$

对光栅方程微分可得：

$$D = \frac{k}{d\cos\varphi} \tag{4-5-3}$$

由式（4-5-3）可见，角色散率 D 与光栅常数 d、光谱级次 k 有关。光栅常数 d 越小，角色散率就越大；不同级次的光谱，角色散率也不同，级次高的光谱角色散率较大。在同一级光谱里，由于各波长谱线的衍射角相差很小，$\cos\varphi$ 近似为常数，所以角色散率 D 也可以认为是常数，从而在同一级光谱里 $\Delta\varphi$ 与其相应的 $\Delta\lambda$ 成正比，谱线按波长大小均匀排列，即光栅光谱为匀排光谱。

当入射光的方向与光栅表面不垂直时，光栅方程应写成：

$$d(\sin\varphi \pm \sin i) = k\lambda \, (k = 0, \ \pm 1, \ \pm 2, \ \cdots) \tag{4-5-4}$$

式中，i 为入射光线与光栅法线的夹角，φ 为衍射光线与光栅法线的夹角。

入射光线与衍射光线之间的夹角 δ 称为偏向角。当入射光线与衍射光线在光栅法线同侧时，$\delta = i + \varphi$。当 $i = \varphi$ 时，δ 有极小值，用 $\delta_{\min}$ 表示，称为最小偏向角。由式（4-5-4）知，当 $\delta = \delta_{\min}$ 时：

$$\varphi = i = \frac{\delta_{\min}}{2} \tag{4-5-5}$$

$$2d\sin\frac{\delta_{\min}}{2} = k\lambda \, (k = 0, \ \pm 1, \ \pm 2, \ \cdots) \tag{4-5-6}$$

可见，测出某一谱线的第 k 级最小偏向角后，若已知该谱线的波长 λ，可由式（4-5-6）算出 d 值；若已知 d 值，则可算出该谱线的波长 λ。

【实验仪器】

分光计、半透半反平面镜、平面透射光栅、低压汞灯。

【实验任务和方法】

1. 调节分光计（调节步骤见分光计实验）

2. 调节光栅

（1）调节光栅平面使入射光垂直入射到光栅表面上：

① 首先使望远镜中的竖直准线对准平行光管狭缝像。

② 然后按图 4-5-3 所示，将光栅放在载物台上。使光栅平面与调节螺丝 V_1 和 V_2 的连线垂直。

③ 转动载物台，并调节螺丝 V_1 或 V_2，使从目镜中看到由光栅平面反射回来的绿十字像的交叉点与调整用准线的交叉点重合。这时光栅平面与望远镜光轴垂直、与平行光管轴线垂直，入射光就垂直照到光栅的表面上了。旋紧载物台锁紧螺丝。

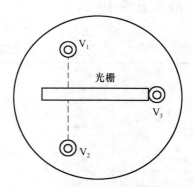

图 4-5-3　载物台上放置光栅示意图

（2）调节光栅刻痕与分光计中心转轴平行：

① 向左转动望远镜，找到左二级绿谱线（$\lambda = 546.1$ nm）。调节螺丝 V_3，使该谱线的中点与测量用叉丝的交点重合；

② 向右转动望远镜，找到右二级绿谱线后，使该谱线的中点与测量用叉丝的交点重合。

3. 用垂直入射法测量光栅常数和角色散率

测量中央明条纹的角位置：

① 转动望远镜使准线对准中央明条纹，从两个游标处读出中央明条纹的角位置 θ_{0L} 和 θ_{0R}。将数据记入表 4-5-1 中。

② 测量（$\lambda = 546.1$ nm）左、右衍射一、二级的角位置：

从中央明条纹起向左转动望远镜，将准线先后对准衍射左一、二级绿谱线，依次从两个游标处读出其角位置 θ_{1L}、θ_{1R} 和 θ_{2L}、θ_{2R}。然后向右转动望远镜，依次测出右一、二级绿谱线的角位置 θ_{-1L}、θ_{-1R}、θ_{-2L} 和 θ_{-2R}。重复测量三次。将数据记入表 4-5-1 中。

③计算各级谱线的衍射角，代入式（4-5-1）中，计算光栅常数。用式（4-5-3）计算光栅对一级、二级绿谱线的角色散率。

4. 用最小偏向角法测量汞灯黄谱线的波长（数据表格自拟）

（1）从中央明条纹起向一侧转动望远镜，找到一级待测黄谱线（只测靠近绿谱线的那条黄谱线）。

（2）转动载物台（即转动了光栅）以改变入射角 d，使黄谱线朝偏向角减少的方向移动，同时转动望远镜跟踪此黄谱线，直到载物台继续沿此方向转动时，该谱线不再向原方向移动却朝相反方向移动为止。这个待测谱线反方向移动的转折位置就是光栅对此谱线的最小偏向角的位置。

（3）将望远镜准线对准最小偏向角位置，从游标处读出衍射光的角位置 θ_L 和 θ_R。将数据记入自拟表格中。

（4）转动望远镜使其准线对准入射光，从游标处读出入射光线的角位置 θ_{0L} 和 θ_{0R}。将数据记入自拟表格中。

（5）重复步骤（1）、（2）、（3），对 $k = 2$ 时的待测谱线进行测量。

（6）计算最小偏向角 δ_{min} 将其代入式（4-5-6），分别算出 $k = 1$，$k = 2$ 时的 λ_1 和 λ_2 后求平均值 $\bar{\lambda}$。

【数据处理】

表 4-5-1　测量光栅常数和角色散率（垂直入射）数据记录表　$d_S =$ _____ nm

谱线位置	测量次数	1	2	3	平均值	衍射角
零级谱线	θ_{0L}					
	θ_{0R}					
左一级谱线	θ_{1L}					$\varphi_{1L} =$
	θ_{1R}					$\varphi_{1R} =$
左二级谱线	θ_{2L}					$\varphi_{2L} =$
	θ_{2R}					$\varphi_{2R} =$

续表

谱线位置 \ 测量次数		1	2	3	平均值	衍射角
右一级谱线	θ_{-1L}					$\varphi_{-1L}=$
	θ_{-1R}					$\varphi_{-1R}=$
右二级谱线	θ_{-2L}					$\varphi_{-2L}=$
	θ_{-2R}					$\varphi_{-2R}=$

1. 计算光栅常数

$\lambda = 546.1$ nm

$$\overline{\varphi}_1 = \frac{1}{4}(\varphi_{1L} + \varphi_{1R} + \varphi_{-1L} + \varphi_{-1R}) = \underline{\hspace{2cm}}$$

$$\overline{\varphi}_2 = \frac{1}{4}(\varphi_{2L} + \varphi_{2R} + \varphi_{-2L} + \varphi_{-2R}) = \underline{\hspace{2cm}}$$

$$d_1 = \frac{\lambda}{\sin\overline{\varphi}_1} = \underline{\hspace{1.5cm}}; d_2 = \frac{2\lambda}{\sin\overline{\varphi}_2} = \underline{\hspace{1.5cm}}$$

$$\overline{d} = \frac{1}{2}(d_1 + d_2)$$

$$\frac{|\overline{d} - d_s|}{d_s} \times 100\% = \underline{\hspace{2cm}}$$

计算角色散率：$D_1 = \dfrac{1}{d_1\cos\overline{\varphi}_1} = \underline{\hspace{2cm}}$

$$D_2 = \frac{2}{d_2\cos\overline{\varphi}_2} = \underline{\hspace{2cm}}$$

2. 用最小偏向角法测量汞灯黄谱线的波长

表 4-5-2　汞灯黄谱线的波长数据记录表

$d_s = \underline{\hspace{2cm}}$ nm，$\lambda_s = 577.0$ nm

项目 \ 级数 i	入射光位置		衍射光（最小偏向角）位置	
	θ_{0L}	θ_{0R}	θ_{iL}	θ_{iR}
1				
2				

$k=1$ 时，$\overline{\delta}_{\min} = \dfrac{1}{2}(|\theta_{1L} - \theta_{0L}| + \theta_{1R} - \theta_{0R}) = \underline{\hspace{2cm}}$

$$\lambda_1 = 2d_s\sin\frac{\overline{\delta}_{\min}}{2} = \underline{\hspace{2cm}}$$

$k=2$ 时，$\overline{\delta}_{\min} = \dfrac{1}{2}(|\theta_{2L} - \theta_{0L}| + \theta_{2R} - \theta_{0R}) = \underline{\hspace{2cm}}$

$$\lambda_2 = 2d_s\sin\frac{\overline{\delta}_{\min}}{2} = \underline{\hspace{2cm}}$$

$$\overline{\lambda} = \frac{1}{2}(\lambda_1 + \lambda_2) = \underline{\hspace{2cm}}$$

$$\frac{|\bar{\lambda}-\lambda_{\mathrm{s}}|}{\lambda_{\mathrm{s}}}\times100\%=\underline{\hspace{2cm}}$$

【注意事项】

(1) 由于光栅表面反射率远低于平面反射镜，因此反射回来的绿十字的亮度比较弱，应仔细观察。

(2) 光栅是易损、易碎元件，必须轻拿轻放，不能用手指触摸光栅面，只能拿支架。光路调节好，在以后的测量过程中不要再碰动光栅。

【思考题】

1. 光栅光谱和棱镜光谱有哪些区别？

2. 测量时若左右两边的衍射光谱线不等高，对测量结果有何影响？

3. 如果用钠黄光（$\lambda=589.3\ \mathrm{nm}$）垂直入射到 1 mm 内有 500 条刻痕的平面光栅上时，最多能看到几级光谱？

【创新设计】

设计实验，试比较光栅分光和三棱镜分光所得光谱各自的特色。

实验六　磁阻效应及磁阻传感器的特性研究

磁阻效应是 1857 年由英国物理学家威廉·汤姆森发现的。它在金属中可以忽略，在半导体中则可能由小到中等。从一般磁阻开始，磁阻发展经历了巨磁阻（GMR）、庞磁阻（CMR）、穿隧磁阻（TMR）、直冲磁阻（BMR）和异常磁阻（EMR）。

2007 年诺贝尔物理学奖授予来自法国国家科学研究中心的物理学家艾尔伯·费尔和来自德国尤利希研究中心的物理学家皮特·克鲁伯格，以表彰他们发现巨磁电阻效应的贡献。

用磁阻元件做敏感元件，可以制成诸如位移传感器、转数传感器、频率传感器、角度传感器、高斯计等各类传感器。在生产和生活中有着十分重要的应用。

在众多的磁阻器件中，锑化铟、砷化镓等材料最为典型，其优点是价格低廉、灵敏度高、响应速度快、抗干扰能力强。

【实验目的】

(1) 了解磁阻效应的基本原理及测量磁阻效应的方法。

(2) 测量锑化铟传感器的电阻与磁感应强度的关系。

(3) 学习用霍尔传感器和磁阻传感器测量磁场的方法。

【实验原理】

1. 霍尔效应

将一个通有电流 I 的导体或半导体，放在磁感应强的为 B 的磁场中，并使磁场方向与电流方向垂直，则在该导体或半导体的两端将出现电位差。这一现象称为霍尔效应。如图 4-6-1

所示为其原理示意图。

　　若载流子带正电荷，其运动方向如图 4-6-1
所示，则其受到磁场中 AA' 方向的洛伦兹力
$\boldsymbol{F}_{\mathrm{m}}$ 作用，载流子在磁阻元件中沿 AA' 方向
漂移，上下表面形成电场，载流子受到 AA'
方向的电场力 $\boldsymbol{F}_{\mathrm{e}}$ 作用。

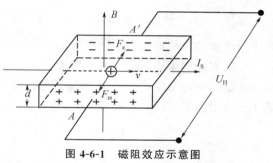

$$\boldsymbol{F}_{\mathrm{m}} = q\boldsymbol{v} \times \boldsymbol{B}$$

$$\boldsymbol{F}_{\mathrm{e}} = q\boldsymbol{E}$$

图 4-6-1　磁阻效应示意图

当霍尔电场力和洛伦兹力平衡时，霍尔电压达到稳定值。

$$U_{\mathrm{H}} = R_{\mathrm{H}} \frac{IB}{d} \tag{4-6-1}$$

式中，$R_{\mathrm{H}} = \dfrac{1}{nq}$ 为霍尔系数。其中 $I = nqvS$ 和 $U = Eb$

2. 磁阻效应

　　材料的电阻值会因为外加磁场而增加或减少，这种现象称为磁致电阻变化效应，简称磁
阻效应。

　　当导电体处于磁场中时，且导电体电流方向与磁场方向垂直，在导电体两端将产生霍尔
电场。如果霍尔电场力作用和某一速度的载流子的洛伦兹力作用刚好抵消，载流子运动方向
不发生偏转。但小于此速度的电子（或大于此速度的电子）将沿霍尔电场作用的方向（或相
反方向）偏转，因而沿导电体电流方向运动的载流子数量将减少，即导电体电流密度减小，
电阻增大，也就是由于磁场的存在，增加了电阻，因而产生了磁阻效应现象。

　　通常以电阻率的相对改变量来表示磁阻的大小，即

$$M_{\mathrm{R}} = \frac{\Delta\rho}{\rho(0)} \times 100\% = \frac{\rho(b) - \rho(0)}{\rho(0)} \times 100\% \tag{4-6-2}$$

式中，$\rho(0)$ 为零磁场时的电阻率，$\rho(b)$ 为在磁感应强度为 B 的磁场中的电阻率，则 $\Delta\rho = \rho(b) - \rho(0)$。由于磁阻传感器电阻的相对变化率 $\dfrac{\Delta R}{R(0)}$ 正比于 $\dfrac{\Delta\rho}{\rho(0)}$，这里 $\Delta R = R(b) - R(0)$，$R(0)$、$R(b)$ 分别为磁场强度为 0 和 B 下磁阻传感器的电阻阻值。因此也可以用磁阻
传感器电阻的相对改变量 $\dfrac{\Delta R}{R(0)}$ 来表示磁阻效应的大小。即

$$M_{\mathrm{R}} = \frac{\Delta R}{R(0)} \times 100\% = \frac{R(b) - R(0)}{R(0)} \times 100\% \tag{4-6-3}$$

　　在实验中，只需改变磁场，测出不同磁感应强度下磁阻元件的电阻值，便可以用
式（4-6-2）计算出不同磁感应强度下磁阻元件电阻率的相对变化率——磁阻。实验证明，
磁阻效应对外加磁场的极性不灵敏，同强度正负磁场的磁阻效应相同。一般情况下外加磁场
较弱时，电阻相对变化率 $\dfrac{\Delta R}{R(0)}$ 正比于磁场强度 B 的二次方；随磁场强度的加强，$\dfrac{\Delta R}{R(0)}$ 与磁
场强度 B 呈线性函数关系；当外加磁场超过特定值时，$\dfrac{\Delta R}{R(0)}$ 与磁场强度 B 的响应会趋于
饱和。

另外，$\dfrac{\Delta R}{R(0)}$ 对总磁场的方向很灵敏，总磁场为外磁场与内磁场之和，而内磁场与磁阻薄膜的性质和几何形状有关。

3. 伏安法测量磁阻元件的电阻值

测量磁电阻电阻值 R 与磁感应强度 B 的关系实验装置及线路如图 4-6-2 所示。测量磁阻元件的阻值采用伏安法。即

$$R(b)=\frac{U_{\mathrm{R}}}{I_{\mathrm{s}}} \tag{4-6-4}$$

式中，I_{s} 值设置为 1 mA，测出外加磁场值改变时，磁阻元件的电压 U_{R} 的值。

实验中所用的磁阻电压表为数字电压表，其内阻远大于磁阻元件的磁电阻，所以采用伏安法电流表外接的电路。改变磁感应强度 B 的大小，可以测量出不同磁场强度下磁阻元件的磁电阻。

4. 用霍尔效应现象测磁场

如图 4-6-2 所示。将磁阻元件放在磁场中，电流经 c、d 两端通过，在 a、b 两端将产生霍尔电位差 U_{H}，保持式（4-6-1）中的 I_{s} 不变，对于一个确定的磁阻元件，其几何尺寸和霍尔系数为常数。式（4-6-1）可写成：

$$U_{\mathrm{H}}=kB$$

其中

$$k=R_{\mathrm{H}}I_{\mathrm{s}}=\text{常数}$$

则

$$B=\frac{1}{k}U_{\mathrm{H}} \tag{4-6-5}$$

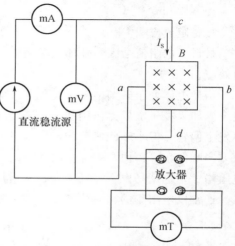

图 4-6-2　伏安法测量磁阻元件电阻和
霍尔传感器测量磁场电路图

将 a、b 两端的霍尔电压信号接入一个放大倍数为 $\dfrac{1}{k}$ 的放大器，经放大器放大后的信号输出到一个数字电压表，则可以从电压表上直接读出磁感应强度的大小。

5. 用磁阻效应现象测磁场

测量不同励磁电流时的磁感应强度 B 和磁阻元件的磁电阻 M_{R}，以 M_{R} 为纵坐标，B 为横坐标，作 $B \sim M_{\mathrm{R}}$ 曲线。测出磁阻，可以通过该曲线查到磁感应强度 B。

【实验仪器】

DH4510 磁阻效应综合实验仪信号源如图 4-6-3 所示、磁阻效应仪及面板如图 4-6-4 所示。磁阻元件的六根接线分别接在面板对应插孔，DH4510 磁阻效应综合实验仪使用砷化镓（GaAs）霍尔传感器测量磁感应强度。

利用本实验仪器可以研究使用砷化镓（GaAs）霍尔传感器测量磁感应强度，研究锑化铟（InSb）磁阻传感器在不同的磁感应强度下的电阻大小，可观测半导体的霍尔效应和磁阻效应两种物理规律，及其作为磁测量不同应用；仪器提供交变磁场，可以观察磁阻元件的倍频效应。

图 4-6-3　磁阻效应信号源及面板图

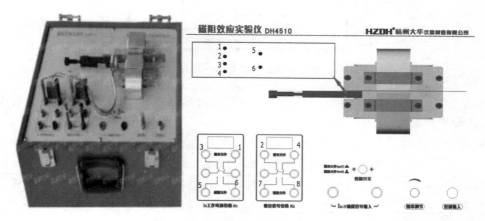

图 4-6-4　磁阻效应实验仪及面板图

【实验任务与方法】

1. 测量锑化铟磁阻元件的磁阻与磁感应强度之间的关系

（1）将磁阻元件按序号接在磁阻效应仪面板继电器上图 4-6-4 中，并将 I_s 工作电流切换 K_1 与输出信号切换 K_2 连接，即 5 与 7、6 与 8 连接。

（2）将磁阻信号源与磁阻效应仪连接，如图 4-6-5 所示。

（3）在实验过程中，调节"I_M 电流调节"电位器可改变输入励磁线圈电流的大小，从而改变电磁铁间隙中磁感应强度的大小。仪器开机前须将 I_M 调节电位器、I_s 电流调节电位器逆时针方向旋到底。

（4）将实验仪信号源背部的插座通过专用的连接线接至测试架的控制输入端，这是一路提供继电器工作的 12 V 直流控制电源，作为继电器的控制电压。

（5）接通电源。信号源左下角的信号选择开关选 DC——励磁信号为直流信号。

（6）调节 I_s 调节电位器让 I_s 表头显示为 1.00 mA。

（7）调节 I_M 电位器，使磁感应强度 B 的数值分别为 0，20，40，60，80，100，150，

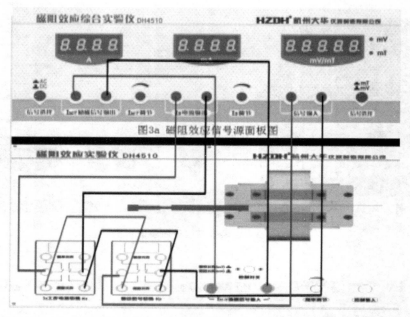

图 4-6-5　磁阻效应综合实验仪、磁阻效应信号源

200，250，300，350，400，450，500 mT，分别记录励磁电流 I_M、磁阻两端的电压 U_R。将数据记入表 4-6-1。

（8）以 M_R 为纵坐标，B 为横坐标，做 $B \sim M_R$ 曲线。

表 4-6-1　磁阻传感器的电阻与磁感应强度的关系数据　　　　　$I_s = 1.00$ mA

磁感应强度 B/mT	励磁电流 I_M/A	磁阻元件 U_R/mV	磁电阻 $R(b)/\Omega$	磁阻 $M_R/\%$
0				
20.0				
40.0				
60.0				
80.0				
100.0				
150.0				
200.0				
250.0				
300.0				
1 350.0				
400.0				
450.0				
500.0				

2. 用磁阻传感器测量磁感应强度及测量值的相对误差

（1）调节励磁电流 $I_M = 0.350$ A，霍尔电流 $I_s = 1.00$ mA，测量磁阻传感器的磁阻电压，计算磁阻根据求得的 $\dfrac{\Delta R}{R(0)}$ 与 $B\text{-}M_R$ 关系曲线，求得磁感应强度 $B_{测}$。

（2）用仪器所配的毫特计读取该磁感应强度 B，将此值作为准确值与磁阻传感器测得的磁感应强度值 $B_{测}$ 相比较，估算测量误差。

表 4-6-2　阻传感器测量未知的磁感应强度数据记录表格

$I_{M}=0.350$ A，$I_{s}=1.00$ mA，$R(0)=$

U_{R}/mV	R/Ω	ΔM_{R}	B/mT（豪特计）	

根据 B-M_{R} 曲线查出 $B_{测}=$_____

$\dfrac{B-B_{测}}{B}\times100\%=$_____

【数据处理】

1. 测量锑化铟磁阻元件的磁阻与磁感应强度之间的关系。

（1）根据表 4-6-1 中测量数据 U_{R} 的值，由式 $R(b)=\dfrac{U_{R}}{I_{s}}$，其中 $I_{s}=1.00$ mA，计算不同磁感应强度 B 下的电阻 R 的值，填入表 4-6-1。

（2）再由式 $M_{R}=\dfrac{\Delta R}{R(0)}\times100\%=\dfrac{R(b)-R(0)}{R(0)}\times100\%$ 计算不同磁感应强度 B 下的电阻 M_{R} 的值，填入表 4-6-1。

（3）以 M_{R} 为纵坐标，B 为横坐标，按照标准作图法做出 B-M_{R} 曲线。

2. 用磁阻传感器测量磁感应强度及测量值的相对误差

由表 4-6-2 得到的 M_{R}，在 B-M_{R} 关系曲线上查得磁感应强度 $B_{测}$。豪特计读取该磁感应强度 B 作为理论值，估算测量误差 $\dfrac{B-B_{测}}{B}\times100\%=$_____。

【思考题】

（1）什么是磁阻效应？

（2）磁阻效应是怎样产生的？

（3）磁阻效应和霍尔效应有何内部联系？

（4）锑化铟磁阻传感器的电阻与磁感应强度的关系，在弱磁场和强磁场中有何不同？

（5）适合制作磁阻传感器的材料应具备什么性质？

【创新设计】

用磁阻传感器测量磁感应强度。

调节励磁电流 I_{M}，使电磁铁产生一个未知的磁感应强度。测量磁阻传感器的磁阻电压，根据 B-M_{R} 曲线，查出磁感应强度。

实验七 热电偶温度计的定标与测温

热电偶是一种常用的温度传感器，它将非电学量（温度）转化成电学量（电动势）来测量。热电偶具有许多优点：如结构简单、使用方便、动态响应快、测量精度高、测量范围宽

（一般可测温度－200～1 600 ℃），由于具有上述的优点，热电偶在工业中得到了广泛的应用。

【实验目的】

（1）了解热电偶产生温差电动势的原理。

（2）学习热电偶的定标、测温方法。

（3）掌握电位差计的使用。

【实验原理】

一、热电偶测温原理

1. 热电效应

热电偶是基于热电效应的原理而制成的。两种不同的导体 A 和 B 组合成如图 4-7-1 所示闭合回路，若导体 A 和 B 的连接处温度不同（设 $t > t_0$），则在此闭合回路中就有电流产生，也就是说回路中有电动势存在，这种现象

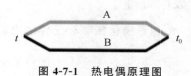

图 4-7-1　热电偶原理图

叫做热电效应。这种现象早在 1821 年由西拜克（Seeback）发现，所以又称西拜克效应。这样的两种不同导体的组合称为热电偶，相应的电动势和电流称为热电动势和热电流，导体 A、B 称为热电极，被测温度（t）的一端称为工作端（热端），另一端（t_0）称为参考端（冷端）。

2. 热电效应的机制

热电效应产生的热电势是由珀耳贴电动势（也称为接触电动势）和汤姆逊电动势（对同一个导体由于温度不同引起的电动势）两部分组成的。

珀耳贴电动势：两种不同的金属互相接触时，由于不同金属内自由电子的密度不同，在两金属 A 和 B 的接触点处会发生自由电子的扩散现象。自由电子将从密度大的金属 A 扩散到密度小的金属 B，使 A 失去电子带正电，B 得到电子带负电，从而产生接触电动势，如图 4-7-2 所示。接触电动势的数值取决于两种不同导体的材料特性和接触点的温度。

汤姆逊电动势：对于任何一种导体，当其两端温度不同时，两端的自由电子浓度也不同，温度高的一端浓度大，具有较大的热动能；温度低的一端浓度小，热动能也小。因此高温端的自由电子要向低温端扩散，高温端因失去电子而带正电，低温端得到电子而带负电，形成电动势，如图 4-7-3 所示。这种电动势的大小取决于导体的材料及两端的温度。

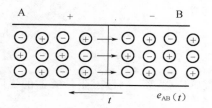

图 4-7-2　珀耳贴电势原理

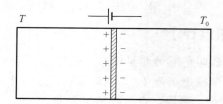

图 4-7-3　汤姆逊电动势原理图

实践证明，在热电偶中起主要作用的是接触电动势，汤姆逊电动势只占极小部分。

3. 热电偶的基本性质

（1）均质导体定律　由一种均质导体组成的闭合回路，不论其导体是否存在温度梯度，回路中都没有电流，即不产生电动势；反之，如果有电流流动，则说明材料一定是非均质

的，所以热电偶必须采用不同材料作为电极。

（2）中间导体定律　　在热电偶回路中接入第三种导体 C，只要第三种导体的两接点温度相同，则回路中总的热电动势不变，如图 4-7-4 所示。

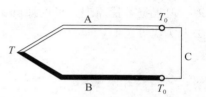

图 4-7-4　接入第三种导体 C

4. 热电偶的电动势

热电偶电动势是由两处珀耳贴电动势（接触电动势）和两处汤姆逊电动势构成。理论和实践表明：只有当热电偶两端温度不同，热电偶的两导体材料不同时才能有热电动势产生。热电偶回路热电动势只与组成热电偶的材料及两端温度有关，与热电偶的长度、粗细无关。当导体材料确定后，热电动势的大小只与热电偶两端的温度有关，我们称它为温差电动势，温差电动势是温度的单值函数，这就是利用热电偶测温的基本原理。

当组成热电偶的材料一定时，温差电动势 ε 仅与两接点处的温度有关，可表示为 $\varepsilon = f(t - t_0)$，上述函数形式一般不是线性关系，可将其展成幂级数的形式：

$$\varepsilon = \alpha(t - t_0) + \beta(t - t_0)^2 + \cdots \tag{4-7-1}$$

当两接点的温差在一个小范围内时，则有如下的近似关系式：

$$\varepsilon \approx \alpha(t - t_0) \tag{4-7-2}$$

式中，α 称为温差电系数，对于不同金属组成的热电偶，α 是不同的。

二、热电偶测温定标

用实验方法测量热电偶的电动势与测温端温度的关系，称为热电偶的定标。一般有两种定标方法，一种是用纯物质定点定标，另一种是标准温度计比较定标。

1. 纯物质定点定标

纯物质定点定标方法是利用一些纯金属在熔化或凝固过程中有固定熔点，其温度不随时间和环境温度而变化，例如锡的熔点为 231.9 ℃，铅的熔点为 327.5 ℃，用这两个温度作为固定点（将上述两个温度作为测温端的温度，冷端置于冰水混合物中），同时精确地测量出热电偶的电动势，就可以从式（4-7-1）中解出常数 α 和 β，如此可作出精确到温度二阶情况下的 ε-t 定标曲线。

2. 标准温度计比较定标

将热电偶冷端置于冰水混合物中（也可将热电偶冷端置于室内），保持冷端为 0 ℃（室温），热端置于控温炉中，用标准温度计测量不同的温度，用电位差计测量出对应点的热电偶的电动势，如图 4-7-5 所示，则可以测出 ε-t 定标曲线。本实验将采用此种定标方法。

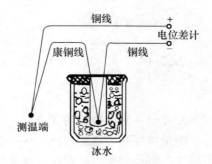

图 4-7-5　用热电偶测温

三、电位差计原理

1. 补偿原理

电位差计是利用补偿原理来测量电动势的，其补偿原理如图 4-7-6 所示。其中 E_x 为待测电动势，E_0 为假想可调标准电池，G 为检流计。调节 E_0，可使检流计的示数为零，即意味着回路中没有电流流过，此时 E_0 和 E_x 大小相等，称电路处于补偿状态。

2. 电位差计的工作原理

因为没有可调的标准电源，前述的补偿原理只是说明补偿原理，实际上不可能直接实现，但根据补偿原理，可设计出实用的电位差计。在实际的电位差计中，E_0 是通过下述方法来实现可调的，如图 4-7-7 所示。

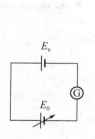

图 4-7-6　补偿原理图

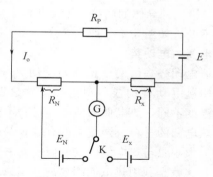

图 4-7-7　电位差计的原理

图中，E 为工作电源，E_N 为标准电源，E_x 为待测电源，K 为转换开关，G 为检流计，R_x 为被测电动势补偿电阻，R_N 为标准电池补偿电阻，R_P 为工作电流调节变阻器。

电路可分为三个基本回路：

工作电流调节回路（辅助回路）：由工作电源 E、可变电阻 R_P、标准电阻 R_N 及测量电阻 R_x 组成，调节 R_P 可改变该回路的电流。

标准工作电流回路：由标准电源 E_N、标准电阻 R_N、检流计 G 及开关 K 组成的回路。调节 R_P 使检流计的指针指零，此时标准电源 E_N 与标准电阻 R_N 两端的电压降大小相等，互相补偿。

测量回路（补偿回路）：由待测电源 E_x、测量电阻 R_x、检流计 G 及开关 K 组成的回路。调节 R_x 使检流计的指针指零，此时有

$$E_x = I_0 R_x \tag{4-7-3}$$

而

$$I_0 = \frac{E_N}{R_N} \tag{4-7-4}$$

由式（4-7-3）和式（4-7-4），有

$$E_x = \frac{E_N}{R_N} R_x \tag{4-7-5}$$

3. 补偿法测电位差的优点

测量精度高，稳定可靠：这是由于采用了非常稳定，精度非常高的标准电源，同时采用了精度非常高的电阻，使用灵敏度较高的检流计和足够高的工作电源的原因。

对测量电路影响小：当电位差计平衡时，不从被测电路中取得电流，因此，不改变被测电路原有状态，同时由于检流计中没有电流通过，则 E_N、E_x 的内阻以及回路中的导线电阻，接触电阻都不产生附加电压降，因此，也不影响测量结果。

【实验仪器】

1. UJ31 型低电势直流电位差计简介

UJ31 型低电势直流电位差计的实物和面板如图 4-7-8、图 4-7-9 所示，其准确度等级为 0.05 级，有两个量程，一个是 0～171 mV，一个是 0～17.1 mV，它的工作电流为 10 mA，下面介绍其功能。

图 4-7-8　UJ31 型低电势直流电位差计

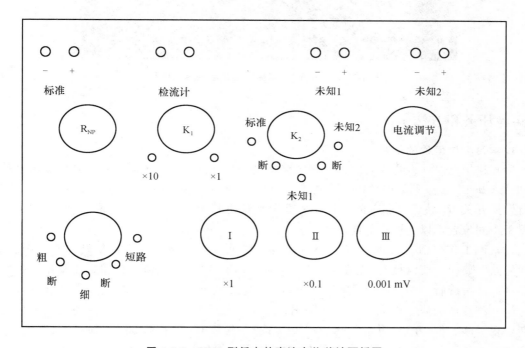

图 4-7-9　UJ31 型低电势直流电位差计面板图

标准：接标准电源，要并接使用；

检流计：接检流计。

未知 1、未知 2：接待测电动势或电位差，注意要并联。

R_{NP} 旋钮：补偿旋钮，在校准工作电流以前，应先调节它，使其指示值与当时的标准电源的电动势值一致。在室温为 20 ℃时，标准电动势为 1.0186 V。

电流调节旋钮：供调节工作电流的旋钮，调节它们相当于改变了 R_P 值。

测量转换开关（标准、断、未知开关）：当它置于"标准"位置时，将标准回路接通；置于"未知 1"或"未知 2"时接通了测量回路；置于"断"时，则两个回路都不接通。

测量读数盘（×1、×0.1、×0.001 mV 旋钮）：测量电位差的调节旋钮，相当于改变

R_x 值，所测电位差的值可直接从读数盘上读出。

量程变换开关（×1、×10 开关）：测量结果等于此开关的指示值与读数盘示数之积。

粗、断、细、断、短路旋钮："粗"相当于接了一个和检流计串联的保护电阻，"细"则直接接到检流计上。"短路"相等于将检流计短接，用于校准检流计的零点。

2. DHBC-3 型标准电势与待测低电势

如图 4-7-10 所示为 DHBC-3 型标准电势与待测低电势，与传统的标准电池不同，它选用高精度电压基准源来代替标准电池。打开电源预热十几分钟即可工作，在使用温度为 20 ℃时，它输出 1.018 6 V 的标准电势，作为电位差计的标准电源。

图 4-7-10　DHBC-3 型标准电势与待测低电势

【实验任务和方法】

1. 学习电位差计的使用

（1）连接电路，设置初态　按原理电路图接好检流计、标准电源，将热电偶输出电动势接到"未知 1"上，调好电位差计的初态："1.01 V"旋钮调到 1.0186 V（温度为 20 ℃时）；测量转换开关 K_2 置于"断"的位置；量程变换开关 K_1 置于"×1"位置；"电流调节"旋钮置于中间位置，以免流过的电流过大。

（2）调工作电流（校准）　测量转换开关 K_2 置于"标准"位置，旋转"粗、断、细、断、短路"旋钮（要跃接），先旋转"断-粗-断"，调节"电流调节"旋钮，使检流计指针基本指零。然后旋转"断-细-断"旋钮，再调节"电流调节"旋钮，使检流计指针指零。

（3）测量电动势　将测量转换开关 K_2 置于"未知 1"（未知电动势接到的那个位置），旋转"粗、断、细、断、短路"旋钮（要跃接），先旋转"断-粗-断"，调"×1""×0.1"及"×0.001 mV"旋钮，使检流计指针基本指零，然后旋转"断-细-断"旋钮，进一步调"×1""×0.1"及"×0.001 mV"旋钮，使检流计指针指零，即可读数。

2. 对热电偶定标并求出电系数 α

（1）按图 4-7-11 所示连接线路　注意热电偶及各电源的正、负极的正确连接。将热电偶的冷端置于冰水混合物之中，确保 $t_0=0$ ℃（如果没有冰水混合物，则为自由端），测温端置于加热器内。

（2）测量待测热电偶的电动势　首先测出室温时热电偶的电动势，然后开启温控仪电源，给热端加温。每隔 10 ℃左右测一组 (ε, t)，直至 100 ℃为止。由于升温测量时，温度是动态变化的，故测量时可提前 2 ℃进行跟踪，以保证测量速度与测量精度。测量时，一旦达到补偿状态应立即读取温度值和电动势值。然后再做一次降温测量，即先升温至 100 ℃，然后每降低 10 ℃测一组 (ε, t)，再取升温与降温测量数据的平均值作为最后测量值。

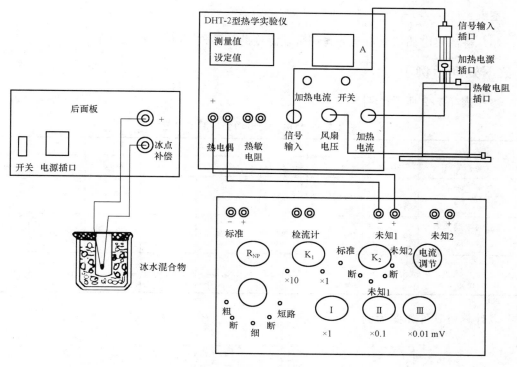

图 4-7-11　实验连线图

也可以先设定需要测量的温度，等控温仪稳定后再测量该温度下温差电动势。这样可以测得更精确些，但需花费较长的实验时间。

【数据处理】

1. 热电偶定标数据记录

从 30 ℃开始测量，每隔 10 ℃测量一组数据，共 8 组，并填入表 4-7-1。

表 4-7-1　热电偶的电动势与温度

序号	1	2	3	4	5	6	7	8
温度 t/℃								
升温时电动势/mV								
降温时电动势/mV								

2. 用作图法作出热电偶定标曲线

方法一：用坐标纸作图。

方法二：应用计算机软件作图（如：Excel、Origin、Matlab 等）。

3. 求铜-康铜热电偶的温差电系数及结果表达式

（1）在图像上靠近两端取两个坐标点 $a(t_1,\varepsilon_1)$，$b(t_2,\varepsilon_2)$（不可取测量的数据点），计算直线斜率即为温差电系数：$\alpha=\dfrac{\varepsilon_2-\varepsilon_1}{t_2-t_1}=$ _____

（2）选取中值点：$P\left(\bar{t}=\dfrac{1}{n}\sum t_i,\ \bar\varepsilon=\dfrac{1}{n}\sum\varepsilon_i\right)$

室温：$t_0 = \bar{t} - \dfrac{\bar{\varepsilon}}{\alpha} = $ _____

（3）待测热电偶温差电动势与测量端温度的关系式：$\varepsilon = \alpha(t - t_0) = $ _____

【数据处理示例】

参照表 4-7-2 所示范例。

表 4-7-2　热电偶的电动势与温度（范例）

序号	1	2	3	4	5	6	7	8
温度 $t/℃$	30.0	40.0	50.0	60.0	70.0	80.0	90.0	100.0
升温时电动势 E_{i+}/mV	0.433 6	0.910 3	1.368 3	1.810 5	2.293 6	2.734 6	3.285 1	3.699 4
降温时电动势 E_{i-}/mV	0.444 8	0.901 9	1.373 5	1.874 9	2.334 0	2.831 2	3.201 9	3.713 2
电动势 $\bar{E}/\text{mV}$	0.439 2	0.906 1	1.370 9	1.842 7	2.313 8	2.782 9	3.243 5	3.706 3

以计算机软件作图为例

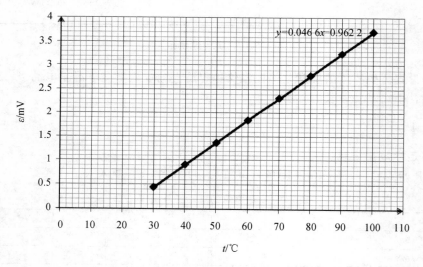

图 4-7-12　热电偶定标曲线（范例）

由图 4-7-12 公式：$y = 0.046\ 6x - 0.962\ 2$，可得

温差电系数：$\alpha = 0.046\ 6\ \text{mV}/℃$；

表达式：$\varepsilon = 0.046\ 6(t - 20.6)\text{mV}$。

【注意事项】

（1）使用电位差计测量后，倍率开关应该放到"断"的位置上。

（2）检流计使用前需要调零，使用过程中应尽量避免指针满偏。

（3）升温时，加热电流不宜过大，以免温度升高过快，影响数据记录。

【思考题】

（1）使用箱式电位差计，为了防止大电流通过检流计，应怎样操作？

（2）产生热电偶电动势的原因是什么？它与哪些因素有关？

（3）根据你所绘制的铜-康铜热电偶的电动势曲线，分别求出 1.5 mV 和 2.8 mV 对应热电偶的测温端温度。

（4）如果实验中热电偶"冷端"不放在冰箱混合物中，而直接处于室温或空气中，对实验结果有什么影响？

（5）热电偶是如何定标的？

【创新设计】

热敏电阻温度计的设计：利用热敏电阻设计一个能测量 0～100 ℃的电子温度计。

实验八　声速的测量

声波是一种在弹性媒质中传播的机械波，振动频率在 20～20 000 Hz 的声波称为可闻声波，频率低于 20 Hz 的声波称为次声波，频率高于 20 000 Hz 的声波称为超声波。声波的波长、频率、强度、传播速度等是声波的特性。对这些量的测量是声学技术的重要内容。如声速的测量在声波定位、探伤、测距中有着广泛的应用。测量声速最简单的方法之一是利用声速与振动频率和波长之间的关系来进行的。

由于超声波具有波长短、能定向传播等特点，所以在超声波段进行声速测量是比较方便的。本实验就是测量超声波在空气中的传播速度。超声波的发射和接收一般通过电磁振动与机械振动的相互转换来实现，最常见的是利用压电效应和磁致伸缩效应。在实际应用中，对于超声波测距、定位、测液体流速、测材料弹性模量、测量气体温度的瞬间变化等方面，超声波传播速度都有重要意义。

【实验目的】

（1）学会测量超声波在空气中的传播速度的方法。

（2）理解驻波和振动合成理论。

（3）学会用逐差法进行数据处理。

（4）了解压电换能器的功能，培养综合使用仪器的能力。

【实验原理】

声速 v、声源振动频率 f 和波长 λ 之间的关系为：

$$v = f\lambda \tag{4-8-1}$$

可见，只要测得声波的频率 f 和波长 λ，就可求得声速。其中声波频率 f 可通过频率计测得。本实验的主要任务是测量声波波长 λ，常用的方法有驻波法和相位法。

1. 相位法

波的传播是振动状态的传播，也可以说是相位的传播。在波的传播方向上的任何两点，如果其振动状态相同或者其相位差为 2π 的整数倍，这两点间的距离应等于波长的整

数倍，即

$$I = n\lambda（n \text{ 为正整数}）\tag{4-8-2}$$

利用这个公式可精确测量波长。

若超声波发生器发出的声波是平面波，当接收器端面垂直于波的传播方向时，其端面上各点都具有相同的相位。沿传播方向移动接收器时，总可以找到一个位置使得接收到的信号与发射器的激励电信号同相位。继续移动接收器，直到找到的信号再一次与发射器的激励电信号同相时，移过的这段距离就等于声波的波长。

需要说明的是，在实际操作中，用示波器测定电信号时，由于换能器振动的传递或放大电路的相移，接收器端面处的声波与声源并不同相，总是有一定的相位差。为了判断相位差并测量波长，可以利用双踪示波器直接比较发射器的信号和接收器的信号，进而沿声波传播方向移动接收器寻找同相点来测量波长；也可以利用李萨如图形寻找同相点或反相点。

2. 驻波法

按照波动理论，发生器发出的平面声波经介质到接收器，若接收面与发射面平行，声波在接收面处就会被垂直反射，于是平面声波在两端面间来回反射并叠加。当接收端面与发射头间的距离恰好等于半波长的整数倍时，叠加后的波就形成驻波。此时相邻两波节（或波腹）间的距离等于半个波长（即 $\frac{\lambda}{2}$）。当发生器的激励频率等于驻波系统的固有频率（本实验中压电陶瓷的固有频率）时，会产生驻波共振，波腹处的振幅达到最大值。

声波是一种纵波。由纵波的性质可以证明，驻波波节处的声压最大。当发生共振时，接收端面处为一波节，接收到的声压最大，转换成的电信号也最强。移动接收器到某个共振位置时，如果示波器上出现了最强的信号，继续移动接收器，再次出现最强的信号时，则两次共振位置之间的距离即为 $\frac{\lambda}{2}$。

【实验仪器】

声速测量仪、示波器、信号发生器。

声速测量仪必须配上示波器和信号发生器才能完成测量声速的任务。声速测量仪（含两只压电换能器和游标卡尺或千分尺）示意图如图 4-8-1 所示。

声速测量仪是利用压电体的逆压电效应，即在信号发生器产生的交变电压下，使压电体产生机械振动，而在空气中激发出超声波。本仪器采用的是锆钛酸铅制成的压电陶瓷管，或称压电换能器。将它粘接在合金制成的阶梯形变幅杆上，再将它们与信号发生器连接组成超声波发生器。当压电陶瓷处于一交变电场时，会发生周期性的伸长与缩短。当交变电场频率与压电陶瓷管的固有频率相同时，振幅最大。这个振动又被传递给变幅杆，使它产生沿轴向的振动，于是变幅杆的端面在空气中激发出超声波。本仪器的压电陶瓷的振动频率在 40 kHz 以上，相应的超声波波长约为几毫米。由于它的波长短，定向发射性能好，所以是比较理想的波源。

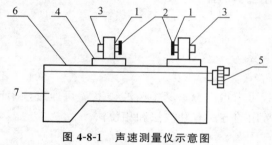

图 4-8-1　声速测量仪示意图

1—压电换能器；2—增强片；3—变幅杆；4—可移动底座；5—刻度鼓轮；6—标尺；7—底座

【实验任务和方法】

1. 驻波法测声速

（1）当驻波系统偏离共振状态时，驻波的形状不稳定，而且声波波腹的振幅比最大值要小得多。因此，实验开始时，应反复调节驻波和共振，使系统达到最佳的驻波共振状态。从现象上来看就是：仔细移动游标卡尺，使示波器上的图像出现起伏现象（即驻波态），全图像的幅度达到一较大状态时，再仔细调节信号发生器上的频率调节旋钮，使示波器上的图像幅度达到最大（共振驻波态）。此时，信号发生器上显示的频率值即为共振频率（f），之后才能进行测量和读数。

（2）每次测量时也要仔细操作，注意游标卡尺上微调的使用。当移动游标卡尺接近波幅最大时，将微调上的固定小螺丝拧紧，仔细调节微调，使波峰真正达到最大值再读数；然后，再松开上面的固定螺丝，移动游标卡尺，寻找测量下一个峰值。微调上面的小螺丝不能硬拉，否则会损坏游标卡尺。如标度尺是千分尺，细调时应注意回程误差。

（3）由于声波在传播过程中有能量损失，因而随着接收端面（S_2）逐渐远离发射端面（S_1），波的振幅也是逐渐衰减的，如图 4-8-2 所示。但并不改变波腹、波节的位置，因而不影响对波长的测量。只是注意每次移动卡尺时，一定要移动各个幅度为相对最大处，停止移动卡尺后再读数。

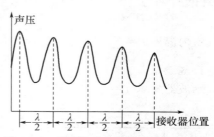

图 4-8-2 声压变化与接收器位置的关系

（4）按图 4-8-3 连接电路，使 S_1 和 S_2 靠近并留有适当的空隙，使两端面平行（为什么）且与游标尺正交。

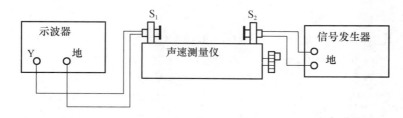

图 4-8-3 驻波法测声速实验装置图

（5）根据实验室给出的压电陶瓷换能片的振动频率 f，将信号发生器的输出频率调至 f 附近，缓慢移动 S_2，当在示波器上看到正弦波首次出现振幅较大处，固定 S_2，再仔细微调信号发生器的输出频率，使荧光屏上图形振幅达到最大，读出共振频率 f。

2. 用相位法测声速

（1）按图 4-8-4 连接电路。

（2）使示波器处于 X-Y 工作状态，信号发生器接示波器 Y 通道，用李萨如图形观察发射波与接收波的位相差（示波器的使用请参见本章实验三）。

（3）在共振条件下，使 S_2 靠近 S_1，然后慢慢移开 S_2，当示波器上图形由椭圆变为斜线时，微调游标卡尺的微调螺丝，使图形稳定，记下 S_2 的位置 L_1'。

（4）继续缓慢移开 S_2，依次记下荧光屏上出现斜线时游标卡尺的读数 $L_2', L_3', \cdots, L_{10}'$，共测 10 个以上。

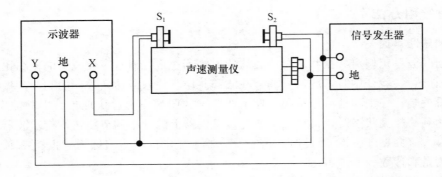

图 4-8-4　相位法测声速装置示意图

（5）用逐差法算出声波波长的平均值。

【数据处理】

室内温度 $t=$ ＿＿＿＿＿＿　, $v_0=331.45\times\sqrt{\left(1+\dfrac{t}{273.15}\right)}=$ ＿＿＿＿＿＿

1. 驻波法

示波器显示 $f=$ ＿＿＿＿＿＿

表 4-8-1　驻波法测量实验数据记录表

项目	1	2	3	4	5	6	7	8	9	10
L/mm										

利用逐差法：

$$\Delta L=\frac{1}{25}\left[(L_{10}-L_5)+(L_9-L_4)+(L_8-L_3)+(L_7-L_2)+(L_6-L_1)\right]=\underline{\qquad}$$

$\lambda=2\Delta L=$ ＿＿＿＿＿＿

$v=\lambda f=$ ＿＿＿＿＿＿

百分误差：$E=\dfrac{|v-v_0|}{v_0}=$ ＿＿＿＿＿＿

2. 振动合成法

示波器显示 $f'=$ ＿＿＿＿＿＿

表 4-8-2　相位法测量实验数据记录表

项目	1	2	3	4	5	6	7	8	9	10
L'/mm										

$$\Delta L'=\frac{1}{25}\left[(L'_{10}-L'_5)+(L'_9-L'_4)+(L'_8-L'_3)+(L'_7-L'_2)+(L'_6-L'_1)\right]=\underline{\qquad}$$

$\lambda'=2\Delta L'=$ ＿＿＿＿＿＿

$v'=\lambda'f'=$ ＿＿＿＿＿＿

百分误差：$E'=\dfrac{|v'-v_0|}{v_0}=$ ＿＿＿＿＿＿

【注意事项】

（1）示波器使用时，亮度不能调得太大，以免损坏荧光屏。

（2）用相位法时应注意：

① 实验前应了解压电换能器的谐振频率。

② 实验过程中要保持激振电压不变。

③ 实验前应掌握示波器和信号发生器的使用及注意事项。

【思考题】

（1）如何调节与判断测量系统是否处于共振状态？

（2）分析压电换能器的工作原理。

（3）为什么在共振状态下测定声速？

（4）在共振法中，示波器不能显示接收换能器的输出波形，但连线无误，仪器和导线无故障，你估计有哪些可能的原因？应当怎么办？

【创新设计】

由气体中声速测量的机理，设计新的声速测量方案。

在理想气体中声波的传播速度为

$$v = \sqrt{\frac{\gamma RT}{\mu}} \tag{4-8-3}$$

式中，γ 称为比热容比，即气体定压比热容与定容比热容的比值；μ 是气体的摩尔质量；T 是热力学温度；$R = 8.314\,4\ \text{J} \cdot \text{mol}^{-1} \cdot \text{K}^{-1}$ 为普适气体常数。可见，声速与温度、比热容比和摩尔质量有关，而后两个因素与气体成分有关。因此，测定声速可以推算出气体的一些参量。利用式（4-8-3）的函数关系还可以制成声速温度计。

在正常情况下，干燥空气成分按重量比为氮：氧：氩：二氧化碳＝78.084：20.946：0.934：0.033，空气的平均摩尔质量 μ 为 28.964 kg·mol^{-1}。在标准状态下，干燥空气中的声速为 $v_0 = 331.5$ m/s。在室温为 t 时，干燥空气的声速为

$$v = v_0 \sqrt{1 + \frac{t}{T}} \tag{4-8-4}$$

由于空气实际上并不是干燥的，总含有一些水蒸气，经过对空气摩尔质量和比热容比的修正，在温度为 t、相对湿度为 r 的空气中，声速为

$$v = 331.5 \sqrt{\left(1 + \frac{t}{T_0}\right)\left(1 + 0.31\frac{rp_s}{p}\right)} \tag{4-8-5}$$

式中，$T_0 = 273.15$ K；p_s 为温度 t 时空气的饱和蒸汽压，可从饱和蒸汽压与温度的关系表中查出；p 为大气压，取 $p = 1.013 \times 10^5$ Pa；相对湿度 r 可从干湿温度计上读出。由这些气体参量可以计算出声速。

根据以上原理提示，设计出测量气体中声速的新的实验方案；根据你现有知识和以上提示，并查阅传感器相应资料，设计一台声速温度计。

实验九 固体热导率的测量

物体间的热量交换有三种形式（导热、对流、热辐射），其中的导热是指物体各部分之间不发生相对位移时，依靠分子、原子及自由电子等微观粒子的热运动而产生的热量传导过程。自由电子的运动在导电固体中的导热起着主要作用，而在非导电固体当中，导热则是通过晶格结构的振动，即通过分子、原子在其平衡位置附近的振动来实现的。

热导率（又称导热系数）是表征物质材料热传导的重要物理量，传热学的理论和实践告诉我们，某种物体的热导率不仅与构成物体的材料有关，也与它们的微观结构有关，并且与温度、压力及杂质的含量相联系着。一般来说，在科学实验和工程的设计中，大多数材料的热导率都需要用实验的方法确定。

1804 年法国物理学家比奥通过平壁导热实验的结果最早地表述出了导热定律，之后，1822 年法国的傅立叶运用数理的方法，更准确地把它表达为后来称之为傅里叶定律的微分形式，从而奠定了导热理论。

目前测量热导率的方法都是建立在傅立叶导热定律的基础上的。从测量的方法来说可分为两类：稳态法和动态法。下面介绍用稳态法来测量固体材料的热导率。

【实验目的】

（1）用平板稳态法测量不良导体（橡胶盘）的热导率，观察和认识传热现象与过程，理解傅立叶导热定律。

（2）用作图法（或逐差法）求出散热速率，计算不良导体（橡胶盘）的热导率。

【实验原理】

傅立叶在研究了固体的导热现象后，建立了导热定律。他指出，当物体内部有温度梯度存在时，热量将从高温处传向低温处。如果在物体内部取垂直于热传导方向，彼此相距为 h 的平行平面，其面积元为 $\mathrm{d}s$，温度分别为 T_1 和 T_2，则有

$$\frac{\mathrm{d}Q}{\mathrm{d}t} = -\lambda \frac{\mathrm{d}T}{\mathrm{d}x} \mathrm{d}s$$

式中，$\dfrac{\mathrm{d}Q}{\mathrm{d}t}$ 为导热速率；$\dfrac{\mathrm{d}T}{\mathrm{d}x}$ 为与面积元 $\mathrm{d}s$ 相垂直方向的温度梯度；"－"表示热量由物体的高温区域传向低温区域；λ 即为热导率，它是一种物性参数，表征的是材料导热性能的优劣。其单位为瓦/米·度，$\mathrm{W/(m \cdot ℃)}$。对于各向异性材料，各个方向的热导率是不同的，常要用张量来表示。

如图 4-9-1 所示，A、C 是传热盘和散热盘，B 为样品盘。设样品盘的厚度为 h_B，半径为 R_B，上下表面的面积均为 S_B，维持上下表面有稳定的温度 T_1 和 T_2，这时通过样品的导热速率为

$$\frac{\mathrm{d}Q}{\mathrm{d}t} = -\lambda \frac{T_1 - T_2}{h_B} S_B \tag{4-9-1}$$

式中，λ 为材料的热导率。

实验中要降低样品盘侧面散热的影响，需要尽可能地减少厚度 h_B，因为待测平板 B 上下表面温度 T_1 和 T_2 是用传热盘 A 的底部和散热铜盘 C 的温度来代表的，所以就必须保证样

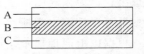

图 4-9-1　三个盘侧面示意图

品盘与圆盘 A 的底部和铜盘 C 的上表面密切接触。

在稳定的导热条件下（T_1 和 T_2 值恒定不变）可以认为通过待测样品盘 B 的导热速率与散热铜盘 C 向周围环境散热的速率相等，这样就可以通过铜盘 C 在稳定温度 T_2 附近的散热速率 $\dfrac{\delta Q}{\delta t}\Big|_{T=T_2}$ 而求出样品的导热速率 $\dfrac{\mathrm{d}Q}{\mathrm{d}t}$。

在稳态时（T_1 和 T_2 不变）读取 T_1 和 T_2 之后，取走样品盘 B，让铜盘 C 直接与传热盘 A 的下表面接触，加热铜盘 C，使 C 盘的温度上升到比 T_2 高 10 ℃左右，再移去传热盘 A，让铜盘 C 通过外表面直接向环境散热，观察其温度随时间 t 的变化情况，记下每隔一段时间所对应的温度值，可求出 C 盘在 T_2 附近的散热速率 $\dfrac{\delta Q}{\delta t}\Big|_{T=T_2}$。

对于铜盘 C，在稳定传热时，其散热的外表面积为 $\pi R_C^2 + 2\pi R_C h_C$，当移去传热盘 A 后，C 盘的散热外表面积为 $2\pi R_C^2 + 2\pi R_C h_C$。考虑到物体的散热速率与它的散热面积成正比，所以有

$$\frac{\mathrm{d}Q}{\mathrm{d}t} = \frac{\pi R_C(R_C + 2h_C)}{2\pi R_C(R_C + h_C)} \cdot \frac{\delta Q}{\delta t} = \frac{R_C + 2h_C}{2(R_C + h_C)} \cdot \frac{\delta Q}{\delta t} \qquad (4\text{-}9\text{-}2)$$

式中，R_C 和 h_C 分别为 C 盘的半径和厚度。

根据比热容的定义，对温度均匀的物体有

$$\frac{\delta Q}{\delta t} = mc\,\frac{\mathrm{d}T}{\mathrm{d}t}$$

对铜盘 C 则有

$$\frac{\delta Q}{\delta t} = m_{铜}\,c_{铜}\,\frac{\mathrm{d}T}{\mathrm{d}t} \qquad (4\text{-}9\text{-}3)$$

式中，$m_{铜}$、$c_{铜}$ 分别为铜盘 C 的质量与比热容，将式（4-9-3）代入式（4-9-2）有

$$\frac{\mathrm{d}Q}{\mathrm{d}t} = m_{铜}\,c_{铜}\,\frac{R_C + 2h_C}{2(R_C + h_C)} \cdot \frac{\mathrm{d}T}{\mathrm{d}t} \qquad (4\text{-}9\text{-}4)$$

由式（4-9-4）和式（4-9-1）可以得到热导率公式

$$\lambda = m_{铜}\,c_{铜}\,h_B\,\frac{R_C + 2h_C}{2\pi R_B^2(T_1 - T_2)(R_C - h_C)} \cdot \frac{\mathrm{d}T}{\mathrm{d}t} \qquad (4\text{-}9\text{-}5)$$

【实验仪器】

完成热导率的测量，需要的仪器设备与用具如下：热导率测量仪、多量程数字毫伏表、测温热电偶（铜-康铜）、杜瓦瓶、天平、卡尺、螺旋测微计、测量样品等。

1. 热导率测量仪

图 4-9-2 是一种测量热导率的仪器，可用于稳态法测量不良导体、金属和气体的热导率。本仪器采用的是电热板加热，热电偶测温，用数字毫伏表显示测量值。

图中 A、B、C 分别为传热盘、待测样品盘及散热盘，A、C 盘的侧面开有测温孔，可插入热电偶的热端，热电偶的冷端插入装有冰水混合物（作为参考温度 $T=0$ ℃）的杜瓦瓶中的细玻璃管内。热电偶的 B_1 端接入热导率测量仪面板上的"测1"插孔，热电偶的 B_2 接入"测2"插孔。"电表"的两插孔引出导线通过航空插头接入数字毫伏表。打开电风扇的开关，借助电风扇使散热盘 C 稳定散热，传入样品的热量则可不断地从样品表面散出。加热传热盘 A 时，电压开关可根据需要置于"220 V"或"110 V"。

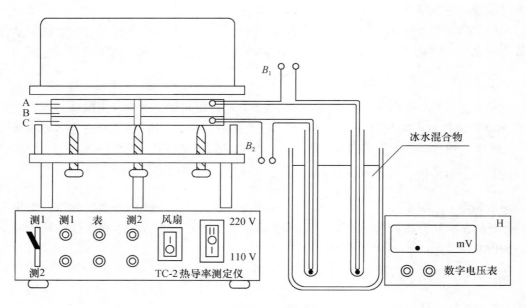

图 4-9-2   导热系数测量仪

2. 数字毫伏表

本实验所用的数字毫伏表是专用于热导率测量的电压表。一般量程为 20 mV，3 位半 LED 显示，分辨率为左右，具有极性自动转换的功能。

使用时可将调零旋钮调至显示为"000"，即可输入低于该量程的电压进行测量，例如：20 mV 挡，显示为"12.00"即为 12 mV。

【实验任务和方法】

（1）实验前作好准备工作。注意，应将 A、B、C 三盘的接触面及热电偶的热端涂上硅油，同时将杜瓦瓶中的细玻璃管内灌入适量的硅油。使用热电偶测量温度区分好"测 1""测 2"是测量哪个盘的温度。

（2）不良导体（橡胶盘）热导率的测量，加热样品，记录样品上下两表面的温度 T_1 和 T_2 应是处于稳定状态下的温度值。由于热电偶冷端温度为 0 ℃，对一定材料的热电偶而言，当温度变化范围不大时，其温差电动势与待测温度的比值是一个常数。可记录温差电动势值代替温度值代入公式进行计算。用稳定法进行实验，若要使温度稳定，需要的时间较长。为缩短时间可将加热板开关先拨至 220 V 挡，当 T_1 上升到 4.00 mV 时，再将开关拨至 110 V 挡，待下降至 3.50 mV 左右时，通过手动适时调节加热板电压在 220 V 挡～110 V 挡之间变换，使 T_1 的读数的变化在 ±0.33 mV 范围内。记录 T_1 和 T_2，直至稳定状态。加热散热盘后，当散热盘散热冷却时，可每隔 30 s 读取一次散热盘 C 的温度示值，选择接近 T_2 前后的若干数据，用逐差法或作图法求出 T_2 附近的散热速率。

（3）操作前，拟好一份操作程序，完成实验任务，并对测量结果做出评价。

【思考题】

（1）热导率的物理意义是什么？它的量纲怎样表示？

（2）实验中如何判定导热已处于稳定状态？

（3）为什么加热开关设计成 220 V、110 V 两挡？

（4）实验前要将加热盘、散热盘及热电偶等涂上硅油，其目的是什么？

（5）测量散热速率时移开加热盘 A 应注意一些什么问题才能保证安全？

（6）实验中需要测量的温度值为什么可以用热电偶所测量的电动势代替？

（7）如果用作图法求散热速率时，斜率应在曲线上的哪一点求出较合适？

（8）试分析实验中产生误差的主要因素。

【创新设计】

稳态法测量导体的热导率，一般是将样品制成棒状，即使用轴向导热（参看阅读材料）的测量方法。上面我们用于测量不良导体热导率的这套装置，也可用于导体热导率的测量。请同学们设计一个详细的实验方案，利用这套装置将金属棒样品（如铝）的热导率测量出来。

提示：

（1）因金属是良导体，热量在沿轴向传播时也有径向的导热，必须加径向的绝热层以防止径向的热损失。

（2）在金属棒的上下表面附近各开一孔，用于测量样品上下表面的温度 T_1、T_2。

（3）测量散热率应在 T_1、T_2 已达到稳定时，散热盘 C 的温度为 T_3 的附近进行。T_3 的测量可使用测量 T_1 或 T_2 的热电偶。

附表 1　铜、黄铜、铝的比热容

物质	温度/℃	比热容/(J/kg·K)
铜	20	385
黄铜	20	380
铝	20	895

附表 2　铜-康铜热电偶分度表（参考端温度为摄氏零度）

温度/℃	0	1	2	3	4	5	6	7	8	9	10	温度/℃
	热电动势/mV											
0	0.000	0.039	0.078	0.117	0.156	0.195	0.234	0.273	0.312	0.351	0.391	0
10	0.391	0.430	0.470	0.510	0.549	0.589	0.629	0.669	0.709	0.749	0.789	10
20	0.789	0.830	0.870	0.911	0.951	0.992	1.032	1.073	1.114	1.155	1.196	20
30	1.196	1.237	1.279	1.320	1.361	1.403	1.444	1.486	1.528	1.569	1.611	30
40	1.611	1.653	1.695	1.738	1.780	1.822	1.865	1.907	1.950	1.992	2.035	40
50	2.035	2.078	2.121	2.164	2.207	2.250	2.294	2.337	2.380	2.424	2.467	50
60	2.467	2.511	2.555	2.599	2.643	2.687	2.731	2.775	2.819	2.864	2.908	60
70	2.908	2.953	2.997	3.042	3.087	3.131	3.176	3.221	3.266	3.312	3.357	70
80	3.357	3.402	3.447	3.493	3.538	3.584	3.630	3.676	3.721	3.767	3.813	80
90	3.813	3.859	3.906	3.952	3.998	4.044	4.091	4.137	4.184	4.231	4.277	90
100	4.277	4.324	4.371	4.418	4.465	4.512	4.559	4.607	4.654	4.701	4.749	100
110	4.749	4.796	4.844	4.891	4.939	4.987	5.035	5.083	5.131	5.179	5.227	110
120	5.227	5.275	5.324	5.372	5.420	5.469	5.517	5.566	5.615	5.663	5.712	120
130	5.712	5.761	5.810	5.859	5.908	5.957	6.007	6.056	6.105	6.155	6.204	130
140	6.204	6.254	6.303	6.353	6.403	6.452	6.502	6.552	6.602	6.652	6.702	140
150	6.702	6.753	6.803	6.853	6.903	6.954	7.004	7.055	7.106	7.156	7.207	150

温度/℃	0	1	2	3	4	5	6	7	8	9	10	温度/℃
	热电动势/mV											
160	7.207	7.258	7.309	7.360	7.411	7.462	7.513	7.564	7.615	7.666	7.718	160
170	7.718	7.769	7.821	7.872	7.924	7.975	8.027	8.079	8.131	8.183	8.235	170
180	8.235	8.287	8.339	8.391	8.443	8.495	8.548	8.600	8.652	8.705	8.757	180
190	8.757	8.810	8.863	8.915	8.968	9.021	9.074	9.127	9.180	9.233	9.286	190
200	9.286	9.339	9.392	9.446	9.499	9.553	9.606	9.659	9.713	9.767	9.830	200

阅读材料

热导率的测量方法

测量固体材料热导率的方法大体上有两类：一类是稳态测量法；一类是动态测量法，根据被测样品的性质、形态、测量的温度范围、加热及测量传递热量的方式各不相同又有许多测量方法。

(1) 稳态法测量：所谓稳态法是指在物体上各点的温度不随时间变化的状态下进行测量的方法。按照热量在被测样品中的流动方向，可分为轴向流动法和径向流动法。

轴向流动法：如果使热量沿着一个均匀截面积为 S 的样品棒中传导，热量流动的方向与棒的轴线平行，棒内形成的等温面与棒的轴线垂直，通过测量出两个等温面之间的温差而求得热导率，这种方法称为轴向流动法。如用这种方法测量，可将样品制成长圆柱棒体，它适用于良导体的测量。将样品制成薄板状则适用于不良导体的测量或液体、气体热导率的测量

径向流动法：热量沿样品的径向流动，温度梯度沿等温面的法向分布，测量出不同半径处的温差，可求出热导率。此种方法要求制作的样品的长度同其直径的比值要足够大，它适用于样品的温度高于室温的测量。

(2) 动态测量法：如果加热或散热的热传递状态是随时间变化的，那么在样品中形成的温度分布是时间的函数。在这种变化的状态下测量材料的热导率就是动态测量法。这种方法测量的时间短，比稳态法散热损失小，比较适用于室温和高于室温的热导率的测量。

按照热源提供给样品的热能是随时间做周期性变化还是瞬时地增大减小，可将动态测量方法分为周期法和瞬态法。

周期法：这种方法测量的时间短，散热损失小，很适用于室温和高温情况下材料的热导率测量。用周期法，一般是先测量出热扩散系数之后再求出被测样品的热导率。测量的条件要求样品所处环境的温度基本不变，样品温度变化的频率不能太高，以低于 1 000 Hz 为好。

瞬态法：除周期加热以外所有的非平衡状态加热下的测量都属于瞬态测量法，对于瞬态测量法一般使被测样品初始时处于平衡状态，然后使样品的局部热量传递发生变化，在变化的过程中测量热扩散系数，再求出样品的热导率。

实验十 电介质介电常数的测量

在陶瓷技术、电子工业技术、功能材料等各类材料学科中都要研究电介质。而介电常数

（亦称电容率）则是表征电介质在外电场的作用下极化行为的宏观物理量。测量出某种电介质材料的介电常数不但可以得知此材料极化能力的强弱，而且可以从理论上预言它和其它导体材料组成的电系统的特性。对于电介质均匀的材料，介电常数表现为常数，当电介质不均匀时，介电常数将是坐标的函数。

　　测量介电常数的方法繁多，其中一些方法需要的设备与工艺较复杂，本实验介绍的"谐振法"和"电桥法"分别可以测出液体和固体的介电常数，样品制作比较容易，测量方法和工艺也简便。

【实验任务】

　　（1）用谐振法测量液体电介质的相对介电常数（样品为环己烷），用频率计测量出以空气为电介质振荡频率 f_{01}、f_{02} 和以液体为电介质的振荡频率 f_1、f_2。

　　（2）用电桥法测量固体电介质的相对介电常数，加工固体样品，要求制成薄厚均匀，直径比电极极板略小的板状体。用交流电桥测量出以空气为电介质时的电容量 C_1，以固体电介质时的电容量 C_2。

【实验原理】

　　电介质的介电常数也称电容率，用 ε 来表示，单位是法/米，符号为 F/m，真空介电常数用 ε_0 表示，而相对介电常数用 ε_r 来表示，$\varepsilon_r = \dfrac{\varepsilon}{\varepsilon_0}$。对于两个极板面积和极板间距都相同的平板电容器，一个极板间处于真空状态，另一个充满了电介质，在维持两极板间相同的电压下，测出两个平板电容器的电容量分别为 C_0 和 C，则有 $\varepsilon_r = \dfrac{C}{C_0}$。故测量电介质的介电常数，常常是通过测量样品的电容量来求出的。

1. 用谐振法测定液体电介质的相对介电常数

　　用谐振法测定液体电介质的相对介电常数的装置可参看图 4-10-1，它由介电常数测试仪（频率为 $0.3 \sim 1.0$ MHz 的振荡器）、液体测试电容电极（C_1、C_2）和频率计所组成。

图 4-10-1　测定液体电介质的相对介电常数

　　介电常数测试仪内部的电感 L 和电容电极 C 构成 LC 振荡回路，振荡频率为：

$$f = \frac{1}{2\pi\sqrt{LC}} \text{ 即 } C = \frac{1}{4\pi^2 L f^2}, \text{ 令 } K^2 = \frac{1}{4\pi^2 L}, \text{ 则 } C = \frac{K^2}{f^2}$$

如果电感 L 一定，K 为常数，则频率仅随电容 C 的变化而变化。因测量系统有一定的分布电容 $C_{分}$，则有 $C = C_0 + C_{分}$（C_0 为真空状态下电容 $\approx$ 空气电介质的电容）。当电容 C 的电介质为空气时，接电容器 C_1 其电容量为 C_{01} 振荡器相应的振荡频率为 f_{01} 得：

$$C_{01} + C_{\text{分}} = \frac{K^2}{f_{01}^2} \tag{4-10-1}$$

断开 C_1 接入 C_2 则其电容量为 C_{02}，振荡器相应的振荡频率为 f_{02}，得：

$$C_{02} + C_{\text{分}} = \frac{K^2}{f_{02}^2} \tag{4-10-2}$$

用式（4-10-2）减式（4-10-1）得：

$$C_{02} - C_{01} = \frac{K^2}{f_{02}^2} - \frac{K^2}{f_{01}^2} \tag{4-10-3}$$

当电容 C 的电介质为待测液体时，相应的有：

$$\varepsilon_{\text{r}}(C_{02} - C_{01}) = \frac{K^2}{f_2^2} - \frac{K^2}{f_1^2} \tag{4-10-4}$$

式中，ε_{r} 为待测液体电介质的相对介电常数。用式（4-10-4）÷式（4-10-3）得：

$$\varepsilon_{\text{r}} = \frac{\dfrac{1}{f_2^2} - \dfrac{1}{f_1^2}}{\dfrac{1}{f_{02}^2} - \dfrac{1}{f_{01}^2}} \tag{4-10-5}$$

　　注意在实验的过程中应保持系统的状态不变，即保持分布电容 $C_{\text{分}}$ 为一定值才能消除分布电容对测量的影响。由式（4-10-5）可知，只要测量出谐振频率即可计算出液体介质的相对介电常数。

2. 用电桥法测量固体电介质的相对介电常数

　　用电桥法测量固体电介质的相对介电常数的原理如图 4-10-2 所示，图中是一组平行板组成的电容器，两极板的面积和极板间的间距是相同的。设固体的电介质样品的厚度为 t，面积为 S，当极板间的电介质为空气时测得的电容量为 C_1，放入固体电介质时测的得电容量为 C_2，可以写出下面的公式

$$C_1 = C_0 + C_{\text{边}1} + C_{\text{分}1} \tag{4-10-6}$$

$$C_2 = C_{\text{串}} + C_{\text{边}2} + C_{\text{分}2} \tag{4-10-7}$$

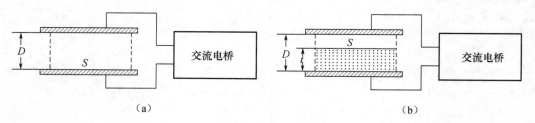

（a）　　　　　　　　　　　　　　　（b）

图 4-10-2　测量固体电介质的相对介电常数

式中，C_0 是极板间的电介质为空气时通过计算而得到的电容量 $C_0 = \dfrac{\varepsilon_0}{D}S$；$C_{\text{边}}$ 为样品面积之外电极间的电容量和边界电容；$C_{\text{分}}$ 为引线及测量系统等引起的分布电容；$C_{\text{串}}$ 为放入固体电介质时，电极间空气层和固体介质层串联而成的电容。如图 4-10-2（b），串联的电容可表示为

$$C_{\text{串}} = \frac{\dfrac{\varepsilon_0 S}{D-t} \cdot \dfrac{\varepsilon_{\text{r}}\varepsilon_0 S}{t}}{\dfrac{\varepsilon_0 S}{D-t} + \dfrac{\varepsilon_{\text{r}}\varepsilon_0 S}{t}} = \frac{\varepsilon_{\text{r}}\varepsilon_0 S}{t + \varepsilon_{\text{r}}(D-t)} \tag{4-10-8}$$

当两次测量中电极间距 D 为一定值，系统状态保持不变，则有 $C_{边1}=C_{边2}$，$C_{分1}=C_{分2}$。由式（4-10-6）、式（4-10-7）得

$$C_{串}=C_2-C_1+C_0 \qquad (4\text{-}10\text{-}9)$$

式（4-10-9）指出，只要测出 C_2，C_1 和 C_0，则 $C_{串}$ 可求，由式（4-10-8）可得到固体电介质的相对介电常数

$$\varepsilon_r=\frac{C_{串}\cdot t}{\varepsilon_0 S-C_{串}(D-t)} \qquad (4\text{-}10\text{-}10)$$

用交流电桥测量出电容 C_2 和 C_1 量值，并用测长仪器测量出 D、S、t 的量值，代入上式中即可求出相对介电常数 ε_r。交流电桥的使用方法见第五章实验四。

【实验仪器】

实验室提供以下实验仪器和量具：螺旋测微计、游标卡尺、交流电桥、介电常数测量仪（LC 振荡器）、液体电介质测量电极、固体电介质测微电极、频率计、测量样品等。下面简介固体电介质测微电极和频率计，其余仪器与量具的使用可参看其它实验的有关介绍。

1. 固体电介质测微电极

图 4-10-3 为固体电介质测微电极。测微器与上电极实际是一只螺旋测微计，上下电极之间安放待测样品，上下电极的间距 D 可以调整。

注意实验时应将两极板仔细清洁干净，电介质测微电极清洁时不要在极板上留有划痕。

2. 多功能计数器（频率计）

多功能计数器是一种精密的测试仪器，具有频率测量、周期测量、计数、PPM 测量等功能。本实验主要用它来测量频率。图 4-10-4 是多功能计数器面板。

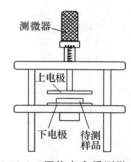

图 4-10-3　固体电介质测微电极

使用多功能计数器前先确定市电电压要在 220V（$\pm10\%$）范围内方可使用。读数方法见表 4-10-1 和表 4-10-2。

表 4-10-1	测量频率时的读数	
被测信号显示	指数值	频率
10.000000	0	10 Hz
10.000000	3	10 kHz
10.000000	6	10 MHz
3.0000000	9	3 GHz

表 4-10-2	测量周期时的读数	
被测信号显示	指数值	周期
1.0000000	0	1 s
100.00000	-3	100 ms
100.00000	-6	100 μs
100.00000	-9	100 ns

【实验任务和方法】

1. 测量液体电介质的相对介电常数

（1）掌握频率计（多功能计数器）、介电常数测试仪、液体电介质测量电极的使用方法。按照图 4-10-1 的原理连接电路。

（2）拟好比较详细的实验步骤，确定实验组数（6～10 组数据），根据测量中需记录的数据设计出数据表格。

2. 测量固体电介质的相对介电常数

（1）用游标卡尺和螺旋测微计测量出样品的直径 d 和厚度 t。（注意，样品的厚度要测

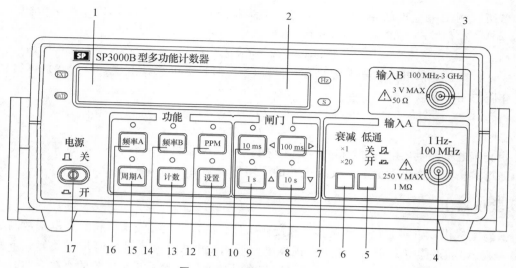

图 4-10-4   多功能计数器面板

1—测量数据显示窗口（显示频率、周期、计数的数据）；2—指数显示窗口（显示被测信号的指数量级）；3—B通道输入插座（被测频率>100 MHz时由此通道输入）；4—A通道输入插座（被测频率<100 MHz或作周期、计数测量时由此通道输入）；5—低频滤波器开关（按下此键可滤除低频信号上混有的高频成分）；6—衰减开关（按此键可衰减A通道信号20倍）；7—闸门选择按钮（按此按钮，闸门时间为100 ms；进行PPM测量时此按钮为向右移动钮）；8—闸门选择按钮（按此按钮，闸门时间为10 s；进行PPM测量时此按钮为数字递减按钮）；9—闸门选择按钮（按此按钮，闸门时间为1 s；进行PPM测量时此按钮为数字递增按钮）；10—闸门选择按钮（按此钮，闸门时间为10 ms；进行PPM测量时此按钮为向左移动按钮）；11—设置按钮（进行PPM测量时在1 Hz～100 MHz范围内对预置频率 F_0 进行任意设置，开机默认 F_0 = 32 768 Hz）；12—PPM测量按钮（按此按钮测量范围为−9999—+9999PPM，超出范围时显示9999PPM）；13—计数按钮（按此按钮仪器进入计数状态，A通道输入信号时依次按此钮仪器计数、停止、累加计数）；14—频率B按钮（当被测信号>100 MHz时，按此钮信号由B通道输入）；15—周期按钮（按此钮，可进行周期测量，信号由A通道输入）；

16—频率A按钮（当被测信号频率<100 MHz时按此钮仪器进入频率测量状态）；17—整机电源开关

量准确，其结果对实验的影响较大。）

（2）调节固体测微电极上下极板的间距 D 为样品的厚度 1.3 倍左右。

（3）拟好比较详细的实验步骤，确定实验组数（6～10组数据），样品的直径 d 和厚度 t 要在不同的位置测量，根据测量中需记录的数据设计出数据表格。

【思考题】

（1）请阅读有关交流电桥的实验内容，测量电容的交流电桥与测量其它阻抗的电桥有什么不同？

（2）频率计是测量何种物理量的仪器，本实验中如何使用？

（3）使用固体电介质测微电极测量样品之前为什么要仔细清洁两个极板？

（4）被测物理量中，哪个量的测量好坏对实验的结果影响大？

（5）在进行电容的测量时若要保持分布电容不变，在工作中应该注意些什么？

（6）在进行固体电介质的相对介电常数测量时，调节到固体测微电极上下极板的间距为 D，实验过程中此量值能否变化？

（7）你如何作出实验计划，准备测量多少组数据？

【创新设计】

1. 测量空气的介电常数和系统的分布电容

我们已经用电桥法测量了固体电介质的相对介电常数，仍然用这套装置，你能测量空气的介电常数 $\varepsilon_空$（$\varepsilon_0 \approx \varepsilon_空$）和系统的分布电容 $C_分$ 吗？请试做。

（提示：改变电容器极板的间距 D，不同的 D 值对应两极板间充满空气的电容量，有近似式 $C_空 = \dfrac{\varepsilon_0 S_0}{D} + C_分$，式中 S_0 为电容极板面积，由于变化的是 $C_空$ 和 D，可将此式改写成直线方程，用作图法或最小二乘法求出 $\varepsilon_空$、$C_分$。）

2. 通过已知的电容测量未知电容

介电常数的测量往往是通过测量电容来实现，如果有一个可调的标准电容 C_0 和一个可输出一定频率的交流信号源，请设计一个电路测量一个未知的电容 C_x。（提示：如将 C_0 和 C_x 串接在线路中近似地认为 C_0 和 C_x 的电阻 R_0 和 R_x 阻值很接近，即电容之比等于电容两端电压之比。）

阅读材料

新材料的研究开发和利用需要研究电介质，说到电介质必然联系到材料科学。在材料学科中对材料进行分类大致分为：金属材料、无机非金属材料（如陶瓷等）、有机高分子材料（如合成纤维，塑料等）、复合材料（通过复合工艺将几种不同的材料组合成新型的材料）。如果按材料的使用性能又可分为结构材料和功能材料。结构材料主要是利用材料的力学性能，功能材料则是利用材料的物理性能，如材料的光、电、磁、声等方面的效应。

随着科学技术不断发展和进步，具有各种物理功能的材料其重要的应用价值不断凸显，在此给同学们简介两种功能材料以增加同学们学习的兴趣。

1. 形状记忆合金材料

在金属材料中有一种新型的功能材料，称为记忆合金材料，如镍-钛记忆合金，这类合金有一种奇妙的记忆功能，在正常的温度下我们可以将这种材料做成所需的形状，然后在低温下将它压成一个团，便于携带，在需要的时候将温度提高，在到达某一特定的温度（称为转变温度）后，它将自动恢复到原来的形状。这种性质具有很高的应用价值。

1969 年 7 月 20 日阿波罗登月舱就带了一个直径数米的巨大的半球形天线到月球上，这个天线就是用镍-钛记忆合金材料制成的。在发射之前将这个天线降低温度后压成一个团装入登月舱，当到达月球后在太阳光的照射下，温度上升到 40 ℃时，天线又恢复成原来的形状。

具有记忆功能的材料大都是金属的合金，不同的合金材料有不同的转变温度，记忆合金的记忆变形的功能可以反复不断地使用。

2. 透明陶瓷

陶瓷一般都有这样一个特点，内部含有大量的细小的晶粒，晶粒与晶粒之间有气孔和一些玻璃状的物质，由于晶界、杂质、气孔的存在，光线照射陶瓷会被散射或吸收，因此是不透明的。

如果我们采用一定的方法，将陶瓷致密，可以使不透明的陶瓷变成透明的陶瓷。陶瓷透明后其机械强度和耐电压性将大幅度提高。

透明陶瓷比较重要的用途是作为电光陶瓷，这种陶瓷的光学性质可以随外加电场而改变。

如在电光陶瓷的表面上蒸镀上透明的电极，再将振动方向互相垂直的偏振片夹在两侧，可以制成护目镜片，如用光电二极管接收由各种原因产生的强烈闪光，光电二极管将接到的光信号变成电信号，由电信号控制透明陶瓷，陶瓷将在百分之几秒内由透明状态变成不透明，当强烈的闪光消失或光亮度降到对人的眼睛没有危害时，就又恢复到透明状态。

在透明的电光陶瓷上镀上光导膜，再蒸镀上电极，加上直流电压，可以存储图像，这种存储的图像可以借助光学系统直接观察或通过投影把它显示在屏幕上。如加上反向电场或用光照射，又可将存储的图像擦掉。

透明的陶瓷用途很多，如可以实现电控制的双折射，电控制可变滤色、测量电压的光电压计、全息存储，在日常生活和高科技中起着重要的作用。

实验十一　密立根油滴法测量电子电荷

密立根在 1910—1917 年所做的测量微小油滴上所带的电荷的工作，即是著名的密立根油滴实验，是近代物理发展过程中具有重要意义的实验，堪称物理实验的典范。密立根在这一实验工作中花费七年的心血，而取得了两项重要的成果：一是证明了电荷的不连续性，即电荷具有量子性，所有电荷都是基本电荷 e 的整数倍；二是测量并得到了基本电荷即电子电荷，其值为 $e=(1.602\pm0.002)\times10^{-19}$ C。

【实验目的】

（1）通过对带电油滴在重力场和静电场中运动的测量，验证电荷的不连续性，测定基本电荷的大小；

（2）通过对实验仪器的调节，油滴的选择、跟踪和测量，了解仪器的组成和工作原理；

（3）学习密立根油滴实验的设计思想，掌握实验数据处理方法。

【实验原理】

如图 4-11-1 所示。实验中，用喷雾器将油滴喷入两块相距为 d 水平放置的平行极板之

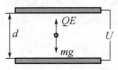

图 4-11-1　油滴受力分析

间，油滴在喷射时由于摩擦，一般都是带电的，设油滴的质量为 m，所带电荷量为 Q，两极板间电压为 U，则油滴在两平行极板之间将受到重力 mg 和电场力 $QE=Q\dfrac{U}{d}$ 的作用。调节两极板间的电压 U，可使两力相互抵消而达到平衡，此时油滴悬浮在两极板之间，此时

$$mg=Q\frac{U}{d} \tag{4-11-1}$$

可见，若想求出 Q，除应测出电压 U 和两极板间的距离 d 之外，还要想办法确定油滴的质量 m。由于 m 很小，所以必须用特殊的方法测定。

在两平行极板之间不加电场，油滴在重力作用下加速下落。此时，空气对油滴产生正比于油滴速度 v 的黏滞阻力 f。油滴在重力和黏滞阻力的共同作用下开始做加速度越来越小的

加速运动，当油滴的速度达到某一特定值 v_g 时，重力和空气的黏滞阻力相等，油滴开始做匀速运动，根据斯托克斯定律：

$$f = 6\pi r\eta v_g = mg \tag{4-11-2}$$

式中，η 为空气的黏滞系数；r 为油滴的半径。设油滴的密度为 ρ，则油滴的质量 m 可表示为：

$$m = \frac{4}{3}\pi r^3 \rho \tag{4-11-3}$$

由于油滴的半径非常小，与空气分子的平均自由程相近，因此油滴在空气中的运动不能看做是在连续介质中的运动，所以此时黏滞系数 η^t 与较大物体在空气中运动的黏滞系数有差别，需修正为：

$$\eta^t = \frac{\eta}{1 + \dfrac{b}{rp}} \tag{4-11-4}$$

式中，p 为大气压强，b 为修正常数。合并式（4-11-2）～式（4-11-4）得油滴的半径为：

$$r = \sqrt{\frac{9\eta v_g}{2\rho g\left(1 + \dfrac{b}{rp}\right)}} \tag{4-11-5}$$

将式（4-11-5）代入式（4-11-3）中，得油滴的质量：

$$m = \frac{4}{3}\pi \left[\frac{9\eta v_g}{2\rho g\left(1 + \dfrac{b}{rp}\right)}\right]^{\frac{3}{2}} \rho \tag{4-11-6}$$

根据实验确定油滴下落距离 l 和下落时间 t，即可求出油滴下落的速度 v_g：

$$v_g = \frac{l}{t} \tag{4-11-7}$$

由式（4-11-1）、式（4-11-6）、式（4-11-7）得测量油滴带电量公式：

$$Q = \frac{18\pi}{\sqrt{2\rho g}}\left[\frac{\eta l}{t\left(1 + \dfrac{b}{rp}\right)}\right]^{\frac{3}{2}} \frac{d}{U} \tag{4-11-8}$$

式中，$r = \sqrt{\dfrac{9\eta l}{2\rho g t}}$，将其代入上式并将 Q 中除测量量 t 和 U 之外的其余各量，提出两个系数 k_1 和 k_2，则

$$k_1 = \frac{18\pi}{\sqrt{2\rho g}}(\eta l)^{\frac{3}{2}} \cdot d; \quad k_2 = \frac{b}{p} \cdot \sqrt{\frac{2\rho g}{9\eta l}} \tag{4-11-9}$$

若 $l = 1.5$ mm，且取标准大气压，则

$$Q = ne = \frac{0.927\,7\times 10^{-14}}{\left[t(1 + 2.264\times 10^{-2}\sqrt{t})\right]^{\frac{3}{2}}} \cdot \frac{1}{U} \tag{4-11-10}$$

【实验仪器】

该实验仪器主要由 OM-99CCD 微机密立根油滴实验仪、黑白显示器、喷雾器和实验用油构成。

1. OM-99CCD 微机密立根油滴实验仪结构：

OM-99CCD 微机密立根油滴实验仪是该实验的主要组成部分，主要由油滴盒、CCD 电视显微镜、电路箱、监视器等组成（图 4-11-2）。

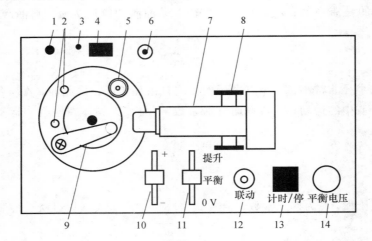

图 4-11-2　OM-99CCD 微机密立根油滴实验仪面板图

1—电源线；2—光源；3—指示灯；4—电源开关；5—水准仪；6—视频电缆；7—显微镜；8—调焦旋钮；

9—上电极压簧；10—极性开关；11—平衡开关；12—联动开关；13—计时开关；14—电压调节旋钮

面板上极性开关控制油滴盒的上极板的极性，平衡开关控制两极板间电压的大小。当平衡开关处于中间位置即"平衡"挡时，可用电压调节旋钮调节两极板间电压，使油滴所受重力和电场力相等达到平衡；将其拨至"提升"挡时，两极板间电压自动在平衡电压的基础上增加（200~300）V，油滴向上加速运动；拨至"0 V"挡时，两极板间的电压为 0 V，油滴向下加速运动。

油滴盒结构如图 4-11-3 所示。油雾室可以暂存油雾，使油雾不至于过早的散逸。防风罩可以避免外界空气流动对油滴的影响。油滴通过油雾孔进入到油滴盒中。我们所观察的油滴即在此处。

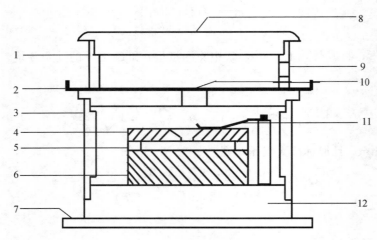

图 4-11-3　油滴盒结构图

1—油雾室；2—油雾孔开关；3—防风罩；4—上电极；5—油滴盒；6—下电极；7—座架；8—上盖板；

9—喷雾口；10—油雾孔；11—上电极压簧；12—油滴盒基座

2. 黑白显示器

黑白显示器主要用于观察油滴的运动，测量显示电路产生电子分化板刻度，与 CCD 电视摄像头的扫描严格同步，在显示器上形成测量油滴位移的水平线，不同水平线即为电极之间不同高度位置，每两条水平线之间的空间距离为 0.25 mm，共 9 条水平线，视场垂直方向观察范围 2 mm。屏幕右上角分别为测量电极之间电压的电压表和记录油滴下落时间的计时器。

【实验任务和方法】

1. 调节密立根油滴仪，使其处于水平状态

旋转密立根油滴仪底部的调平螺丝，使水准泡位于水准仪中央，从而使上、下极板处于水平状态，进而使两极板间的电场方向和重力方向平行，这样就可以避免油滴在运动的过程中出现左、右或前、后方向的偏移。

2. 练习控制油滴

控制油滴主要是控制油滴静止、向上运动和向下运动，其中油滴的向上和向下运动都是在静止基础上的运动。因此，首先要练习控制油滴静止。

将"平衡开关"置于平衡挡，利用喷雾器将钟油喷入两极板之间，调节"显微镜调焦旋钮"使显示器中可以看到足够多的油滴，再调节"电压调节"旋钮，使油滴平衡在两极板间某一位置，等待一段时间，观察油滴是否运动，若其向同一方向上下运动，则需继续调节平衡电压旋钮；若其向水平方向运动，则需检查两平行极板是否水平或是否有空气进入极板之间。若其基本稳定或只有在平衡位置的轻微的布朗运动，则可以认为该油滴基本达到了动态平衡。此时，黑白显示器右上角显示的电压值即为该油滴的平衡电压。

使一颗油滴静止在两极板之间时，若将"平衡开关"置于"提升"挡，则两极板间的电压迅速升高 200~300 V，电场力大于重力，因此油滴向上运动。当"平衡开关"置于"0 V"挡时，两极板间电压减为 0 V，油滴在重力作用下向下运动。

3. 练习选择油滴

一颗合格的油滴必须具备两个条件：一是油滴的平衡电压必须满足"100~300 V"之间；二是油滴的下落时间要求满足"8~50 s"之间。

油滴的平衡电压可以从黑白显示器右上角的电压表读出。测量油滴的下落时间，首先将油滴调至平衡状态，再利用平衡开关将油滴移至起始位置（从上向下数第二条水平线），再将"平衡开关"置于"0 V"挡，令油滴在重力作用下向下运动到终点线（从上向下数倒数第二条水平线）。读取黑白显示器右上角的计时器上显示的时间即为油滴的下落时间。

4. 正式测量

利用步骤 3 的方法选择 3 颗油滴，每颗油滴都要重复测量其平衡电压和下落时间 4 次，将测量结果填入表 4-11-1。

表 4-11-1 测油滴平衡电压及下落时间数据记录表

项目\测量次数	第一颗油滴		第二颗油滴		第三颗油滴	
	平衡电压 U_1/V	下落时间 t_1/s	平衡电压 U_2/V	下落时间 t_2/s	平衡电压 U_3/V	下落时间 t_3/s
1						
2						

项目 测量次数	第一颗油滴		第二颗油滴		第三颗油滴	
	平衡电压 U_1/V	下落时间 t_1/s	平衡电压 U_2/V	下落时间 t_2/s	平衡电压 U_3/V	下落时间 t_3/s
3						
4						
平均						
q_i/C						

【数据处理】

1. 计算每滴油滴所带电荷量。

$$q_i = \frac{0.927\,7 \times 10^{-14}}{\left[\bar{t_i}\left(1 + 2.264 \times 10^{-2}\sqrt{\bar{t_i}}\right)\right]^{\frac{3}{2}}} \cdot \frac{1}{\bar{U_i}}$$

2. 计算出每个油滴所带的基本电荷数目 n_i。（$e_{标} = 1.602 \times 10^{-19}$ C）

$$n_i = \frac{q_i}{e_{标}}$$

3. 计算实验测得的基本电荷量 $\bar{e}$。

$$e_i = \frac{q_i}{n_i}$$

$$\bar{e} = \sum_{i=1}^{n} \frac{e_i}{n}$$

4. 计算相对误差。

$$E = \frac{|\bar{e} - e_{标}|}{e_{标}} \times 100\%$$

【实验数据处理示例】

表 4-11-2　测油滴平衡电压及下落时间数据记录表

项目 测量次数	第一颗油滴		第二颗油滴		第三颗油滴	
	平衡电压 U_1/V	下落时间 t_1/s	平衡电压 U_2/V	下落时间 t_2/s	平衡电压 U_3/V	下落时间 t_3/s
1	133	20.32	180	17.44	162	11.59
2	133	19.72	171	17.46	161	11.55
3	133	20.18	166	16.94	160	11.62
4	133	20.43	163	17.71	162	11.85
平均	133	20.16	170	17.39	161	11.65
q/C	6.663×10^{-19}		6.574×10^{-19}		1.294×10^{-19}	

1. 计算每滴油滴所带电荷量。

$$q_1 = \frac{0.927\,7 \times 10^{-14}}{\left[\bar{t_1}\left(1 + 2.264 \times 10^{-2}\sqrt{\bar{t_1}}\right)\right]^{\frac{3}{2}}} \cdot \frac{1}{\bar{U_1}}$$

$$= \frac{0.927\,7 \times 10^{-14}}{[20.16 \times (1 + 2.264 \times 10^{-2} \times \sqrt{20.16})]^{\frac{3}{2}}} \times \frac{1}{133}$$

$$= 6.663 \times 10^{-19}\ \text{C}$$

$$q_2 = \frac{0.927\,7 \times 10^{-14}}{[\overline{t}_2 (1 + 2.264 \times 10^{-2} \sqrt{\overline{t}_2})]^{\frac{3}{2}}} \cdot \frac{1}{\overline{U}_2}$$

$$= \frac{0.927\,7 \times 10^{-14}}{[17.39 \times (1 + 2.264 \times 10^{-2} \times \sqrt{17.39})]^{\frac{3}{2}}} \times \frac{1}{170}$$

$$= 6.574 \times 10^{-19}\ \text{C}$$

$$q_3 = \frac{0.927\,7 \times 10^{-14}}{[\overline{t}_3 (1 + 2.264 \times 10^{-2} \sqrt{\overline{t}_3})]^{\frac{3}{2}}} \cdot \frac{1}{\overline{U}_3}$$

$$= \frac{0.927\,7 \times 10^{-14}}{[11.65 \times (1 + 2.264 \times 10^{-2} \times \sqrt{11.65})]^{\frac{3}{2}}} \times \frac{1}{161}$$

$$= 1.294 \times 10^{-18}\ \text{C}$$

2. 计算出每个油滴所带的基本电荷数目 n_i。（$e_{标} = 1.602 \times 10^{-19}$ C）

$$n_1 = \frac{q_1}{e_{标}} = \frac{6.663 \times 10^{-19}}{1.602 \times 10^{-19}} \approx 4.159 \approx 4$$

$$n_2 = \frac{q_2}{e_{标}} = \frac{6.574 \times 10^{-19}}{1.602 \times 10^{-19}} \approx 4.104 \approx 4$$

$$n_3 = \frac{q_3}{e_{标}} = \frac{1.294 \times 10^{-18}}{1.602 \times 10^{-19}} \approx 8.077 \approx 8$$

3. 计算实验测得的基本电荷量 $\overline{e}$。

$$e_1 = \frac{q_1}{n_1} = \frac{6.663 \times 10^{-19}}{4} \approx 1.666 \times 10^{-19}\ \text{C}$$

$$e_2 = \frac{q_2}{n_2} = \frac{6.574 \times 10^{-19}}{4} \approx 1.644 \times 10^{-19}\ \text{C}$$

$$e_3 = \frac{q_3}{n_3} = \frac{1.294 \times 10^{-18}}{8} \approx 1.618 \times 10^{-19}\ \text{C}$$

$$\overline{e} = \sum_{i=1}^{n} \frac{e_i}{n} = \frac{(1.666 + 1.644 + 1.618) \times 10^{-19}}{3} \approx 1.643 \times 10^{-19}\ \text{C}$$

4. 计算相对误差。

$$E = \frac{|\overline{e} - e_{标}|}{e_{标}} \times 100\% = \frac{|1.643 \times 10^{-19} - 1.602 \times 10^{-19}|}{1.602 \times 10^{-19}} \times 100\% \approx 2.6\%$$

【注意事项】

（1）通电情况下不得触及电极，避免发生电击；

（2）喷油时，只需喷一两下即可，不要喷太多，不然会堵塞小孔；

（3）如果喷雾器内还有剩余的油，不用时请将喷雾器立置（保持喷口向上），否则油会泄露在实验台上；

（4）每次重复测量时，都要重新测量平衡电压。

【思考题】

（1）两极板不水平对测量有什么影响？

（2）喷油时"平衡开关"应处在什么位置？为什么？

（3）发现油滴有横向运动，能否正常测量？为什么？

（4）如何选择和控制待测油滴？

（5）在测量油滴匀速下降一段距离 l 所需时间 t 时，应选取哪段 l 最合适？

【创新设计】

（1）基于 CCD 密立根油滴仪设计实验方案测量空气的黏滞系数；

（2）基于 Python 语言的图像识别功能对密立根油滴实验进行改进。

实验十二 全 息 照 相

全息照相（或称全息术）是利用光的干涉原理记录物光波和利用光的衍射原理再现物光波的一门立体摄影技术。

从用激光作为光源拍摄出第一张具有实用价值的全息照片起，至今已发展到不仅可以用激光拍摄、激光再现，而且已经发明了激光拍摄、白光再现的全息术，如反射全息、彩虹全息及合成全息等。同时也开始了利用白光记录全息图的研究工作。

现在全息照相的理论已应用于信息储存、图像识别、干涉计量、无损检测、物体的表面研究、遥感技术、生物医学及军事科学的各个门类，也深入到我们的日常生活中，如：书籍装帧、防伪商标、家庭玩具和工艺品等。本实验将通过静态全息照相的拍摄和再现，了解全息照相的主要特征及操作要领。

【实验目的】

（1）了解全息照相的基本原理和特点。

（2）学习静物全息照相的拍摄方法。

（3）了解再现全息物像的性质和方法。

【实验原理】

1. 全息照相的概述

普通照相是把物体表面漫反射的光波，经过照相机的镜头，形成物体的像，如果在像位置上放一感光底片，因像的照度和物体相应各点的光强成正比，所以底片经曝光、显影后，就可以得到一个明暗与被摄物体成反比的物体像（负片），把像上的光强分布记录在感光片上，经冲洗加工，在照相纸上就可以得到一个普通的相片。由于普通照相所用的感光材料的感光特性，其频率响应远跟不上光波的频率，感光的程度仅仅与总的曝光量有关，照片上记录的是物体的光强分布，也就是只记录的是物光的振幅，没有把物光的全部信息（振幅、相位）都记录下来。这种照片看上去是平面的，失去了原物体的立体感，所以普通照相得到的只是一个二维的平面图像。

全息照相则完全不同，它不用相机镜头，而是引入了一个相干的参考光，使其与从物体表面漫反射的物光波在全息干板上发生干涉，从而把物光波携带的全部信息（振幅和相位）记录在全息干板上，即利用干涉现象把每个物点的振幅和相位信息，在平面的介质中以干涉图样的形式记录下来。经过显影、定影等暗室内的处理，把干涉图样留在干板中，这样就拍摄成一个三维的全息照片。干涉图样的亮暗对比反映了物光波振幅的大小，条纹的形状、间隔、走向等几何特征则反映了物光波的相位分布。

全息照相拍摄到的干涉图像呈现的是一幅斑纹状的图样，如果放在高倍显微镜下将看到一幅很复杂细纹状的光栅结构，那么利用光的衍射原理，用与原参考光束入射方向相同的光束（再现光束）照射在全息图（光栅）上，再现光束透过全息图发生衍射，在光栅的衍射光波中可以看到一个与原物体相同的三维立体图像。

全息照相包含有两个过程，第一步是将物光波的全部信息记录在感光材料上，称为记录，第二步用原参考光照明这个感光材料，使其再现原始物体的光波，称为再现。全息照相的基本原理对其它的波动过程也都是适用的。

2. 全息照相的数学描述

（1）全息照相的记录　如图 4-12-1 所示是漫反射全息照相拍摄（记录）的光路，分束镜将激光光束分成两束，一束激光经平面镜 M_1、扩束镜 L_1 照射到被摄的物体上，经物体的漫反射，照射到全息干板 E 上，称为物光波 $\widetilde{U}_0$；另一束激光经平面镜 M_2、扩束镜 L_2 直接照射到全息干板 E 上，称为参考光波 $\widetilde{U}_R$。

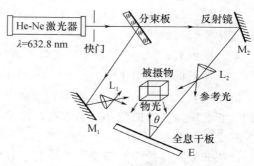

图 4-12-1　全息照相的记录光路

两束光将在全息干板上产生干涉，形成干涉条纹。设

物光波：
$$\widetilde{U}_0(x,y)=A_0(x,y)\cdot e^{-i\varphi_0(x,y)} \tag{4-12-1}$$

参考光波：
$$\widetilde{U}_R(x,y)=A_r(x,y)\cdot e^{-i\varphi(x,y)} \tag{4-12-2}$$

式中，A_0，A_r，φ_0，φ 分别为物光波、参考光波的振幅和初相位。当两光波发生干涉，其合成光波为：

$$\widetilde{U}(x,y)=\widetilde{U}_0(x,y)+\widetilde{U}_R(x,y) \tag{4-12-3}$$

合成光强为：

$$
\begin{aligned}
I(x,y)&=\widetilde{U}(x,y)\cdot\widetilde{U}(x,y)^*\\
&=[\widetilde{U}_0(x,y)+\widetilde{U}_R(x,y)]\cdot[\widetilde{U}_0(x,y)^*+\widetilde{U}_R(x,y)^*]\\
&=A_0^2(x,y)+A_r^2(x,y)+A_0A_re^{i(\varphi-\varphi_0)}+A_0A_re^{-i(\varphi-\varphi_0)}
\end{aligned}
$$

$$\tag{4-12-4}$$

式中，第一项 $A_0^2(x,y)$ 为物光波的光强分布；第二项 $A_r^2(x,y)$ 为参考光波光强分布；第三项、第四项是交叉项，由物光波和参考光波干涉产生。记录下来之后，形成了干涉图像——光栅，它包含有物光波的振幅和相位信息。

（2）物光波的再现　记录有物光波全部信息的干板经显影、定影即成为一张全息图片。将其放回拍摄时的原光路图中，仅用参考光将其照明就可以观察到物像的再现。

图 4-12-2 是全息干板的曝光特性曲线。曲线上的 a、b 段为线性工作区，我们在记录拍摄全息图片时可以适当控制干板的曝光量和显影的时间，使得显影后的全息图振幅的透过

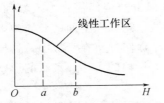

图 4-12-2　全息干板的曝光特性曲线

率 t 与曝光量 H 成线性关系。即透过率：

$$t = t_0 + \beta H = t_0 + \beta T I \qquad (4\text{-}12\text{-}5)$$

式中，t_0 为未曝光干板的振幅透过率；β 和 T 分别为全息干板感光度和曝光时间；I 为物光波和参考光波的合光强。用原参考光照射全息图时，经过全息图的衍射后的透射光波为：

$$\tilde{U}(x,\,y) = \tilde{U}_R \cdot t = A_r e^{-i\varphi(t_0 + \beta T I)}$$

$$= A_r e^{-i\varphi}[t_0 + \beta T(A_0^2 + A_r^2 + A_0 A_r e^{i(\varphi-\varphi_0)} + A_0 A_r e^{-i(2\varphi-\varphi_0)})] + \beta T A_r^2 A_0 e^{-i(2\varphi-\varphi_0)}$$

$$= (t_0 + \beta T A_r^2)A_r e^{-i\varphi} + \beta T A_0^2 A_r e^{-i\varphi} + \beta T A_r^2 A_0 e^{-i\varphi_0} + \beta T A_r^2 A_0 e^{-i(2\varphi-\varphi_0)}$$

$$(4\text{-}12\text{-}6)$$

由式（4-12-6）中可以看出透过全息图片的光波由四项内容组成。

第一项：$(t_0 + \beta T A_r^2)A_r e^{-i\varphi}$ 是沿再现光方向上的透射光，振幅是再现光的 $t_0 + \beta T A_r^2$ 倍，这是零级衍射光。

第二项：$\beta T A_0^2 A_r e^{-i\varphi}$ 也是沿再现光方向上的透射光，由于 A_0 不是常数使得此项透射光有一定的扩散，但由于 A_0 一般较 A_r 小很多，因此这项可以忽略。

第三项：$\beta T A_r^2 A_0 e^{-i\varphi_0}$ 是沿原物光波方向的透射光，也就是原来物光波的波前再现光。我们沿着此项光波方向观察，感觉到好像在原物处（原物已取走）依然有一个与原物完全一样的三维物体存在，这是一个没有畸变，放大率为 1 的一个虚像（若再现不是原来的参考光，此项光波产生的像有畸变，大小也会有变化）。从衍射的角度来看是 +1 级的衍射光。

第四项：$\beta T A_r^2 A_0 e^{-i(2\varphi-\varphi_0)} = \beta T A_r^2 e^{-i2\varphi} A_0 e^{i\varphi_0}$，式中 $A_0 e^{i\varphi_0}$ 是物光波的共轭光波，它表示的是与原物光传播方向相反的光，是一束会聚光，在全息图前可观察到实像。$A_r^2 e^{-i2\varphi}$ 的作用是使共轭物光波 $A_0 e^{i\varphi_0}$ 偏离原方向 2θ 角，θ 是物光与参考光之间的夹角。所以此光波在偏离原物光角方向上形成一个实像。

全息图的观察方法如图 4-12-3 所示，原物虚像的观察比较简单，只要将处理后的全息图放在原处用参考光 $\tilde{U}$ 照明，沿着原物光波的方向观察即可以看到原物的虚像，若想得到一个没有畸变的实像则用原参考光的共轭光波 $\tilde{U}_R^*$ 来照明全息图，然后用一块毛玻璃在如图 4-12-4 所示被摄物处移动可接收到实像。

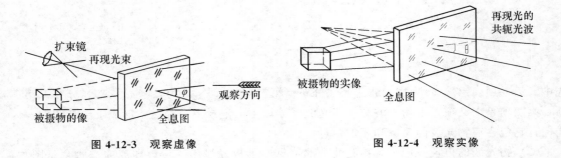

图 4-12-3　观察虚像　　　　　　　　　图 4-12-4　观察实像

3. 全息照相的特点

（1）全息图的体视特征：全息图再现出的被摄物的形象是逼真的三维立体形象，它具有显著的视差特性。图 4-12-5 是以不同的方向去观察全息图时所看到的不同效果。

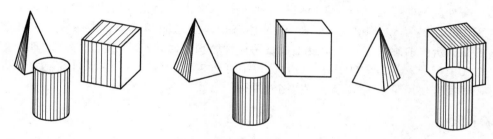

图 4-12-5　全息图的体视特征

（2）全息图的可分割性：因为全息图上任一小区域都分别记录了从不同物点发出的不同倾角的物光波信息，所以任一部分的碎片仍然能够再现出完整的被摄物的形象，只不过图像的分辨率要降低一些。

（3）全息图的再现亮度可调：因为照射全息图的再现光是入射光的一部分，所以再现光越强，再现的像就越亮，反之则越暗。实验指出，亮暗的调节可达 10^3 倍。

（4）全息图再现像的景深范围很大：从理论上分析，拍摄和再现时相干光的相干长度决定景深范围。激光的相干长度较大，因此景深范围较大。观测细小物体的运动特别是悬浮体的运动，利用全息技术比较方便。

（5）全息图的多重记录性：同一张全息干板可以多次重复曝光记录。一般只要在每次拍摄曝光之前稍微改变全息干板的方位，或改变参考光的入射方向；物体在空间的位置就可以在同一全息干板上重叠记录。在观察不同景物的再现像时，只要适当转动全息图即可。

（6）全息图再现的像可放大、缩小：用不同波长的激光照射全息图，由于与拍摄记录时所用的激光的波长不同，再现的物像就会放大或缩小（物像变化是波长放大或缩小的结果）。

（7）全息图易于复制：全息图没有正负片之分。如将拍摄记录的全息图与未感光的全息干板相对压紧进行翻拍就可以得到一张新的子全息图，用激光照射这个子全息图，仍然可以获得与母片相同的再现像。这是因为全息图中的干涉条纹对于母片和子片来说，只相当于在全息干板上 位移了半个条纹宽度（相位差 π），而这一区别对再现的衍射现象来说是不易被察觉的。

4. 全息照相装置的基本条件

（1）要有一个好的相干光源：对于一般较小的漫反射物体常常用 He-Ne 激光作为相干光源。He-Ne 激光的波长 $\lambda=632.8$ nm，相干长度约 20 cm。但它的相干长度仍是有限的，为了保证拍摄到较好的全息图，应使物光和参考光的光程差要小，一般要求在 0～4 cm 之间。

（2）要有一个足够稳定的全息光学平台：全息图上的干涉条纹是很细密的，从理论分析可知条纹的宽度 $d=\dfrac{\lambda}{2\sin\dfrac{\theta}{2}}$，由此公式可估计一下条纹的宽度：当物光波与参考光波之间的夹角 $\theta=60°$，$\lambda=632.8$ nm，则 $d=10^{-4}$ cm 左右。可见在拍摄记录时，条纹移动不能大于 10^{-5} cm。因此在记录的过程中，每一个光学元件有一任何微小的移动或振动，哪怕是气流的扰动，都可能会使干涉条纹不清，无法再现原始的物像。因此在拍摄记录过程中，光路中各个光学元件都必须牢牢固定在防震的光学平台上面。从公式可知，当 θ 减小时，d 增大。抗干扰性增强。综合考虑 θ 角在 30°～40° 之间较合适。另外缩短曝光时间，保持环境安静都是有利于记录的。

（3）高分辨率的感光材料：普通照相用的感光材料由于银化合物的颗粒较粗，故感光底片分辨率较低，仅为 50～100 条/mm，不能用来记录全息照相中细密的条纹。因此必须采用特制的高分辨率的感光底片。全息干板是用极细微颗粒卤化银明胶乳剂涂在玻璃板上制成的，分为几个型号。其中全息 I 型干板，分辨率可达 3 000 条/mm，它对红光感光，安全灯为绿灯，很适合使用于 He-Ne 激光拍摄全息图。

【实验仪器】

为满足全息照相的要求，需要的设备仪器有：全息防震台、He-Ne 激光器、全息干板、反射镜、分束镜、扩束镜、全息干板架、灵敏电流计、硅光电池、多个三维调节磁性吸附台座及暗室需要的各类药品等。下面简介主要的仪器设备。

（1）全息防震台：20 世纪 80 年代生产的防震台是由 1.0 cm 厚的钢板和防震的气囊组成，各种光学元件可以用磁钢或螺钉固定在钢板上。其价格比较便宜。近几年来国内已有很多厂家生产精密隔震的各类型号的光学平台，器件齐全，防震效果好，更适宜全息照相及多种光学实验的使用。

（2）激光器：激光器的种类很多，实验室最常用的是 He-Ne 激光器。此种激光器的结构是一个气体放电管，管内充有氦、氖混合气体，管两端有反射镜构成谐振腔，光在两端反射镜面间多次反射，形成持续振荡，输出激光。He-Ne 激光器输出光波的波长 $\lambda=$ 632.8 nm。输出功率在几毫瓦～几十毫瓦之间。使激光器工作的"点火"电压在几千伏左右，操作时应严防触电，由激光管射出的激光束，能量高度集中，切勿迎着激光束直接观看。

（3）灵敏电流计：它是一种高灵敏度的仪表，用来测量微弱电流或微弱电压。如光电流、生理电流、温差电动势等。电流测量范围 $10^{-6}\sim10^{-9}$ mA，电压测量范围 $10^{-3}\sim10^{-6}$ V。

【实验任务和方法】

1. 实验任务

（1）学习光路的布置及全息照相的各类设备仪器的调整检查技术。

将各光学元件按图 4-12-6 所示，在防震光学平台上布置成一个迈克尔逊干涉光路，以检查光学平台的稳定性。

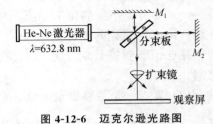

图 4-12-6　迈克尔逊光路图

（2）拍摄静物的全息图。

调节光路：按图 4-12-1 排好光路。（调节时全息干板不要放上，先用一白屏代替）测量物光光程和参考光光程，使参考光束和物光束的光程尽量相等。测量出参考光束和物光束光强，调节好一个合适的光强比，根据总光强确定曝光时间进行曝光，冲洗干板后就可以得到一张全息图。

（3）观察全息图的再现像。

首先看彩虹，将全息图放在白光下可由透射光或反射光看其是否有彩色衍射光（彩虹），如有的话说明拍摄成功。将拍摄好的全息图放回光路中，遮住物光和被拍摄物体，用参考光来照明，可以观察到物像。如用一白光屏在再现光波的另一侧的适当位置可以接收到物体的实像。

2. 实验方法

（1）检查光学平台的稳定性，调节迈克尔逊干涉仪，使屏上出现干涉条纹。观察在设定的曝光时间内，有无超过 $\frac{1}{4}$ 条纹间距的变化，如果没有这样大的变化，防震光学平台可以使用。如超出了变化的要求，则还要检查光学平台的防震情况。如检查各光学元件是否夹紧等。

（2）拍摄全息图时控制物光束与参考光束的光程差不要超出 4 cm，夹角 θ 在 30°～40° 之间。光强比一般控制在 8∶1～1∶1 之间比较合适，光束的强度可以使用硅光电池和灵敏电流计来测量。照射到光屏上的光束强度的大小，可以移动扩束镜的位置进行调节（亦可使用不同焦距的扩束镜或衰减片进行调节）。曝光时间由激光器的功率、全息干板的感光灵敏度、物体的大小及漫反射的性能等来确定。需要几秒到几十秒，甚至更长时间。最佳时间应通过试拍确定。冲洗干板可使用 D-19 显影液、F-5 酸性定影液。

（3）全息图的观察，看彩虹时彩虹越亮说明全息图的衍射效率越高，反之则低（遇到这种情况可漂白处理）。若要顺利地看到一个和原物体一样的实像需用原参考光的共轭光波 $\tilde{U}_R^*$ 来照明全息图，方可接收到实像。

【注意事项】

（1）绝对不允许直视经过聚焦的或经镜面反射后再聚焦的激光光束，防止损伤视网膜。

（2）不用手触摸实验仪器的光学元件的镜面。

（3）在拍摄全息照片时，要保持室内安静，一定不要触及防震平台。

（4）本实验中曝光时间、显影时间以及光路都不是唯一的，需要根据实际情况调整到最佳状态。

【思考题】

（1）普通照相与全息照相有什么不同，全息照相主要特点是什么？

（2）拍摄全息照相必须具备哪些基本条件，拍摄一张好的全息图关键是什么？

（3）为什么要求光路中的物光束和参考光束的光程尽量相等？

（4）如何判断全息图拍摄成功，干涉条纹的亮暗对比和疏密程度反映了什么？

（5）如何观察再现的物像，扩束的大小及照明方向的改变对再现有什么影响？

（6）如用物光照明全息图，将看到什么样的情况？

 阅读材料

全息电影

全息电影是将全息术与电影技术相结合的产物，它是利用光的干涉原理和人眼的视觉残留效应，将被摄的运动景物以一定的时间频率和干涉条纹的形式记录在具有高分辨率的全息胶片上，用一种特殊的放映机放映，观众就可以看到屏幕上的运动着的景象具有三维的立体效果，很难同真实的景物相区别。全息电影的图像非常逼真，而且亮度高、景深大、信息的密度高。还有，观看全息电影不用戴偏振眼镜，欣赏起来非常舒适。

研制全息电影主要的工作有如下几个方面：首先是拍摄及放映系统的研制、制作比较大

的屏幕、高分辨率全息胶片的研发；其次要使制作出的屏幕应具有这样一种功能：在较大的面积上能把单个空间立体像扩变成 200～400 个或者更多的空间立体像。

现在有几种全息电影的方案，一种被称为透镜-点聚焦系统，另外一种称为傅里叶变换-线聚焦系统，还有一种是彩色合成系统和点扫描系统。这些方案有各自的优点。共同点是能以较小的全息图供给大量的观众看。而且胶片上有脏点或划痕都不影响影像的质量。早在 1975 年苏联就完成了透镜点聚焦系统的实验的验证，并放映了一部长为两分钟的单色全息影片。这之后法国巴黎大学和 Besancon 大学共同研制的全息电影曾经做过公演，但容纳的人数甚少。

目前全息电影距离全面的实际应用还要有待一些时日，但是全息电影迷人的前景必将引起更多人的关心和瞩目。

【创新设计】

由全息照相的实验已经知道了，全息图是两束相干光发生干涉的图样。干涉条纹相当于一个比较复杂的光栅。那么调整物光束和参考光束均为平行光时，它们的干涉结果将是一组平行的条纹——光栅。这种光栅是用全息照相的方法制成的，故称为全息光栅。全息光栅的应用较广，制作方便，希望同学们能利用实验室现有的设备，设计一个制作全息光栅的实验，并能将自己拍摄的全息光栅应用于其它光学实验中去。

提示：

（1）选择仪器设备：全套全息照相的设备，两个望远镜（倒置后可将物光束和参考光束扩展成两束平行光），衰减片，小孔光栏等。

（2）设计实验光路：使两束光在全息干板处的夹角为 15°～20°，光强比为 1∶1，光程差约等于零。

（3）曝光时间：曝光时间可通过试拍确定。

（4）拍摄全息光栅：参照全息照相的过程拍摄出全息光栅。

（5）确定光栅常数：用一激光束垂直照射全息光栅，观察衍射条纹，按下面公式估算光栅常数 d：

$$d = \frac{L\lambda}{\Delta}$$

式中，L 为全息光栅到两光源平面的垂直距离；Δ 为干涉纹的间距；λ 为入射光的波长。

第五章

设计与研究性实验

实验一 不规则石蜡块密度的测量

物体的密度是物体的基本物理性质之一，其测量在理论和工程上都有着重要的意义，物体密度的测量也是物理实验的基本课题。对于不规则物体密度的测量需要特别的测量方法，流体静力称衡法是比较常用的一种方法，它可以在不损坏物体的情况下巧妙地测出物体的密度。

【实验目的】

（1）学会物理天平的使用。

（2）掌握用流体静力称衡法测量物体密度的方法。

【实验原理】

设物体的质量为 m，体积为 V，则物体的密度定义为：

$$\rho = \frac{m}{V} \tag{5-1-1}$$

物体的质量可以通过天平精确测得，如果物体形状是规则的可以通过长度测量而测出物体的体积，但如果物体的体积是不规则的，就需要特殊的方法来测量。实验上常用流体静力称衡法来测出不规则物体的体积。

物体的密度小于液体的密度，为使物体完全浸没在液体中，需要在物体下面拴一个密度大于液体密度的重物。设物体在空气中的质量为 m，重物在空气中的质量为 M，不考虑空气的浮力。将物体和重物完全浸没在液体中，称衡，此时天平砝码的质量为 m_1，有：

$$m_1 g = mg - F_m + Mg - F_M \tag{5-1-2}$$

式中，F_m 为物体在液体中的浮力；F_M 为重物在液体中的浮力。如果将物体提到液面之上，而重物保持在液体中，称衡，此时天平砝码的质量为 m_2，有：

$$m_2 g = mg + Mg - F_M \tag{5-1-3}$$

联合式（5-1-2）和式（5-1-3），可得物体在液体中的浮力：

$$F_m = m_2 g - m_1 g \tag{5-1-4}$$

根据阿基米德原理，物体在液体中所受的浮力等于物体所排开液体的重量，即

$$F_m = \rho_0 V g \qquad (5-1-5)$$

实验中的液体为水，ρ_0 为水的密度，物体为石蜡，V 为石蜡的体积，则石蜡的密度为：

$$\rho = \frac{m}{m_2 - m_1}\rho_0 \qquad (5-1-6)$$

式中，并没有明显地出现重物的质量，重物的质量间接地反映在 m_1 和 m_2 中，但因为式中是以二者相减的形式出现，实际上重物并不影响测量结果。

【实验仪器】

卡尺、螺旋测微器、物理天平、温度计、石蜡、重物。

【实验任务和方法】

（1）用天平测出蜡块在空气中的质量 m；

（2）将蜡块拴上重物，并让重物浸入水中，而让蜡块在空气之中，测出 m_2；

（3）将蜡块和重物完全浸入水中，测出 m_1；

（4）由温度计测出水温，查到对应温度水的密度 ρ_0；

（5）计算石蜡的密度 ρ，并计算结果的不确定度。要求测量结果的不确定度小于 1%。

【数据处理】

数据表格根据需要自拟。

石蜡密度的相对不确定度：

$$\frac{u(\rho)}{\rho} = \sqrt{\left(\frac{u(m)}{m}\right)^2 + \left(\frac{u(m_1)}{m_2 - m_1}\right)^2 + \left(\frac{u(m_2)}{m_2 - m_1}\right)^2}$$

写出石蜡密度结果表达式：

$$\rho = \bar{\rho} \pm U$$

【创新设计】

设计一个实验来测量煤油的密度。推导出理论公式，画出实验草图，拟订实验步骤。

实验二　伏安法测电阻及电表的选择

测量电阻有很多的方法，如万用表法、数字欧姆表法、电桥法、电位差计法、伏安法等。所谓伏安法就是用伏特表和安培表测量电阻的方法。伏安法一般只用于通电回路中，或用于测量非线性电阻在某一电流时的电阻值。这种方法虽然比较简单，但误差较大。误差的主要来源有两项，一是方法误差，是由接线方法不完善造成的；二是仪表误差，是由电压表和电流表的准确度不高造成的。

本实验的主要目的是了解和掌握减小这两种误差的途径和方法，并根据测量不确定度的要求合理选择电压表和电流表的参数。

【实验目的】

（1）学会用伏安法测电阻；

（2）了解和掌握减小误差的途径和方法；

（3）根据测量不确定度的要求合理选择电压表和电流表的参数。

【实验原理】

1. 方法误差

根据电流表与电压表相互位置的不同，有两种接线方法，一是电流表在电压表的内侧（图 5-2-1）称为内接法；二是电流表在电压表的外侧（图 5-2-2）称为外接法。

图 5-2-1　内接法　　　　　　　　　　　图 5-2-2　外接法

若被测电阻的客观值为 R_x，在 R_x 中流过的电流为 I_x，在 R_x 两端的电压为 V_x，则

$$R_x = \frac{V_x}{I_x} \tag{5-2-1}$$

但是无论采用内接法还是外接法，两表不能同时既给出 V_x，又出 I_x。在这种情况下将电表的示值 V 和 I 代入式（5-2-1），得

$$R = \frac{V}{I} \tag{5-2-2}$$

必然要造成测量误差。

采用内接法时，电流表的示值 I 就是 I_x，即 $I = I_x$，但电压表的示值 V 却不是 V_x，而是 R_x 上的电压 V_x 与电流表上的电压 V_A 之和 $V = V_x + V_A = V_x + I_x R_A$

式中 R_A 是电流表的内阻。代入式（5-2-2），内接法的测量值为

$$R_内 = \frac{V}{I} = \frac{V_x + I_x R_A}{I_x} = \frac{V_x}{I_x} + R_A$$

由式（5-2-1），得内接法的测量值

$$R_内 = R_x + R_A \tag{5-2-3}$$

内接法的测量误差为

$\Delta R_内 = R_内 + R_x$，由式（5-2-3）得

$$R_内 = R_A \tag{5-2-4}$$

内接法的相对误差可以写成

$$E_内 = \frac{\Delta R_内}{R_x} = \frac{R_A}{R_x} \tag{5-2-5}$$

可见，只有当 $R_x \gg R_A$ 时，才适合采用内接法。

内接法的方法误差，来源于电压表的示值 V 不是 V_x，采用外接法时，可以弥补这一缺憾，电压表的示值 V 就是 V_x，即 $V = V_x$，但电流表的示值 I 却不是 I_x，而是 V_x 中流过的电流 I_x 与电压表中流过的电流 I_v 之和

$$I = I_x + I_v = \frac{V}{R_x} + \frac{V}{R_V} = \frac{R_x + R_v}{R_x R_v}$$

R_V 是电压表的内阻，代入式（5-2-2），得外接法的测量值为

$$R_{\text{外}} = \frac{V}{I} = \frac{R_x R_v}{R_x + R_v} \qquad (5\text{-}2\text{-}6)$$

外接法的测量误差为

$$\Delta R_{\text{外}} = R_{\text{外}} - R_x = \frac{-R_x^2}{R_x + R_v} \qquad (5\text{-}2\text{-}7)$$

外接法的相对测量误差可以写成

$$E_{\text{外}} = \frac{\Delta R_{\text{外}}}{R_x} = \frac{-R_x}{R_x + R_v} \qquad (5\text{-}2\text{-}8)$$

可见，只有 $R_x \ll R_v$ 时，才适合采用外接法，若满足这一条件，上式还可以写成

$$|E_{\text{外}}| = \frac{R_x}{R_v} \qquad (5\text{-}2\text{-}8)$$

比较式（5-2-5）与式（5-2-8），可以看出：若 $R_x > \sqrt{R_A R_v}$，内接法误差小于外接法误差；若 $R_x < \sqrt{R_A R_v}$，则外接法的误差小于内接法的误差。

如果要求把方法误差降到最小，以至于与仪器误差比较可以忽略不计，则应对测量结果进行修正。设内接法的修正值为 $C_{\text{内}}$，外接法的修正值为 $C_{\text{外}}$，由于修正值等于误差的负值，所以由式（5-2-4）和式（5-2-7）可得

$$C_{\text{内}} = -\Delta R_{\text{内}} = -R_A \qquad (5\text{-}2\text{-}9)$$

$$C_{\text{外}} = -\Delta R_{\text{外}} = \frac{R_x^2}{R_x + R_v} \qquad (5\text{-}2\text{-}10)$$

由式（5-2-9）得，内接法的修正公式为

$$R_x = \frac{V}{I} R_A \qquad (5\text{-}2\text{-}11)$$

由式（5-2-10）得，外接法的修正公式似乎可以写成

$$R_x = \frac{V}{I} + \frac{R_x^2}{R_x + R_v}$$

细心的读者已经看出，等号右端第二项中的 R_x 是被测电阻修正以后的真实值，目前还是一个未知量。原因是式（5-2-10）中的 $\Delta R_{\text{外}}$ 表达式只能用于理论分析而不能用来实际计算。下面设法用已知量来表达 $\Delta R_{\text{外}}$。

由式（5-2-6）、式（5-2-7）得

$$\frac{\Delta R_{\text{外}}}{R_{\text{外}}} = \frac{\dfrac{-R_x^2}{R_x + R_v}}{\dfrac{R_x R_v}{R_x + R_v}} = -\frac{R_x}{R_v}$$

由上式解出 $\Delta R_{\text{外}} = -\dfrac{R_{\text{外}}^2}{R_v - R_{\text{外}}}$，再代入式（5-2-10）中，得 $C_{\text{外}} = \dfrac{R_{\text{外}}^2}{R_v - R_{\text{外}}}$，这时，外接法的修正公式可以写成

$$R_x = \frac{V}{I} + \frac{R_{\text{外}}^2}{R_v - R_{\text{外}}} \qquad (5\text{-}2\text{-}12)$$

2. 仪器误差

电压表和电流表的最大允许误差决定于它们的准确度等级。若电压表、电流表的准确度等级分别是 a_V 和 a_I，则

电压表的最大允许误差　　　　　　　　$\Delta V = a_{\mathrm{V}}\% \cdot V_{\mathrm{m}}$　　　　　　　　　　　　（5-2-13）

电流表的最大允许误差　　　　　　　　$\Delta I = a_{\mathrm{I}}\% \cdot I_{\mathrm{m}}$　　　　　　　　　　　　（5-2-14）

V_{m} 是电压表的量限，I_{m} 是电流表的量限。为了避免繁琐的换算，可以近似地认为，电表的最大允许误差大体上与测量结果的扩展不确定度相等。电压测量值的扩展不确定度写成为 $U_{\mathrm{V}} = \Delta V$，电流测量值的扩展不确定度写为 $U_{\mathrm{I}} = \Delta I$，将式（5-2-13）、式（5-2-14）代入，得到

$$U_{\mathrm{V}} = a \mathrm{V}\% \cdot V_{\mathrm{m}}$$

$$U_{\mathrm{I}} = a_{\mathrm{I}}\% \cdot I_{\mathrm{m}}$$

它们的相对扩展不确定度分别是

$$\frac{U_{\mathrm{V}}}{V} = \frac{a_{\mathrm{V}}\% \cdot V_{\mathrm{m}}}{V} \tag{5-2-15}$$

$$\frac{U_{\mathrm{I}}}{I} = \frac{a_{\mathrm{I}}\% \cdot V_{\mathrm{m}}}{I} \tag{5-2-16}$$

式中，V 和 I 是电表的指示值。在电表已选定的情况下，式（5-2-15）、式（5-2-16）中的分子项是不变的，唯有其分母是可变的。为了减小电压或电流的相对扩展不确定度，选取读数时，应使电表指针尽量靠近满偏值。

用伏安法测电阻，其测量结果的不确定度，由两个分量组成，一个是如式（5-2-15）所示的电压分量，一个是由式（5-2-16）中所示的电流分量。由式（5-2-2），可得

$$\frac{U_{\mathrm{R}}}{R} = \sqrt{\left(\frac{U_{\mathrm{V}}}{V}\right)^2 + \left(\frac{U_{\mathrm{I}}}{I}\right)^2} \tag{5-2-17}$$

为了减小，V 或 I 应尽可能大。

【实验仪器】

实验室提供直流稳压电源 1 台，滑线变阻器 2 台，电流表 2 台，分别是 1.0 级 50 μA（3.98 kΩ）及 1.0 级 2.5 mA（78.3 Ω）、5.0 mA（58.5 Ω），电压表 2 台，分别是 1.0 级、0.2 V（228 Ω）和 1.0 级、2.0 V（2.1 kΩ）。

【实验任务和方法】

有两只电阻 R_1 和 R_2，标称值分别是 47 Ω 和 40 kΩ。用伏安法测量其阻值，使测结果的相对扩展不确定度 $\dfrac{U}{R} < 2\%$。

编写操作程序时，可根据下面提示的框架来编写，但应结合给出的数据，边运算边说明。

（1）选择电表的量限，使 $\dfrac{V_{\mathrm{m}}}{I_{\mathrm{m}}}$ 与被测电阻的标称值接近。

（2）根据标称值与 $\sqrt{R_{\mathrm{A}}R_{\mathrm{V}}}$ 的数值比较，决定采用内接法或外接法。

（3）连接电路（电路图自行设计）后进行测量，并对测量结果进行修正。

（4）根据

$$\sqrt{\left(\frac{U_{\mathrm{V}}}{V}\right)^2 + \left(\frac{U_{\mathrm{I}}}{I}\right)^2} < 2\% \tag{5-2-18}$$

的要求，解出 V 和 I 的取值范围。不等式（5-2-18）中有两个未知量 V 和 I，求出的解不是

唯一的，为了得到唯一解，应再加上一个限制条件，比如，令

$$\frac{U_V}{V} = \frac{U_I}{I} \tag{5-2-19}$$

式（5-2-19）也可称为不确定度均分原理，这样式（5-2-18）可变换为下面的两个不等式

$$\sqrt{2\left(\frac{U_V}{V}\right)^2} < 2\% \tag{5-2-20}$$

$$\sqrt{2\left(\frac{U_I}{I}\right)^2} < 2\% \tag{5-2-21}$$

将式（5-2-15）代入式（5-2-20）可解出 V，将式（5-2-16）代入式（5-2-21）可解出 I。

（5）计算 R，U/R。

【数据处理】

表 5-2-1　伏安法测电阻电压、电流记录表

接线方法	R_x 标称值＝	
内接	电压/V	
	电流/A	
外接	电压/V	
	电流/A	

【注意事项】

（1）电流表和电压表量程的选择；

（2）电流表是内接还是外接。

【思考题】

（1）外接法测电阻的适用条件是什么？

（2）内接法测电阻的适用条件是什么？

【创新设计】

（1）现有两只电压表和一个电阻箱，来测量一未知电阻 R_x 的阻值，请设计一个测量电路。

（2）若只有一只电压表和一个电阻箱及开关、导线，如何设计测量电路？

实验三　万用表电路的设计与组装

随着电子技术的飞速发展，琳琅满目的电子产品不断涌现，极大地改变了人们的工作和生活方式。万用表作为一种常用的仪表，日益显示出强大的作用和功能。指针式万用表的功

能齐全，操作简便，携带方便，容易维修，长期以来一直是电子测量与维修的必备仪表。近年来虽有数字式万用表参与竞争，但指针式万用表以其独特的优点仍然继续得到发展和普及。指针式万用表有许多优点是数字式万用表不具备的，例如，在无电源的情况下，仍能测量电流和电压，能观察到电学量的连续变化过程和趋势，对被测环境和被测对象的脉冲干扰有较强的适应能力，维修简单，价格便宜，等等。

本教材对 MF30 型指针式万用表电路做了适当简化，得到了一种简单的万用表电路，如图 5-3-1 所示。本实验要求学生读懂该图的电路原理，计算出所有电阻元件的阻值，并进行组装，然后对组装成功的万用表的准确度，电压灵敏度，欧姆挡的中值电阻等性能指标进行测试。

【实验目的】

（1）了解万用表的特性、组成和工作原理。

（2）了解万用表的参数。

（3）掌握分压、分流电路的原理以及设计对电压、电流和电阻的多量程测量。

【实验原理】

1. 指针式万用表的简易电路及使用方法

图 5-3-1 是简易万用表的实验电路。Ⓐ是微安表头。电流、电阻、电压等被测信号经过输入电路和变换电路后，变成微安级电流，再流经表头，使指针偏转，从而指示出被测量值。

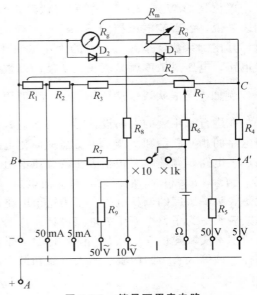

图 5-3-1　简易万用表电路

该万用表有四种功能、八个挡级。挡级的转换靠单级多位开关中单级触点位置的改变来实现。B（一）点，接表头负极，是所有测量挡的公共接点，通常接黑色表笔。A（＋）通常接红色表笔，改变多位开关中单极的位置，可以选择所需的测量功能挡。例如，欲测 50 mA 以下的直流电流时，将单级多位开关指向"50 mA"这一挡，再将两只表笔串联在被测电路中即可。欲测电阻时，将多位开关指向"Ω"挡，再将两表笔并联在电阻两端。同理，欲测 50 $\tilde{V}$ 以下交流电压时，将开关的单极指向"50 $\tilde{V}$"挡，再将红表笔接被测电压的高压端，黑表笔接低压端。此时，电压表将从被测电路中引入电流，该电流经过 R_9、R_8、D_1 和 R_0 进入表头正极，然后流到 B 点。其中 D_1 是整流二极管，正向时导通，反向时截止，D_2 的作用是，当被测电压反向时，既能保护表头，又能避免 D_1 被反向击穿。

2. 万用表的几个重要参数

（1）准确度

万用表示值与被测量真值的一致程度称为万用表的准确度。它反映了测量结果的基本误差的大小。同一块万用表，不同功能挡的准确度也不尽相同。如 MF30 型万用表，直流电流挡和直流电压挡均为 2.5 级，而交流电压挡却是 4.0 级。

（2）表头灵敏度

万用表所用表头的满量程值 I_g 称为表头灵敏度。I_g 一般为 10～200 μA。值越小，灵敏度越高，万用表的性能也越好。

（3）表头内阻

表头内线圈及上下两层盘丝的直流电阻之和称为表头内阻。万用表表头内阻多在几百到几千欧之间。一般来说，灵敏度越高，内阻越大。但灵敏度相同的表头，内阻也不尽相同。这是因为，在制造相同表头时，所选用的线圈和盘丝的阻值很难做到完全一致。

（4）直流电压灵敏度

直流电压挡的内阻 R_V 与该挡满量程电压 U_m 的比值称为直流电压灵敏度，用 S_V 表示。可写成

$$S_V = R_V / U_m \tag{5-3-1}$$

单位是 Ω/V 或 $k\Omega/V$，简称每伏欧姆数。该值大多标在万用表的度盘上。对同一块万用表来说，各直流电压挡的 S_V 都是一样的。也就是说，直流电压挡的内阻与其量程成正比，其比例系数就是 S_V。S_V 的大小取决于表头灵敏度和表头灵敏度调整电路。如不加调整电路，电压灵敏度就是表头灵敏度的倒数，这是电压灵敏度所能达到的最大值，即 $S_{Vh} = \dfrac{1}{I_g}$。例如，若表头灵敏度为 $50\ \mu A$，则万用表的电压灵敏度最高可达到 $S_{Vh} = 20\ k\Omega/V$。

在进行万用表的电路设计时，要通盘考虑所有功能挡（如电流挡、电压挡、欧姆挡）之间电路的相互联系和协调，尽可能地简化电路，减少元件的数量，所以都要加上表头灵敏度的调整电路。调整电路包括表头的分压电阻和分流电阻。图 5-3-1 中的 R_0 是分压电阻，R_S（R_1，R_2，R_3 和 R_T 的串联）是分流电阻。这样 B、C 两点间并联的两条支路（R_S 与 R_m）就是表头灵敏度的调整电路。因为这个电路是所有功能挡共用的电路，有时也称为万用表的等效表头。为了整个万用表电路设计计算的方便，这两个支路电阻 R_m 和 R_S 都需设定为整数值。本实验建议 R_m 和 R_S 都取 $3\ k\Omega$。即 $R_m = R_S + R_0 = 3\ k\Omega$，$R_S = R_1 + R_2 + R_3 + R_T$。这样，该等效表头的内阻、最大电流和最大电压分别为

$$R_V = R_S /\!/ R_m = 1.5\ k\Omega \tag{5-3-2}$$

$$I_m = 100\ \mu A \tag{5-3-3}$$

$$U_m = R_{/\!/}\, I_{/\!/} = 0.15\ V \tag{5-3-4}$$

式（5-3-4）中，$R_{/\!/} = R_V$ 是 R_S 与 R_m 的并联电阻；$I_{/\!/} = I_m$ 是通过 R_S 与 R_m 的电流之和。根据以上数据，可求出该万用表的电压灵敏度为

$$S_V = \frac{R_V}{U_m} = \frac{1.5 \times 10^3}{0.15} = 10\ k\Omega/V \tag{5-3-5}$$

电压灵敏度越高，万用表的性能也越好。这有两个方面的原因，一是在进行电压测量时，对被测电路的工作状态影响较小，误差小；二是有利于电阻挡的设计。S_V 高，意味着表头灵敏度高，用很少的测试电流就可以使表头满偏，容易实现欧姆挡的调零，同时电池电压也不需要很高。

（5）直流电流挡的内阻

电流表内阻的大小决定于表头内阻及分流电阻的大小。对同一块万用表而言，不同挡级的电流表，其分流电阻不同，所以内阻也不相同。电流表的内阻越小，质量越好。测电流时，将电流表串联在被测电路中，对被测电路会造成两方面的影响：一是它的阻流作用会改变原电路的工作状态；二是增加了被测电路的功耗。为了减少这两方面的影响，内阻越小越好。

（6）欧姆挡的中值电阻

欧姆挡的内阻称为该挡的中值电阻。图 5-3-1 中，B 与 Ω 两点间的总电阻即是。当开

关扳向"×1k"时，其中值电阻包括 R_6、$R_/$ 与 r_E 的串联，记为 R_{k1}；当开关扳至"×10"时，这一挡的中值电阻包括 R_7 与 R_{k1} 的并联，再与 r_E 串联。r_E 是电池的内阻，约 1 Ω，当 R_6、R_7 很大时可以忽略不计。

为了进一步说明欧姆表的性能，可以将欧姆表简化为如图 5-3-2 所示电路，图中 R_k 为中值电阻，E 为表内电池。R_k 的大小决定于电池电压和表头灵敏度。当 B、Ω 两点短接，即 $R_x = 0$ 时，R_k 的大小应刚好让表头满偏，也就是

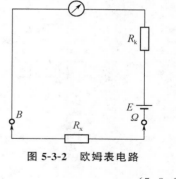

图 5-3-2 欧姆表电路

$$I_g = \frac{E}{R_k} \tag{5-3-6}$$

当 R_x 不为零时，

$$I_x = \frac{E}{R_k + R_x} \tag{5-3-7}$$

从式（5-3-7）可以看出，当 R_x 增加时，指针偏转减小，当 $R_x = \infty$ 时，$I_x = 0$，指针不偏转。电阻刻度值为反向刻度，且是非线性。当 $R_x = R_k$ 时，$I_x = \frac{1}{2} I_g$，指针刚好偏转到刻度尺中央，指向刻度盘中心值，故得名中值电阻。从式（5-3-7）还可以看出，R_x 与 I_x 是一一对应的，似乎在同一刻度盘上可以从零欧姆读到无穷大，但实际上由于欧姆表刻度的非均匀性，在表盘的零位附近和满偏值附近，读数的误差特别大。在满偏值附近，R_x 稍有变化，指针就会有很大的变化，很难测准确，而此时的电阻值很小，因此相对误差非常大。在零位附近，R_x 即使变化很大，但指针的变化却很小，单位偏转所代表的电阻非常大，有时每毫米间隔所代表的电阻值达到几百欧甚至上千欧，这时的读数已经没有实际意义。所以，为了增加测量范围，欧姆表也分成许多挡级，如"×1k""×100""×100""×1"等，每两相邻挡次的中值电阻值相差 10 倍。例如，某万用表，"×1k"挡的中值电阻为 12 kΩ，则其他挡的中值电阻分别为 1.2 kΩ，120 Ω，12 Ω。已知中值电阻 R_k 的大小可以确定该挡的测量范围。若中值电阻为 R_k，则该挡的测量范围是 $\frac{1}{4} R_k \sim 4 R_k$ 之间。例如，某挡的 $R_k = 12$ kΩ，则该挡的测量范围为 3 kΩ～48 kΩ 之间。

（7）交流电压灵敏度

交流电压挡内阻与该挡量程之比称为交流电压灵敏度

$$S_{\widetilde{V}} = \frac{R_V}{\widetilde{U}_m} \tag{5-3-8}$$

单位是 kΩ/V。对同一块万用表来说交流电压各挡的电压灵敏度的量值是相同的。只要已知 $S_{\widetilde{V}}$，则任何测量挡的内阻都可以求出。

从图 5-3-1 中把 5 V 直流电压挡和 10 $\widetilde{V}$ 交流的电压挡电路分离出来，如图 5-3-3（a）、（b）所示。两图比较，除了图（a）比图（b）少了二极管之外，其电路结构完全一样，都可看成是等效表头与一个分压电阻的串联。图（a）中分压电阻是 R_4，图（b）中分压电阻是 $R_8 + R_d$，R_d 是二极管 D_1 正向电阻，约 100 Ω。式（5-3-5）给出了等效表头的直流电压灵敏度，下面根据式（5-3-8）算出等效表头的交流电压灵敏度。

内阻 R_V 已由式（5-3-2）给出。剩下的问题就是求 $\widetilde{U}_m$ 了。式（5-3-5）中的 U_m 是直

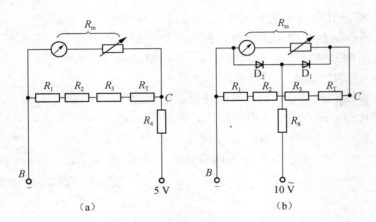

图 5-3-3 直流电压和交流电压表电路比较

流电压值，式 (5-3-8) 中的 $\widetilde{U}_m$ 是交流电压的有效值。被测正弦电压 $\widetilde{U}_m$ 经半波整流后，负半周电压被削去，又考虑二极管本身的电压降等因素，最后流入表头的直流电压指示值 $\widetilde{U}_m$ 已大大降低，可以证明二者比例关系为 [见创新设计问题 (2)]

$$\frac{\widetilde{U}_m}{U_m} = \frac{1}{0.44}$$

代入式 (5-3-8)，得 $S_{\widetilde{V}} = 0.44 \times \dfrac{R_V}{U_m}$，再与式 (5-3-5) 比较得

$$S_{\widetilde{V}} = 0.44 \times S_V = 4.4 \text{ k}\Omega/\text{V} \tag{5-3-9}$$

【实验仪器】

组装万用表的实验板，可变电阻标准电阻箱，成品万用表，直流电源，交流电源、滑线变阻器，多种阻值的电阻元件，导线，单刀多位开关等。

【实验任务和方法】

一、任务

1. 设计计算下列电阻元件的阻值

(1) 直流电流分流电阻 R_1 和 R_2；

(2) 直流电压挡的分压电阻 R_4 和 R_5；

(3) 电阻挡的调零电阻 R_T 及限流电阻 R_6、R_7；

(4) 调整电路的电阻 R_3；

(5) 交流电压挡的分压电阻 R_8 和 R_9。

2. 按图 5-3-1 组装万用表，并检验各挡的最大误差。

二、方法

1. 电流挡的设计（计算 R_1 和 R_2）

将直流电流 5 mA 和 50 mA 挡的电路从图 5-3-1 中分离出来，如图 5-3-4。这是一个闭路式分流电路。R_1 是 5 mA 挡的分流电阻，R_1+R_2 是 5 mA 挡的分流电阻。所有分流电阻与表头串联成一闭合回路。50 mA 挡的电路中，总电流 I_m 在 R_1 和 R_2 的连接处分成两路，

一路经 $R_2 \rightarrow R_3 \rightarrow R_T \rightarrow$ 表头回到 B 点，电流为 I_g，另一路经 R_1 回到 B 点，电流为 $(I_m - I_g)$，因为这两个并联电路的电压降相等，所以有

$$I_g(R_2 + R_3 + R_T + R_m) = (I_m - I_g)R_1$$

又

$$R_2 + R_3 + R_T = R_S - R_1$$

代入上式得

$$I_g(R_S - R_1 + R_m) = (I_m - I_g)R_1$$

经整理得

$$I_m R_1 = I_g(R_m + R_S) \tag{5-3-10}$$

式（5-3-10）说明，在闭路式分流电流表中，其电流量程与该量程分流电阻的乘积是一常数，其值等于表头灵敏度与闭合回路总电阻之积。根据这一结论，5 mA 量程的分流电阻 $R_1 + R_2$ 也可以求出。

2. 直流电压挡的设计（计算 R_4 和 R_5）

直流电压 5 V 挡和 50 V 挡电路从图 5-3-1 中分离出来，如图 5-3-5。DB 间电压量程为 50 V，$A'B$ 间电压量程为 5 V，而 CD 间可以看成更小量程的电压挡，其量程由式（5-3-4）给出为 0.15 V。它的电压灵敏度已由式（5-3-5）给出。当然这个 S_V 值对于 5 V 和 50 V 电压挡都适用。据此，可分别求出这两挡的内阻。内阻求出之后，R_4 和 R_5 就不难求出了。例如，对 5 V 挡，内阻 $R_V = R_4 + R_{//}$，R_V 和 $R_{//}$ 已知，R_4 当然可求。

3. 电阻挡的设计（计算 $R_T R_6 R_7$ 和 R_3）

将电阻挡 "×1k" 和 "×10" 两挡的电路从图 5-3-1 中分离出来，如图 5-3-6，其中图（a）与图（b）都是 "×1k" 挡，不同的是调零电阻 R_T 的工作状态不同。图（c）是 "×10" 挡的电路。R_T 的作用是测量前将欧姆表调至零点。即在测量前，将 "+" "−" 表笔短接，$(R_x = 0)$ 使表头满偏，以满足式（5-3-6）：$I_g = E/R_K$。

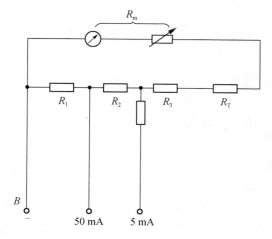

图 5-3-4　电流挡的设计

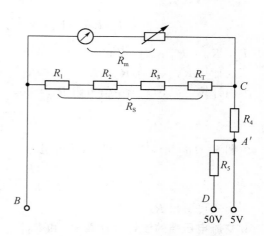

图 5-3-5　直流电压挡电路的设计

E 是电池电压，在欧姆表的使用过程中，E 会不断下降，中值电阻 R_K 需适时调整，才能使表头随时能够调零。E 的变化值在 1.2～1.65 V 之间，R_T 的大小也应适应 E 的这种变化。显然，当 $E = 1.2$ V 时，R_T 的触点应移至最右端。如图 5-3-6（a）。当 $E = 1.65$ V 时，应移至最左端，如图 5-3-6（b）。在（a）与（b）两种状态下，R_K 会有所变化，给测量带

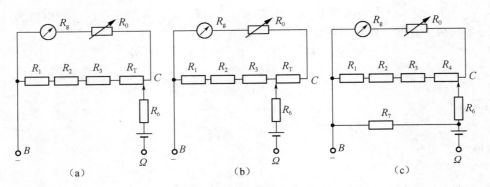

图 5-3-6　电阻挡的设计

来误差，但只要 R_6 足够大，R_T 的影响就可以忽略，中值电阻 R_K 也可以认为是不变的。下面求 R_6，要想求 R_6 首先要求 R_K。由式（5-3-6），R_K 决定于电池电压和表头灵敏度。

在图 5-3-6（a）中，$E=1.2$ V，等效表头灵敏度由式（5-3-3）给出：$I_m=2I_g=100$ μA，代入式（5-3-6）得

$$R_K = \frac{1.2}{100\times10^6} = 12\times10^3 = 12 \text{ k}\Omega$$

而中值电阻 R_K 即是该挡的总内阻，所以

$$R_K = R_6 + R_{/\!/} + r_E$$

式中，$R_{/\!/}=1.5$ kΩ，$r_E=1$ Ω（电池内阻可忽略），R_6 可求。

下面计算 R_T。图 5-3-6（b）中，$E=1.65$ V，"+" 与 "−" 表笔短接时，回路总电流

$$I = \frac{1.65 \text{ V}}{R_K}$$

于是有

$$I_g(R_T + R_m) = \left(\frac{1.65}{R_K} - I_g\right)(R_S - R_T)$$

式中 I_g、R_m、R_S、R_K 各量均已知，故 R_T 可求。

下面计算 R_3。根据 $R_S = R_1 + R_2 + R_3 + R_T$，可求出 R_3。

下面计算 "×10" 挡中值电阻 R'_K 及 R_7。

$$R'_K = R_K \times \frac{10}{1\ 000} = 120 \text{ }\Omega$$

由图 5-3-6（c），"×10" 挡的内阻为

$$R'_K = \frac{(R_6 + R_{/\!/})R_7}{R_6 + R_{/\!/} + R_7} + r_E$$

由上式可解出 R_7。

4. 交流电压挡的设计（计算 R_8 和 R_9）

交流电压挡的分压电阻 R_8 和 R_9 的计算方法，与直流电压挡的分压电阻 R_4 和 R_5 的计算方法相仿，根据式（5-3-9）给出的 $S_{\tilde{V}}$，分别求出 $10\ \tilde{V}$ 和 $50\ \tilde{V}$ 挡的内阻即可求出分压电阻 R_8 和 R_9。例如 $10\ \tilde{V}$ 挡，根据图 5-3-3（b），该挡内阻为

$$R_内 = R_8 + R_d + R_{/\!/}$$

式中，$R_内$、R_d、$R_{/\!/}$ 皆为已知，R_8 当然可求。同理可以求出 R_9。

【数据处理】

将实验数据记入表 5-3-1、表 5-3-2。

表 5-3-1　测直流电流

$I_{改}$								
$I_{标}$								
ΔI								

以 $I_{改}$ 为横轴，$\Delta I = I_{改} - I_{标}$ 为纵轴，在坐标纸上作校正曲线。（注意：校正曲线为折线，即将相邻两点用直线连接）。

表 5-3-2　测直流电压

$U_{改}$								
$U_{标}$								
ΔU								

以 $U_{改}$ 为横轴，$\Delta U = U_{改} - U_{标}$ 为纵轴，在坐标纸上作校正曲线。

【注意事项】

（1）实验时应当"先接线，再加电；先断电，再拆线"，加电前应确认接线无误，避免短路。
（2）即使加有保护电路，也应注意不要用电流挡或电阻挡测量电压，以免造成不必要的损失。
（3）要注意低电位的接地。

【思考题】

（1）直流数字电压表头如何制作？
（2）制作多量程直流电压表，需用到哪些电路单元？
（3）制作多量程直流电流表，需用到哪些电路单元？

【创新设计】

（1）请你在图 5-3-1 的基础上，在每一个挡上增加一个量程，直流电流 500 mA，交流电压 250 $\widetilde{\mathrm{V}}$，电阻"×1"挡，直流电压 250 V。画出电路图，计算出新增加的电阻元件的阻值。

（2）在交流电压电路中，输入信号是正弦信号有效值，设为 U，万用表指示值为平均值，设为 U_P，$U_P = \dfrac{2\sqrt{2}}{\pi} U$。半波整流后，示值又降低 $\dfrac{1}{2}$，即整流因子 $p = 0.5$。整流二极管的整流效率为 $\eta = 0.98$，半波整流的总效率是多少？

实验四 交流电桥的设计和应用

交流电桥是一种比较法测量仪器，在电测技术中占有重要地位。它主要用于测量交流等效电阻及其时间常数、电容及其介质损耗、自感及其线圈品质因数和互感等电参数的精密测量，也可用于非电量变换为相应电量参数的精密测量。交流电桥与直流电桥电路的基本结构及电桥平衡的基本原理相似。但是由于桥臂电阻是复数，检流计支路的不平衡电压也是复数，使得交流电桥的调节方法和平衡过程都变得复杂起来，也正因为这样，使交流电桥电路变化多端，并获得了广泛应用和不断发展。直流电桥用来测量直流电阻，而交流电桥用来测量交流阻抗。

交流电桥因测量任务的不同有各种不同的形式，但只要掌握了它的基本原理和测量方法，对各种形式的交流电桥都能比较容易地掌握。本实验通过几种常用交流电桥电路来测量电感、电容等参数，以加深了解交流电桥的平衡原理，学习掌握调节交流电桥平衡的方法。

【实验目的】

(1) 掌握交流电桥的平衡条件和测量原理。
(2) 掌握交流电桥平衡的调节方法。
(3) 学会使用交流电桥测量电感、电容等元件参数。

【实验原理】

1. 交流电桥的平衡条件

图 5-4-1 是交流电桥的原理线路。它与直流单电桥原理相似。在交流电桥中，四个桥臂一般是由交流电路元件如电阻、电感、电容组成；电桥的电源通常是正弦交流电源；交流平衡指示仪采用高灵敏度的电子放大式指零仪，有足够的灵敏度。指示器指零时，电桥达到平衡。

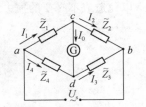

图 5-4-1　交流电桥原理

我们在正弦稳态的条件下讨论交流电桥的基本原理。在交流电桥中，它的四个桥臂 $\tilde{Z}_1$、$\tilde{Z}_2$、$\tilde{Z}_3$、$\tilde{Z}_4$ 为复阻抗（可以是电阻、电容、电感或它们的组合）。在电桥的一条对角线 cd 上接入交流平衡指示仪，另一条对角线 ab 上接入交流电源。

当调节电桥参数，使交流指零仪中无电流通过时（即 $I_0 = 0$），cd 两点的电位相等，且 $I_1 = I_2$、$I_3 = I_4$，电桥达到平衡，这时有

$$\tilde{Z}_1 \tilde{Z}_3 = \tilde{Z}_2 \tilde{Z}_4 \tag{5-4-1}$$

上式就是交流电桥的平衡条件，它说明：当交流电桥达到平衡时，相对桥臂的阻抗的乘积相等。

由于阻抗是复数，每一个阻抗都有两个参数来确定。用复指数形式表示阻抗，即，其中 Z 为幅模，φ 为幅角。将阻抗复指数形式代入式 (5-4-1) 应为

$$Z_1 Z_3 e^{j(\varphi_1 + \varphi_3)} = Z_2 Z_4 e^{j(\varphi_2 + \varphi_4)}$$

欲使此等式两端的复数相等，必须使其幅模和辐角分别相等，即

$$\begin{cases} Z_1 Z_3 = Z_2 Z_4 \\ \varphi_1 + \varphi_3 = \varphi_2 + \varphi_4 \end{cases} \tag{5-4-2}$$

上面就是平衡条件的另一种表现形式，可见交流电桥的平衡必须满足两个条件：一是相对桥臂上阻抗幅模的乘积相等；二是相对桥臂上阻抗幅角之和相等。

由式 (5-4-2) 可以得出如下两点重要结论。

(1) 交流电桥必须按照一定的方式配置桥臂阻抗。如果用任意不同性质的四个阻抗组成

一个电桥，不一定能够调节到平衡，因此必须把电桥各元件的性质按电桥的两个平衡条件作适当配合。

在很多交流电桥中，为了使电桥结构简单和调节方便，通常将交流电桥中的两个桥臂设计为纯电阻。

由式（5-4-2）的平衡条件可知，如果相邻两臂接入纯电阻，则另外相邻两臂也必须接入相同性质的阻抗。例如若被测对象 $\tilde{Z}_x$ 在第一桥臂中，两相邻臂 $\tilde{Z}_2$ 和 $\tilde{Z}_3$（图 5-4-1）为纯电阻的话，即 $\varphi_2 = \varphi_3 = 0$，那么由式（5-4-2）可得：$\varphi_4 = \varphi_x$，若被测对象 $\tilde{Z}_x$ 是电容，则它相邻桥臂 $\tilde{Z}_4$ 也必须是电容；若 $\tilde{Z}_x$ 是电感，则 $\tilde{Z}_4$ 也必须是电感。

如果相对桥臂接入纯电阻，则另外相对两桥臂必须为异性阻抗。例如相对桥臂 $\tilde{Z}_2$ 和 $\tilde{Z}_4 \tilde{Z}_x$ 为纯电阻的话，即 $\varphi_2 = \varphi_4 = 0$，那么由式（5-4-2）可知道：$\varphi_3 = -\varphi_x$；若被测对象 $\tilde{Z}_x$ 为电容，则它的相对桥臂 $\tilde{Z}_3$ 必须是电感，而如果 $\tilde{Z}_x$ 是电感，则 $\tilde{Z}_3$ 必须是电容。

（2）交流电桥平衡必须反复调节两个桥臂的参数。在交流电桥中，为了满足上述两个条件，必须调节两个桥臂的参数，才能使电桥完全达到平衡，而且往往需要对这两个参数进行反复地调节，所以交流电桥的平衡调节要比直流电桥的调节困难一些。

2. 交流电桥的常见形式

（1）电容电桥

① 被测电容的等效电路。实际电容器并非理想元件，它存在着介质损耗，所以通过电容器 C 的电流和它两端的电压的相位差并不是 $90°$，而且比 $90°$ 要小一个 δ 角，δ 就称为介质损耗角。具有损耗的电容可以用两种形式的等效电路表示，一种是理想电容和一个电阻相串联的等效电路，如图 5-4-2（a）所示；一种是理想电容与一个电阻相并联的等效电路，如图 5-4-3（a）所示。在等效电路中，理想电容表示实际电容器的等效电容，而串联（或并联）等效电阻则表示实际电容器的发热损耗。

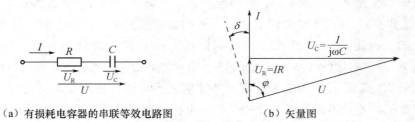

（a）有损耗电容器的串联等效电路图　　　　　　（b）矢量图

图 5-4-2　有损耗电容器与电阻串联

图 5-4-2（b）及图 5-4-3（b）分别画出了相应电压、电流的相量图。必须注意，等效串联电路中的 C 和 R 与等效并联电路中的 C'、R' 是不相等的。在一般情况下，当电容器介质损耗不大时，应当有 $C \approx C'$，$R \leqslant R'$。所以，如果用 R 或 R' 来表示实际电容器的损耗时，还必须说明它对于哪一种等效电路而言。因此为了表示方便起见，通常用电容器的损耗角 δ 的正切 $\tan\delta$ 来表示它的介质损耗特性，并用符号 D 表示。应当指出，在图 5-4-2（b）和图 5-4-3（b）中，$\delta = 90° - \varphi$ 对两种等效电路都是适合的，所以不管用哪种等效电路，求出的损耗因数是一致的。

$$D = \tan\delta = \frac{I_R}{I_C} = \frac{U/R'}{\omega C'U} = \frac{1}{\omega C'R'}$$

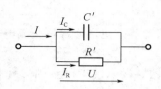
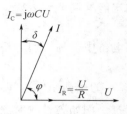

(a) 有损耗电容器的并联等效电路图　　　　　　(b) 矢量图

图 5-4-3　有损耗电容器与电阻并联

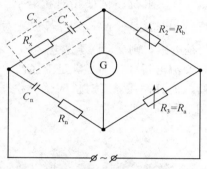

图 5-4-4　串联电阻式电容电桥

② 测量损耗小的电容电桥（串联电阻式）。图 5-4-4 为适合用来测量损耗小的被测电容的电容电桥，被测电容 C_x 接到电桥的第一臂，等效为电容 C_x' 和串联电阻 R_x'，其中 R_x' 表示它的损耗；与被测电容相比较的标准电容 C_n 接入相邻的第四臂，同时与 C_n 串联一个可变电阻 R_n，桥的另外两臂为纯电阻 R_b 及 R_a，当电桥调到平衡时，有

$$\left(R_x + \frac{1}{j\omega C_x}\right) R_a = \left(R_n + \frac{1}{j\omega C_n}\right) R_b$$

令上式实数部分和虚数部分分别相等，整理后得：

$$R_x = \frac{R_b}{R_a} R_n \tag{5-4-3}$$

$$C_x = \frac{R_a}{R_b} C_n \tag{5-4-4}$$

由此可知，要使电桥达到平衡，必须同时满足上面两个条件，因此至少调节两个参数。如果改变 R_n 和 C_n，便可以单独调节，互不影响地使电容电桥达到平衡。通常标准电容都是做成固定的，因此 C_n 不能改变，这时我们可以调节 R_a/R_b 比值使式（5-4-4）得到满足，但调节 R_a/R_b 的比值时又影响到式（5-4-3）的平衡。因此要使电桥同时满足两个平衡条件，必须对 R_n 和 R_a/R_b 等参数反复调节才能实现，因此使用交流电桥时，必须通过实际操作取得经验，才能迅速获得电桥的平衡。电桥达到平衡后，C_x 和 R_x 值可以分别按式（5-4-3）和式（5-4-4）计算，其被测电容的损耗因数 D 为

$$D = \tan\delta = \omega C_x R_x = \omega C_n R_n \tag{5-4-5}$$

③ 测量损耗大的电容电桥（并联电阻式）。假如被测电容的损耗大，则用上述电桥测量时，与标准电容相串联的电阻 R_n 必须很大，这将会降低电桥的灵敏度。因此当被测电容的损耗大时，宜采用图 5-4-5 所示的另一种电容电桥的线路来进行测量，它的特点是标准电容 C_n 与电阻 R_x 是彼此并联的，则根据电桥的平衡条件可以写成：

$$R_b\left(\frac{1}{1/R_n + j\omega C_n}\right) = R_a\left(\frac{1}{1/R_x + j\omega C_x}\right)$$

整理后可得：

$$C_x = C_n \frac{R_a}{R_b} \tag{5-4-6}$$

$$R_x = R_n \frac{R_b}{R_a} \tag{5-4-7}$$

而损耗因数为：

$$D = \tan\delta = \frac{1}{\omega C_x R_x} = \frac{1}{\omega C_n R_n} \tag{5-4-8}$$

交流电桥测量电容根据需要还有一些其他形式，可参见有关的书籍。

（2）电感电桥

电感电桥是用来测量电感的。桥臂尽量不采用标准电感，由于制造工艺上的原因，标准电容的准确度要高于标准电感，并且标准电容不易受外磁场的影响。所以常用的交流电桥，不论是测电感和测电容，除了被测臂之外，其它三个臂都采用电容和电阻。从前面的分析可知，这时标准电容一定要安置在与被测电感相对的桥臂中。根据实际的需要，也可采用标准电感作为标准元件，这时标准电感一定要安置在与被测电感相邻的桥臂中，这里不再作为重点介绍。

一般实际的电感线圈都不是纯电感，除了电抗 $X_L = \omega L$ 外，还有有效电阻 R，两者之比称为电感线圈的品质因数 Q，$Q = \dfrac{\omega L}{R}$。

下面介绍两种电感电桥电路，它们分别适宜于测量高 Q 值和低 Q 值的电感元件。

① 测量高 Q 值电感的电感电桥。测量高 Q 值的电感电桥的原理线路如图 5-4-6 所示，该电桥线路又称为海氏电桥。

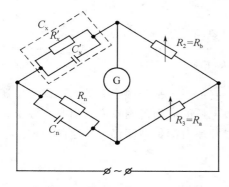

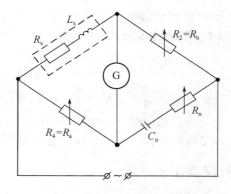

图 5-4-5　并联电阻式电容电桥　　　　图 5-4-6　测量高 Q 值电感的电桥原理

电桥平衡时，根据平衡条件可得

$$\left(R_x + j\omega L_x\right)\left(R_n + \frac{1}{j\omega C_n}\right) = R_b R_a$$

简化和整理后可得：

$$\begin{cases} L_x = \dfrac{R_b R_a C_n}{1 + (\omega C_n R_n)^2} \\[3mm] R_x = \dfrac{R_b R_a R_n (\omega C_n)^2}{1 + (\omega C_n R_n)^2} \end{cases} \tag{5-4-9}$$

由式（5-4-9）可知，海氏电桥的平衡条件是与频率有关的。因此在应用成品电桥时，若改用外接电源供电，必须注意要使电源的频率与该电桥说明书上规定的电源频率相符，而且电源波形必须是正弦波，否则，谐波频率就会影响测量的精度。

用海氏电桥测量时，其 Q 值为

$$Q = \frac{\omega L}{R_x} = \frac{1}{\omega C_n R_n} \tag{5-4-10}$$

由式（5-4-10）可知，被测电感 Q 值越小，则要求标准电容 C_n 的值越大，但一般标准电容的容量都不能做得太大，此外，若被测电感的 Q 值过小，则海氏电桥的标准电容的桥臂中所串的 R_n 也必须很大，但当电桥中某个桥臂阻抗数值过大时，将会影响电桥的灵敏度，可见海氏电桥线路是宜于测 Q 值较大的电感参数的，而在测量 $Q < 10$ 的电感元件的参数时则需用另一种电桥线路，下面介绍这种适用于测量低 Q 值电感的电桥线路。

② 测量低 Q 值电感的电感电桥。测量低 Q 值电感的电桥原理线路如图 5-4-7 所示。该电桥线路又称为麦克斯韦电桥。

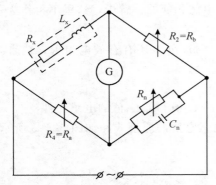

图 5-4-7 测量低 Q 值电感的电桥原理

这种电桥与上面介绍的测量高 Q 值电感的电桥线路所不同的是：标准电容的桥臂中的 C_n 和可变电阻 R_n 是并联的。

在电桥平衡时，有：

$$\left(R_x + \mathrm{j}\omega L_x\right)\left(R_n + \frac{1}{\mathrm{j}\omega C_n}\right) = R_b R_a$$

整理后得测量结果为：

$$\begin{cases} L_x = R_b R_a C_n \\ R_x = \dfrac{R_b}{R_n} R_a \end{cases} \tag{5-4-11}$$

被测对象的品质因数 Q 为

$$Q = \frac{\omega L_x}{R_x} = \omega R_n C_n \tag{5-4-12}$$

麦克斯韦电桥的平衡条件式（5-4-11）表明，它的平衡是与频率无关的，即在电源为任何频率或非正弦的情况下，电桥都能平衡，所以该电桥的应用范围较广。但是实际上，由于电桥内各元件间的相互影响，所以交流电桥的测量频率对测量精度仍有一定的影响。

【实验仪器】

DH4518 型交流电桥实验仪面板如图 5-4-8 所示。DH4518 型交流电桥实验仪采用通用化、模块化的开放式结构进行设计制造，具有设计合理，制作精细、造型大方，操作简便等优点。

DH4518 型交流电桥实验仪中包含了交流电桥实验所需的所有部件，它们包括：三个独立的电阻桥臂（R_b 电阻箱、R_n 电阻箱、R_a 电阻箱）、标准电容 C_n、标准电感 L_n、被测电容 C_x、被测电感 L_x 及信号源和交流指零仪。在熟练掌握交流电桥线路原理的基础上，由这些开放式模块化的元件、部件，配以高质量的专用接插线，就可以自己动手组成不同类型的交流电桥。

DH4518 型交流电桥实验仪主要技术指标：供电电源 220 V±10％，信号源输出电压幅度 1.5 Vrms，频率范围 20 Hz～10 kHz，3 个电阻箱准确度 0.2％，标准电容准确度 1％，标准电感准确度 1.5％。内置被测电阻 R_x、被测电容 C_x、被测电感 L_x，各有两个不同参数和性能的元件供测量用。其中 1 mH 电感 Q 值较低，适合用麦克斯韦电桥测量；10 mH 电

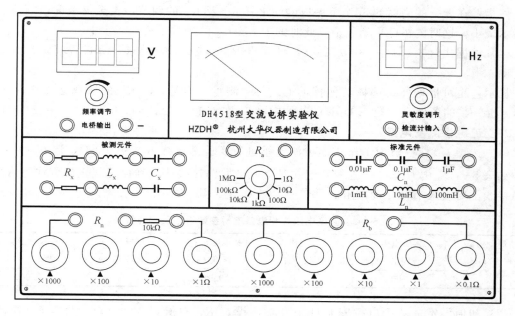

图 5-4-8　DH4518 型交流电桥实验仪

感 Q 值较高，适合用海氏电桥和麦克斯韦电桥测量；0.01 μF 低损耗，适合用串联电阻式电容电桥测量；0.1 μF 较高损耗，适合用串、并联电阻式电容电桥测量。

　　实验时，指零仪的灵敏度应先调到较低位置，待基本平衡时再调高灵敏度，重新调节桥路，直至最终平衡。由于采用模块化的设计，所以实验的连线较多。注意接线的正确性，这样可以缩短实验时间。文明使用仪器，正确使用专用连接线，不要拽拉引线部位，不能平衡时要细心查找原因。

【实验任务和方法】

1. 交流电桥测量电容

（1）选择 C_x 标称值为 0.1 μF 的被测电容进行实验。选择 R_a 为 1 000 Ω，选 C_n 为 0.1 μF，如表 5-4-1。按图 5-4-4 连线，连线时要遵循回路接线法，确保连线正确。注意 R_n 电阻箱接线时不要接入 10 kΩ 固定阻值。

表 5-4-1　串联电阻式测电容电桥参数设定及测量值

待测电容标 C_x 称值/ μF	比例臂电阻 R_a 设定值/Ω	比例臂电阻 R_b 测量值/Ω	标准电容 C_n 选定值/ μF	串联电阻 R_n 测量值/Ω	交流电源频率 选定值 f/Hz
0.1	1 000		0.1		1 000

　　（2）初值设定。基于电桥的对称性、安全性及快速调平衡考虑，设定 R_b 初值为 1 999 Ω（使初值和 R_a 接近，同时又要保证 R_b 电阻箱阻值在调解过程不会突然为 0），设定 R_n 为较大值 9 999 Ω（基于安全考虑）。

　　（3）平衡调节。先将指零仪灵敏度调节旋钮逆时针旋到底。接通电源，调节电源频率为 1 000 Hz。缓慢调节指零仪灵敏度旋钮，使指针在表头的刻度的 60% 范围左右。逐步调节 R_n 使指零仪指示最小，保持此时 R_n 不变。再逐步调节 R_b 使指零仪指示最小。提高灵敏度，使指针在表头的刻度的 60% 范围以内，重复 R_n 及 R_b 的调节，直至灵敏度最高，而指针指示最小，这时电桥已平衡。记录此时的 R_n 及 R_b 的读数于表 5-4-1 中。

（4）根据式（5-4-3）～式（5-4-5）计算出 R_x、C_x、D，要求计算过程清晰，有效数字正确。

提示：也可根据公式选择其他挡的 C_n、R_a 测量，但是，C_nR_n 的选择必须满足 $D=\tan\delta=\omega C_nR_n$ 的条件（已知 $0.1\ \mu F$ 的待测电容 D 在 $0.1\sim0.2$ 之间，R_n 最大只有 $21\ k\Omega$）。

2. 交流电桥测量电感

（1）选择 L_x 标称值为 $1\ mH$ 的被测电感进行实验。选择 R_a 为 $100\ \Omega$，选 C_n 为 0.01 μF，如表 5-4-2。按图 5-4-7 连线，连线时要遵循回路接线法，确保连线正确。注意 R_n 电阻箱接线不要接入 $10\ k\Omega$ 固定阻值。

表 5-4-2　并联电阻式测电感电桥参数设定及测量值

待测电感标称值/mH	比例臂电阻 R_a 设定值/Ω	比例臂电阻 R_b 测量值/Ω	标准电容 C_n 选定值/μF	并联电阻 R_n 测量值/Ω	交流电源频率选定值 f/Hz
1	100		0.01		1 000

（2）初值设定。基于电桥安全性衡考虑，设定 R_b 初值为 $1\ 999\ \Omega$，设定 R_n 初值为 $9\ 999\ \Omega$。

（3）平衡调节。调节过程基本同于上面测量电容的过程。重复 R_n 及 R_b 的调节，直至灵敏度最高，而指针指示最小，这时电桥已平衡。记录此时的 R_n 及 R_b 的读数于表 5-4-2 中。

（4）根据式（5-4-11）、式（5-4-12）计算出 R_x、L_x 和 Q。

【数据处理】

1. 惠思登电桥测电阻

$$R_x=\frac{R_b}{R_a}R_n=\underline{\qquad\qquad}$$

$$\frac{\Delta R_a}{R_a}=\frac{\Delta R_b}{R_b}=\frac{\Delta R_n}{R_n}\leqslant 0.2\%$$

$$\frac{U_{R_x}}{R_x}=\sqrt{3}\times 0.2\%=0.35\%$$

$$U_{R_x}=\frac{U_{R_x}}{R_x}\times R_x=\underline{\qquad\qquad}$$

被测电阻结果表达：
$$R_{被测}=R_x\pm U_{R_x}=\underline{\qquad\qquad}$$

2. 交流电桥测电容

被测电容 $C_x=\dfrac{R_b}{R_a}C_n=\underline{\qquad\qquad}$

损耗电阻 $R_x=\dfrac{R_a}{R_b}R_n=\underline{\qquad\qquad}$

损耗因子 $D=\tan\delta=\omega C_xR_x=\underline{\qquad\qquad}$

【注意事项】

在电桥的平衡过程中，有时的指针不能完全回到零位，这对于交流电桥是完全可能的，一般来说有以下原因：

（1）测量电阻时，被测电阻的分布电容或电感太大。

（2）测量电容和电感时，损耗平衡（R_n）的调节细度受到限制，尤其是低 Q 值的电感或高损耗的电容测量时更为明显。另外，电感线圈极易感应外界的干扰，也会影响电桥的平衡，这时可以试着变换电感的位置来减小这种影响。

（3）用不合适的桥路形式测量，也可能使指针不能完全回到零位。

（4）由于桥臂元件并非理想的电抗元件，所以选择的测量量程不当，以及被测元件的电抗值太小或太大，也会造成电桥难以平衡。

（5）在保证精度的情况下，灵敏度不要调得太高，灵敏度太高也会引入一定的干扰。

【思考题】

（1）交流电桥与直流电桥的区别有哪些？

（2）交流电桥的桥臂是否可以任意选择不同性质的阻抗元件组成？应如何选择？

（3）为什么在交流电桥中至少需要选择两个可调参数？怎样调节才能使电桥趋于平衡？

（4）实际电容器与理想电容器，实际电感器与理想电感器有什么区别？

（5）图 4 中为什么要在标准电容臂上串联标准电阻箱？

【创新设计】

1.西林电桥（图 5-4-9）和欧文电桥（图 5-4-10）也是常用的交流电桥。试推导出两电桥的平衡条件，并叙述调节方法。

2.推导出海氏电桥（图 5-4-11）的平衡条件，并参考麦氏电桥，分析推导海氏电桥适用于测什么样的电感。

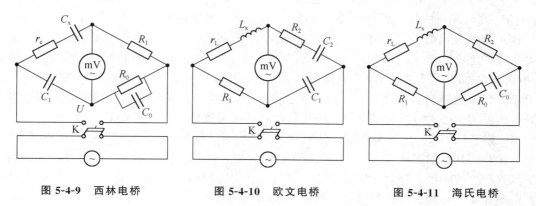

图 5-4-9　西林电桥　　　　图 5-4-10　欧文电桥　　　　图 5-4-11　海氏电桥

实验五 **迈克尔逊干涉仪的组装、调节和应用**

美国实验物理学家迈克尔逊于 1881 年发明了迈克尔逊干涉仪（简称迈氏干涉仪），并在 1887 年加以改进。迈氏干涉仪在近代物理学的发展史上起过重要的作用。为了探测以太

（以太在物理学中曾经被认为是一种连续的、均匀分布的介质，它构成了宇宙的空间，并为光的传播提供了媒介）的存在，1880 年，迈克尔逊在柏林大学的赫姆霍兹实验室开始筹划用干涉方法测量以太漂移速度的实验。之后，迈克尔逊精心设计了著名的迈克尔逊干涉装置，进行了耐心的实验测量。直到 1887 年 7 月也没能得到理论预期的以太漂移的结果，为最终否定以太假说奠定了坚实的实验基础，为爱因斯坦建立狭义相对论开辟了道路。

迈克尔逊干涉仪是用分振幅的方法实现干涉的光学仪器，它设计巧妙，包含极为丰富的实验思想，在物理学发展中具有重大的历史意义，而且得到了十分广泛的应用。例如，可以观察各种不同几何形状、不同定域状态的干涉条纹；研究光源的时间相干性；测量气体、固体的折射率；进行微小长度测量等；在物理实验教学中因对训练学生的实验操作能力具有重要作用而受到高度重视。本实验要求学会调节迈克尔逊干涉仪，利用等倾条纹的变化测钠光波长。

【实验目的】

（1）熟悉迈克尔逊干涉仪结构原理，了解迈克尔逊干涉仪主要用途。
（2）学会组装迈克尔逊干涉仪，掌握所组装干涉仪光路调节方法。
（3）学习使用迈克尔逊干涉仪测量光源波长的方法。

【实验原理】

1. 等倾干涉

实验室常用的迈克尔逊干涉仪（简称迈氏干涉仪），其光路结构如图 5-5-1 所示。它由两块平面反射镜 M_1、M_2 与两块平行平面玻璃板 G_1、G_2 所组成。反射镜 M_1 可沿导轨前后移动，称为动镜。它的法线与导轨的传动轴线相平行。另一反射镜 M_2 装在与导轨成直角的臂上，称为定镜。定镜与动镜的法线相互垂直。在两镜法线的相交处以 45°角安装一块半透膜分光板 G_1，它的作用是将入射光分成振幅（或光强）近于相等的一束反射光和一束透射光。由于反射光和透射光在分光板中经历的光程不同，为了补偿由此引起的光程差，需要在 G_1 和 M_2 之间装一块补偿板 G_2，G_2 与 G_1 材质相同，厚度相等，且严格平行。

自光源 S 发出的一束光射到分光板 G_1 的半透膜 P 后，被分解为振幅相近的反射光①和透射光②（这两束光为相干光），①光经 G_1 垂直投射到 M_1 上，而后沿原路返回，且透过 G_1 射向 E 方向；②光透过 G_2 垂直投射到 M_2 上，并沿原路返回，再透过 G_2 射到 G_1 半透膜 P 上，经半透膜反射将这束光也射向 E 方向。①光和②光在无穷远处相干涉。观察者在 E 处，借助调焦于无穷远的望远镜、照相机或眼睛即可观察到干涉现象了。

当观察者从 E 处向 G_1 看去时，除直接看到 M_1 外，还能看到 M_2 在 G_1 中的虚像 M_2'，于是①光和②光就如同从 M_1 和 M_2' 反射来的两束光，因此迈氏干涉仪中的干涉与厚度为 d 的空气膜产生的干涉一样，这里 d 为 M_1 和虚像 M_2' 的间隔。

由图 5-5-2 可知，①和②两束光到 E 处的光程差 δ：

$$\delta = AB + BC - AD \qquad (5-5-1)$$

因为 $M_1 /\!/ M_2'$，所以 $AB = BC = \dfrac{d}{\cos\varphi}$

而 $AD = AC\sin\varphi$，又 $AC = 2d\tan\varphi$，将这些关系式代入式（5-5-1）整理后得

$$\delta = 2d\cos\varphi \qquad (5-5-2)$$

根据光的干涉加强和减弱的条件有：

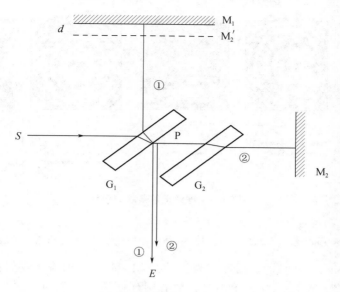

图 5-5-1　等倾干涉光路图

$$eV_1 = \frac{1}{2}m_e v^2 = E_1 E_0 \qquad (5\text{-}5\text{-}3)$$

式中，$k = 0, 1, 2, \cdots$

由式（5-5-3）可见：

（1）若 d，λ 一定时，干涉级次 k 随倾角（入射角）φ 变化。具有相同倾角 φ 的所有光线的光程差 δ 都相同，对应同一干涉级次 k，故称这种干涉为等倾干涉。不同倾角的光对应于不同的干涉级次，于是干涉图样是以光轴为中心明暗相间的同心圆环。

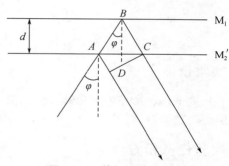

图 5-5-2　等倾干涉光程差

当 $\varphi = 0$ 时（相当于垂直入射），干涉级次最大，对应于干涉圆环中心处。

当 $\varphi \neq 0$ 时，随着 φ 角的增大，干涉级次 k 变小，对应的干涉圆环越往外移，即越向边缘，干涉圆环的级次越低（这与牛顿环的等厚干涉圆环不同）。

（2）若 k，λ 一定时，对应于同一干涉级次 k，当 d 减小时，倾角 φ 必须减小，则该级圆环将往内缩小，条纹随之变宽，看到的现象是干涉圆环"内缩"，中心图环"陷入"。当 $d = 0$ 时（即 M_1 与 M_2' 重合），整个视场无干涉圆环出现。

反之，当 d 增加时，φ 角势必增大，看到的现象是条纹变窄，干涉圆环"外扩"，中心圆环"涌出"。当 d 增大到一定程度时，也看不到干涉现象了。

上述讨论的干涉图样如图 5-5-3 所示。

如果 M_1 与 M_2 不严格垂直，即 M_1 与 M_2' 有一较小的夹角 θ，这时仍可观察到干涉花样，但其圆心将偏离视场中心，而处于 M_1 与 M_2 距离较大处，甚至处于视场之外，据此就可判断 M_1 与 M_2' 不平行的情况。如若 θ 过大，将观察不到干涉花样。

2. 根据条纹的变化测光波的波长

干涉圆环中心处，$\theta = 0$，则式（5-5-3）可写成

$$2d = k\lambda \qquad (5\text{-}5\text{-}4)$$

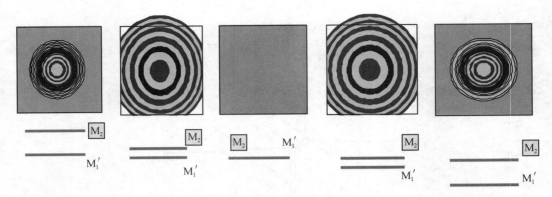

图 5-5-3　等倾干涉条纹的变化

由式（5-5-4）知，若 $d \to d \pm \dfrac{\lambda}{2}$，则 $k \to k \pm 1$；若 $d \to d \pm \Delta d$（Δd 为 $\dfrac{\lambda}{2}$ 的整数倍），则 $k \to k \pm \Delta k$（Δk 为一整数）。因此，当移动镜 M_1 使 d 增加时，我们将看到中心圆环便一个一个地"涌出"。反之，当 d 减小时，中心圆环便一个一个地"陷入"。因此，只要知道移动的距离 Δd 和涌出（或陷入）的条纹数目 Δk，便可求出光波的波长

$$\lambda = \frac{2\Delta d}{\Delta k} \tag{5-5-5}$$

反之，已知波长 λ 和 Δk，也可求出移动的距离，这就是干涉测长的原理。

【实验仪器】

光学平台，半导体激光器，分光镜，移动反射镜，固定反射镜，毛玻璃屏，透镜，CCD 摄像头，监视器等。

【实验任务和方法】

1. 按照图 5-5-4 在光学平台上组装迈克尔逊干涉实验光路

组装步骤如下：

（1）合理放置半导体激光器 1 和固定反射镜 4，使固定反射镜法线与激光光轴重合；

（2）放置移动反射镜 3，这一步实验室已放置固定好，无需再调；

（3）在两反射镜法线交点处，放置分光镜 2，粗调分光镜的位置和角度（45°），使两反射镜中心都被激光束均匀照亮，且两束反射光经过分光镜后都能照射在毛玻璃观察屏上，这时我们在毛玻璃屏上会看到两个彼此错开的等大的椭圆红色光斑。注意，如果只看到一个光斑或两个光斑不等大，要重新进行步骤（3）的调节，直至在毛玻璃屏上看到两个清晰等大的椭圆光斑。

2. 调节固定反射镜法线的方位角，使干涉视场中呈现等倾干涉条纹

如图 5-5-5 所示，固定反射镜后背有两个调节螺丝，调节这两个螺丝就可改变固定反射镜法线的方位角，从而改变毛玻璃屏上由固定反射镜反射回来的光斑位置。调节图 5-5-5 上面的螺丝会使光斑上下移动，调节下面的螺丝会使光斑左右移动。轻轻、反复调节这两个螺丝，逐渐使两个反射光斑重合，这时在毛玻璃屏上就可能看到明暗相间的彩色条纹（如图 5-5-3），再仔细调节这两个螺丝，将彩色条纹调至中心对称位置。这一步调节要求动作稳定、力度轻微，眼睛要敏锐捕捉彩色条纹的出现（往往在某一边缘出现）。

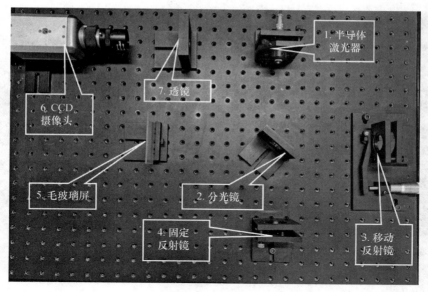

图 5-5-4　自组迈克尔逊干涉仪光路布置图

　　需要注意的是：在仔细调节两个光斑重合过程，条纹没有出现，这是正常现象，因为光路的布置与调节还不够到位；我们的眼睛可能没有很适应；动手可能不够稳定。还需要细心、耐心进行调节，更需要有信心，这正是锻炼我们动手能力最好的实践。

**　　3. 将毛玻璃屏上的等倾干涉条纹放大到监视器上**

　　将成像透镜（图 5-5-4 中的 7）放置到观察屏（图 5-5-4 中的 5）与分光板之间，适当调整其位置，使观察屏上看到的彩色条纹大小合适、清晰。移走观察屏，将 CCD 摄像头（图 5-5-4 中的 6）放置在成像透镜前，调整成像透镜的位置与 CCD 的焦距、光圈等，使监视器上出现大小合适、清晰的、圆心在监视器屏幕中间位置的等倾干涉条纹，如图 5-5-6 所示。

图 5-5-5　固定反射镜后背方位角调节螺丝

**　　4. 根据式（5-5-5）测量半导体激光器光源波长**

　　（1）动镜 M_1 位置控制系统及读数。动镜 M_1 装在拖板上，拖板由杠杆带动使之沿导轨移动，杠杆与螺旋测微器前端联动，在螺旋测微器的带动下前后移动。

　　首先读取螺旋测微器读数值。这是一个带有十分游标的螺旋测微器，其读数方法分 3 步：主尺分度值为 0.5 mm，读数与螺旋测微器相同；套筒读数与螺旋测微器不同，要以游标 0 刻线对准位置读数，只读整刻度读数，不要估读；最后一位读数要借助游标读出，先找到游标刻线与套筒刻线对齐的位置，然后读出游标的读数。图 5-5-7 所示读数为：主尺 8.5 mm；套筒读数 0.00 mm；游标读数 0.006 mm，此时螺旋测微器读数为 8.506 mm。

　　进而确定动镜 M_1 位置的读数。杠杆与螺旋测微器前端联动，螺旋测微器通过杠杆带动动镜 M_1 前后移动，动镜 M_1 位置的读数是螺旋测微器读数的 1/10。即图 5-5-7 中动镜 M_1 位置的实际读数是 0.850 6 mm。

图 5-5-6　监视器上的等倾干涉条纹

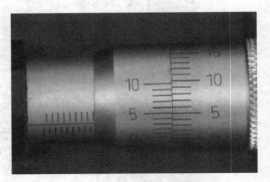

图 5-5-7　动镜 M_1 位置读数装置图

（2）测量方法

测量前，要进行移动动镜与读数练习。缓慢旋转螺旋测微器套筒鼓轮（不用棘轮，为什么?），观察条纹变化，默数条纹变化数量，并能熟练读取螺旋测微器读数。要求转动鼓轮力度合适，保证条纹计数准确。

为防止将螺旋测微器尺杆旋出界外，先将读数调到合适位置（5～15 mm）。旋转套筒手轮，使 M_1 移动，观察条纹的变化，直至视场中心条纹向外一个一个地涌出（或者向内陷入中心）时，记录 M_1 镜的初始位置 d_1，继续转动手轮，每涌出 20 个条纹，记录螺旋测微器读数 d_i（$i=1, 2, \cdots, 12$）。直至涌出 220 个条纹即记录 12 组数据为止，数据记录在表 5-5-1 中。

【数据处理】

1. 根据实验数据记录表 5-5-1，求解 Δd 的平均值：$\overline{\Delta d} = \dfrac{\sum_i^{i+6} i d_i}{6} = $ _____

表 5-5-1　利用等倾干涉条纹变化测光源波长数据记录

序号	条纹移动数 k_i	螺旋测微器读数 D_i/mm	M_1 位置读数 $d_i = D_i/10$/mm	$\Delta d_i = d_{i+6} - d_i$/mm
1				
2				
3				
4				
5				
6				
7				
8				
9				
10				
11				
12				

2. 计算波长：$\lambda = \dfrac{2\overline{\Delta d}}{\Delta k} = $ _____ nm

3. 直接测得量的不确定度评定：

$$u_{\Delta dA} = t_6(0.683)\sqrt{\dfrac{\sum_{i=1}^{n}(\Delta\overline{d}-\Delta d_i)^2}{6(6-1)}} = $$ _____ mm

$$u_{\Delta dB} = \dfrac{\Delta}{\sqrt{3}} = \dfrac{0.0005\ mm}{\sqrt{3}} = $$ _____ mm

$$u_{\Delta d} = \sqrt{(u_{\Delta dA})^2 + u_{\Delta dB}^2} = $$ _____ mm

$$u_{\Delta k} \approx u_{\Delta dB} = \dfrac{\Delta_{估}}{\sqrt{3}} = \dfrac{2}{\sqrt{2}} = $$ _____ mm

4. 间接测得量的不确定度评定：

相对不确定度：

$$\dfrac{u_\lambda}{\lambda} = \sqrt{\left(\dfrac{u_{\Delta d}}{\Delta d}\right)^2 + \left(\dfrac{u_{\Delta k}}{\Delta k}\right)^2} = $$ _____

实验不确定度：

$$u_\lambda = \lambda \cdot \dfrac{u_\lambda}{\lambda} = $$ _____ nm

5. 测量结果：

$\lambda = \overline{\lambda} \pm 2u_\lambda = $ _____ nm，$k=2$

【注意事项】

（1）不能用手直接触摸各部件的光学表面。

（2）调节 M_2 的背部螺钉应缓缓旋转，并且在调节之前应将各个螺钉置于适中的位置，给螺钉的进与退均留有调节余地。

（3）转动读数手轮，待干涉条纹的变化稳定后才能进行测量。测量一旦开始，读数手轮的转动方向不能中途改变。

【思考题】

（1）根据公式 $2d\cos\varphi = k\lambda$，说明等倾干涉条纹的形状和特点。

（2）等倾干涉条纹每"涌出"或"陷入"一个圆环，动镜 M_1 移动距离是多少？

（3）在调节 M_2 的方位时，如果观察屏的视场中，只有光斑，无任何条纹，该怎样操作？

（4）转动读数手轮开始测量后，读数手轮的转动方向为什么不能中途改变？

【创新设计】

（1）已知钠光波长为 589.3 nm，迈克尔逊干涉仪的精密丝杠（即调节动镜的传动系统）由于长期使用而出现误差。请用前面的测量数据，求出精密丝杠读数的修正公式。（提示：修正公式形如 $A_x = A_d(1+\alpha)$，A_x 为修正值，A_d 为精密丝杠的读数，α 为修正系数，用逐差求。）

（2）利用白光干涉花样，设计测量透明薄片厚度的实验方案及步骤。

实验六 夫兰克-赫兹实验

1914 年夫兰克（F. Frank）和他的助手赫兹（G. Hertz）在研究气体放电现象中电子与原子间相互作用时，在充汞的放电管中发现：透过汞蒸气的电子流随电子能量呈现周期性变化，间隔为 4.9 eV，并拍摄到与能量 4.9 eV 相对应的光谱线 253.7 nm，即采用慢电子与稀薄气体中原子碰撞的方法，简单而巧妙地直接验证了原子能级的存在，证实了原子内部能量是量子化的，从而为玻尔原子理论提供了有力的证据。由于此项工作卓越的成就，1925 年夫兰克和赫兹共同获得诺贝尔物理学奖。

1900 年是量子论的诞生之年，它标志着物理学由经典物理迈向近代物理。量子论的基本观念是能量的不连续性，即能量是量子化的。夫兰克-赫兹实验充分证明了原子内部能量是量子化的。通过这一实验可以了解到原子内部能量量子化的情况，学习和体验夫兰克和赫兹研究气体放电现象中低能电子和原子间相互作用的实验思想和方法。夫兰克-赫兹实验至今仍是探索原子内部结构的主要手段之一。

【实验目的】

（1）通过测定氩原子的第一激发电位，证明原子能级的存在。了解夫兰克-赫兹是用什么方法直接证明了原子内部量子化能级的存在。

（2）分析灯丝电压、拒斥电压等因素对夫兰克-赫兹实验曲线的影响。

（3）了解计算机实时测控系统的一般原理和使用方法。

【实验仪器】

微机化夫兰克-赫兹实验系统原理如图 5-6-1 所示，实验装置图 5-6-2 所示。

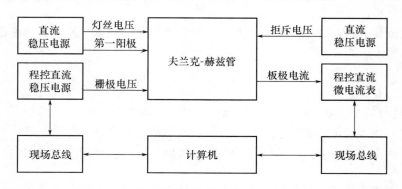

图 5-6-1　弗兰克-赫兹实验系统原理图

本实验仪是用于重现 1914 年夫兰克和赫兹进行的低能电子轰击原子的实验设备。本实验仪为一体式实验仪，有供给夫兰克-赫兹管用的各组电源电压，测量微电流用的放大器。实验仪能够获得稳定的实验曲线。本实验仪除实测数据外还可和示波器，X-Y 记录仪及微机连用。

【实验原理】

根据玻尔理论，原子只能处在某一些状态，每一状态对应一定的能量，其数值彼此是分立的，原子在能级间进行跃迁时吸收或发射确定频率的光子，当原子与一定能量的电子发生碰撞，可以使原子从低能级跃迁到高能级（激发）。如果是基态和第一激发态之间的跃迁则有：

$$eV_1 = \frac{1}{2}m_e v^2 = E_1 E_0$$

图 5-6-2　弗兰克-赫兹实验装置图

电子在电场中获得的动能在和原子碰撞时交给原子，原子从基态跃迁到第一激发态，V_1 称为原子第一激发电势（位）。

进行夫兰克-赫兹实验通常使用的碰撞管是充汞的，充汞管需要配加热炉用于改变汞的蒸气压。除用充汞的外，还常用充惰性气体的，如充氖、氩等的碰撞管。而这些碰撞管，温度对于气压影响不大，并且只需在常温下就可以进行实验。

对于四级式充氩夫兰克-赫兹碰撞管，实验线路连接如图 5-6-3 所示。

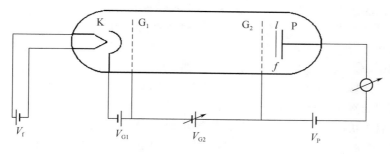

图 5-6-3　夫兰克-赫兹管实验线路连接图

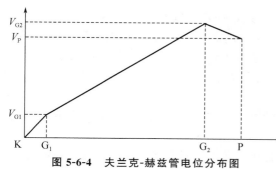

图 5-6-4　夫兰克-赫兹管电位分布图

其中 V_f 为灯丝加热电压，V_{G1} 为正向小电压，V_{G2} 为加速电压，V_P 为减速电压。

夫兰克-赫兹管中的电位分布如图 5-6-4 所示。

电子由阴极发出，经电场 V_{G2} 加速趋向阳极，只要电子能量达到能克服 V_P 减速电场就能穿过栅极 G_2 到达板极 P 形成电流 I_P，由于管中充有气体原子，电子前进的途中要与原子发生碰撞。如果电子能量小于第一激发能 eV_1，它们之间的碰撞是弹性的，根据弹性碰撞前后系统动量和动能守恒原理不难推得电子损失的能量极小，电子能如期到达阳极。如果电子能量达到或超过 eV_1，电子与原子将发生非弹性碰撞，电子把能量 eV_1 传给气体原子，要是非弹性碰撞发生在 G_2 附近，损失了能量的电子将无法克服减速场 V_P 到达极板。这样，从阴极发出的电子随着 V_{G2} 从零开始增加，极板上将有电流出现并增加，如果加速到 G_2 栅极的电子获得等于或大于 eV_1 的能量，将出现非弹性碰撞而出现 I_P 的第一次下降，随着 V_{G2} 的增加，电子与原子发生非弹性碰撞的区域向阴极移动，经碰撞损失能量的电子在趋向阳极的途中又得到加速，又开始有足够的能量克服 V_P 减速电压而到达阳极 P，I_P 随着 V_{G2} 增加又开始增加，而如果 V_{G2} 的增加使那些经历过非弹性碰撞的电子能量又达到 eV_1，则电子又将与原子发生非弹性碰撞，造成 I_P 又一次下降。在 V_{G2} 较高的情况下，电子在趋向阳极的路途中会与电子发生多次非弹性碰撞。每当 V_{G2} 造成的最后一次非弹性碰撞区落在 G_2 栅极附近就会使 $I_P \sim V_{G2}$ 曲线出现下降，I_P 随 V_{G2} 变大出现如此反复下跌将出现如附录中测量所示的曲线。

曲线的极大和极小出现明显的规律性，它是能级量子化能量反复被吸收的结果，也是原子能级量子化的充分体现。就其规律来说，每相邻极大或极小值之间的电位差为第一激发电势（电位）。

【实验任务与方法】

1. 氩原子的第一激发电势的测量

实验测定夫兰克－赫兹实验管的 $I_P \sim V_{G2}$ 曲线，观察原子能量量子化情况，并由此求出氩气管中原子的第一激发电势。

（1）示波器演示法

① 连好主机的后面板电源线，用 Q9 线将主机正面板上"V_{G2} 输出"与示波器上的"X 相"（供外触发使用）相连，"I_P 输出"与示波器"Y 相"相连；

② 将扫描开关置于"自动"挡，扫描速度开关置于"快速"挡，微电流放大器量程选择开关置于"10 nA"；

③ 分别将示波器"X 相""Y 相"电压调节旋钮调至"1 V"和"2 V"，"POSITION"调至"$x-y$"，"交直流"全部打到"DC"；

④ 分别开启主机和示波器电源开关，稍等片刻；

⑤ 分别调节 V_{G1}、V_P、V_f 电压（可以先参考给出值）至合适值，将 V_{G2} 由小慢慢调大（以夫兰克-赫兹管不击穿为界），直至示波器上呈现充氩管稳定的 $I_P \sim V_{G2}$ 曲线。

（2）手动测量法

① 调节 V_{G2} 至最小，扫描开关置于"手动"挡，打开主机电源；

② 选取合适的实验条件，置 V_{G1}、V_P、V_f 至适当值，用手动方式逐渐增大 V_{G2}，同时观察 I_P 变化。适当调整预置 V_{G1}、V_P、V_f 值，使由小到大能够出现 5 个以上峰。

③ 选取合适实验点，分别从数字式表头上读取 I_P 和 V_{G2} 值，再作图可得 $I_P \sim V_{G2}$ 曲线，注意示值和实际值关系。

例：I_P 表头示值为"3.23"，电流量程选择"10 nA"挡，则实际测量 I_P 电流值应该为"32 nA"；表头示值为"6.35"，实际值为"63.5 V"。

实验过程由多媒体计算机辅助实验系统软件进行监控。具有多媒体实验资料查询、实验装置自动控制、实验过程实时监控、实验数据自动采集、实验数据处理及检验、实验数据打印及存档等功能。

2. 调整夫兰克-赫兹实验装置，定性观察微电流随加速电压变化的情况

连接实验仪器，选择适当的实验条件，如 $V_P \sim 2$ V，$V_{G1} \sim 1$ V，$V_P \sim 8$ V，用手动方式改变 V_{G2} 同时观察微电流计上的 I_P 随 V_{G2} 的变化情况。如果 V_{G2} 增加时，电流迅速增加则表明夫兰克-赫兹管产生击穿，此时应立即降低 V_{G2}。如果希望有较大的击穿电压，可以用降低灯丝电压来达到。

3. 测出 $I_P \sim V_{G2}$ 曲线，求出氩原子的第一激发电位

适当调整实验条件使微电流能出现 5 个峰以上，波峰波谷明显。

以上数据纪录填到表 5-6-1 中。

表 5-6-1　利用手绘或记录仪测量氩的

仪器型号_____，量程_____，最小分度值_____，准确度等级_____。

V_{G2} /V	I_P /nA	V_{G2} /V	I_P /nA	V_{G2} /V	I_P /nA	V_{G2} /V	I_P /nA	V_{G2} /V	I_P /nA
⋮									

【数据处理】

（1）用计算机采集得到氩管的 $I_P \sim V_{G2}$ 曲线，用曲线的谷（或峰）位置的电位差求平均值；用谷－谷差平均值求得氩的第一激发电位。

用最小二乘法处理峰或谷位置电位：$V_{G2} = a + V_I \cdot i$。其中 i 为峰或谷序数，V_{G2} 为特征位置电位值，V_1 为拟合的第一激发电位。

（2）选取合适的实验点记录数据，使之能完整真实地绘出 $I_P \sim V_{G2}$ 曲线或用记录仪记下 $I_P \sim V_{G2}$ 曲线；根据 $I_P \sim V_{G2}$ 曲线，求出氩的第一激发电位。

（3）降低或增加灯丝电压，观察 $I_P \sim V_{G2}$ 曲线的变化，记录第一峰和最末峰的位置，推断灯丝电压对曲线的影响。

【注意事项】

（1）灯丝电压 V_P 不宜放得过大，一般在 2 V 左右，如电流偏小再适当增加。

（2）不同的实验条件，V_{G2} 有不同的击穿值，要防止夫兰克-赫兹管击穿（电流急剧增大），如发生击穿应立即调低 V_{G2} 以免夫兰克-赫兹管受损。

（3）实验完毕，应将各电位器逆时针旋转至最小值位置。

【思考题】

（1）能否用氢气代替氩蒸气，为什么？

（2）为什么 I-U 曲线不是从原点开始？

（3）为什么 I 不会降到零？为什么 I 的下降不是陡然的？

（4）在夫兰克-赫兹实验中，得到的 I-U 曲线为什么呈周期性变化？

（5）在夫兰克-赫兹管内为什么要在板极和栅极之间加反向拒斥电压？

（6）温度过低时，栅压为什么不能调得过高？灯丝电压对实验结果有何影响？是否影响第一激发电位？

实验七　声 光 效 应

超声波在介质中传播时，介质中产生弹性应力或者应变，使介质的密度在空间分布产生了疏密周期性的变化，因而也导致介质光折射率相应的变化，当光波通过这种介质时，就好像通过光栅一样，不但使光的传播方向发生了偏转，出现了衍射现象，而且衍射光的频率相对于入射光产生了移动，强度也受到了调制。人们把这种载有超声波的介质叫作"超声光栅"，将这种现象称为声光效应（或超声致光衍射）。

声光效应有正常声光效应和反常声光效应，在各向同性介质中，声光相互作用不导致入射光偏振状态的变化，而在各向异性介质中，声光相互作用可能导致入射光偏振状态的变化，前者生成的声光效应称为正常声光效应，后者称为反常声光效应。本实验只涉及正常声光效应。

声波对光波的衍射效应早在 1922 年就曾得到 L. 布里渊的预言，十年以后美国的德拜以及其他的一些科学家分别独立地观察到了超声波对光的衍射现象。1960 年以后由于激光器的出现和超声技术的进步，声光效应的理论和应用研究得到迅速发展。人们利用这一效应制成了声光调制器和声光偏转器及可调谐滤光器等，它们可以快速有效地控制光束的频率、强度与方向，从而在激光雷达扫描、图像传真、信息存储、超声波频移器、集成光通信等近代技术领域里有着重要的应用。

【实验目的】

（1）观察拉曼-奈斯衍射和布拉格衍射，研究比较两种衍射的实验条件和特点。

（2）在布拉格衍射（或拉曼-奈斯衍射）条件下，测量衍射光相对于入射光的偏转角 Φ（衍射角），及其与超声波频 f_s 的关系曲线，并测量超声波波速 V_s。测量声光器件的带宽和中心频率，阐述它对衍射效率的影响。

（3）测量衍射光强度与超声波功率的关系曲线，确定在布拉格衍射条件下的最大效率 η。

（4）在拉曼-奈斯衍射条件（在声光器件的中心频率处）下测量 1 级衍射光的衍射效率。

【实验原理】

声波是纵波，如在各向同性透明介质中传播将会使介质的密度发生周期性的变化。设介质中的超声波是沿 Y 方向传播的平面纵波，其角频率为 ω_s，波长为 Λ，ρ 是 t 时刻 y 处的介质密度，ρ_0 为没有声波存在时介质的密度，$\Delta\rho$ 是密度变化的幅度，则有：

$$\rho(y,\ t)=\rho_0+\Delta\rho\sin\left(\omega_s-\frac{2\pi}{\Lambda}\right) \tag{5-7-1}$$

由于介质的密度变化，其折射率 n 也将随之发生相应的变化，可表示为

$$n(y,\ t)=n_0+\Delta n\sin\left(\omega_s-\frac{2\pi}{\Lambda}\right) \tag{5-7-2}$$

式中，n_0 是平均折射率；Δn 是折射率变化的幅度。

如果一单色的光波，它垂直超声波的方向入射，通过厚度为 L 的介质时，前后两点的相位差为

$$\Delta\Phi=\frac{\omega n_0 L}{c}+\frac{\omega\Delta n L}{c}\sin\left(\omega_s t-\frac{2\pi}{\Lambda}y\right) \tag{5-7-3}$$

式中，ω 为光波的角频率；c 为光速。由上面等式的第一项 $\dfrac{\omega n_0 L}{c}$ 可以看出，它是不存在超声波时光波在介质前后两点的相位差。而由第二项的幅值 $\dfrac{\omega\Delta n L}{c}$ 可以看出，它是超声波所引起的附加相位差（相位调制），可见，当平面光波入射到介质的前界面上时，该介质如同一个相位光栅，其光栅常数使出射光波的波阵面变成周期性变化的皱折波面，从而改变了出射

光的传播方向，使光产生了衍射。如图 5-7-1 所示超声波致光衍射可分为两类，当光波方向垂直于声波方向，且在介质中传播的距离 L（相当于介质的宽度）很小，如图 5-7-2 所示，声波导致介质折射率的变化相当于一种光栅，超声波的波长相当于光栅常数，这种衍射称为拉曼-奈斯衍射。如果光波的方向与声波的方向不垂直，且在介质中的传播距离 L 较大，如图 5-7-3 所示，这种衍射同光在晶体中的衍射类似，被称为布拉格衍射。两种衍射光的强度和方向都与声波的强度和频率有关。在这两种衍射中，对 L 大小的要求常常用声波波长和光波波长的相互关系来表述。

当 $L \ll \dfrac{\Lambda^2}{2\pi\lambda_0}$（$\lambda_0$ 为真空中光的波长）时，为拉曼-奈斯衍射。它会产生对称于零级的多级衍射，与平面光栅的衍射原理基本相同，根据光的衍射原理，此时产生的极大衍射角 φ 由下式决定

$$\Lambda\sin\varphi = m\lambda_0, \quad m = 0, \pm 1, \pm 2, \cdots \tag{5-7-4}$$

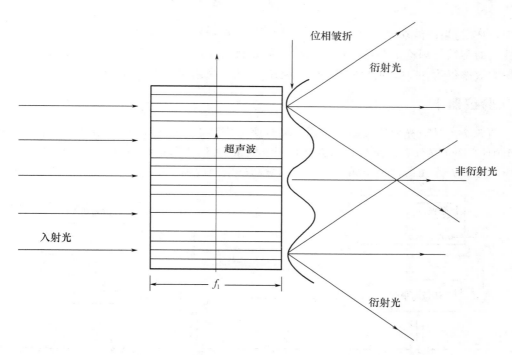

图 5-7-1　声光效应

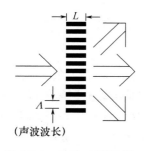

图 5-7-2　拉曼-奈斯衍射

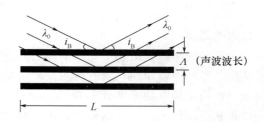

图 5-7-3　布拉格衍射

当 $L \gg \dfrac{\Lambda^2}{2\pi\lambda_0}$ 时，为布拉格衍射，声光介质相当于一个体光栅，在理想的情况下除了 0 级以外，只出现 1 级或者 −1 级衍射。我们把能产生这种衍射的光束入射角称为布拉格角 i_B，布拉格角 i_B 满足下式

$$\sin i_B = \frac{\lambda_0}{\Lambda} \tag{5-7-5}$$

因为 i_B 一般都很小，故衍射光相对于入射光的偏转角 Φ 为：

$$\Phi = 2i_B \approx \frac{\lambda_0}{\Lambda} = \frac{\lambda_0}{V_s} f_s \tag{5-7-6}$$

式中，V_s 为超声波的波速；f_s 为超声波的频率。

在布拉格衍射的情况下，1 级衍射光的衍射效率 η 为：

$$\eta = \sin^2 \left[\frac{\pi}{\lambda_0} \sqrt{\frac{M_2 L P_s}{2h}} \right] \tag{5-7-7}$$

式中，P_s 为超声波功率；L 为介质的厚度；h 为超声波换能器的宽；M_2 为反映声光介质本身性质的常数。理论上布拉格衍射的效率可以接近 100％，而拉曼-奈斯衍射中的 1 级衍射的最大效率仅为 34％，所以实用的声光器件一般多采用布拉格衍射。

【实验仪器】

图 5-7-4 是声光效应实验安装图，光具座上安装有激光器，在转角平台上有声光器件，LM601CCD 光强分布测量仪。示波器是用来测量 CCD 所采集到的信号，声光功率信号源把超声信号加到声光器件上，频率计用于测量功率信号源输出的频率。

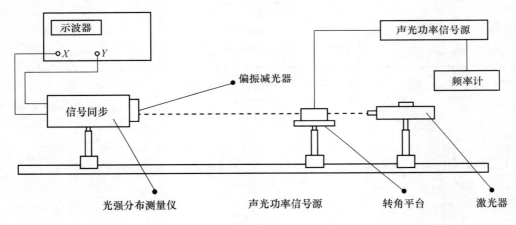

图 5-7-4　声光效应实验安装图

1. 声光器件

声光器件的结构如图 5-7-5 所示。它由透明介质（如钼酸铅）制成，介质的两端分别与压电换能器和吸声器相连，压电换能器又叫超声波发生器，它是用铌酸锂晶体或其它压电材料制成，作用是将电功率换成声功率。吸声材料的作用是吸收通过介质传播到端面的超声波，以建立超声行波。当压电换能器加上高频电压时，换能器的机械振动使介质在 Y 方向产生超声波，若光波从 X 方向射入，就会产生声光效应。

声光器件有一个衍射效率最大的工作频率 f_c，称为声光器件的中心频率，或者低于 f_c

的频率其效率都会下降。一般规定衍射效率（或衍射光的相对强度）下降 3 dB（即衍射效率下降到最大值的 $\frac{1}{\sqrt{2}}$）的高、低两频率之差为声光器件的带宽。

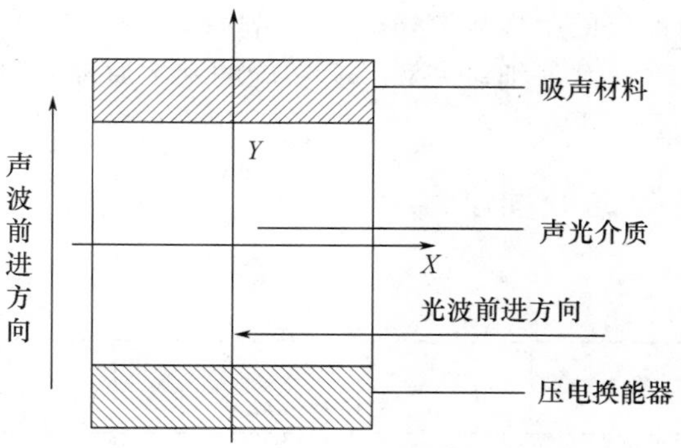

2. 功率信号源

SO2000 功率信号源的频率范围为 80～120 mHz，最大输出功率 1 W。其使用的方法见 SO2000 功率信号源使用说明书。

3. CCD 光强分布测量仪

图 5-7-5 声光器件的结构

CCD 器件是一种可以电扫描的光电二极管列阵，有面阵和线阵之分。LM601CCD 光强仪所用的是线阵 CCD 器件，光敏元为 2 592 个，光敏元尺寸为 $11×11$ μm，CCD 器件的光敏面至光强仪前面板距离为 4.5 mm。

【实验任务与方法】

（1）实验时使信号源频率处于最小值，先用屏接收，调节信号源的输出功率，看到衍射光斑，然后增大信号频率，逐步调节声光器件的位置使激光斜入射，观察衍射光的亮度和位置有什么变化？分析这些变化的原因及其物理意义。

（2）完成实验任务（2），先要在激光器前加一个直径为 0.6～0.8 mm 的小孔光栏，对示波器定标，所谓定标就是确定示波器 X 方向上的 1 格等于 CCD 器件上多少光敏元（像元），或者说示波器上的一个格的标度等于 CCD 器件的位置在 X 方向上的距离。具体的方法是，调节示波器的有关旋钮，使得示波器的荧屏上得到一幅零级和一级的衍射波形，并使这幅波形对准示波器上的整数的格数，例如是 10 个大格，每个大格划分为 5 个小格，而 601CCD 的光敏元为 2 592 个，则每格对应于实际空间距离为：2 592 个光敏元÷10 格×11 μm ＝2.851 mm。每小格对应与实际的空间距离为：2.851 mm÷5 ＝0.570 mm。如果 0 级光和 1 级衍射光的波形间隔为 12.4 格，则 0 级光和 1 级衍射光的偏转距离为：0.570 mm×12.4 ＝7.068 mm。根据定标值测量出 0 级与 1 级衍射光斑的距离后，再量出声光器件到 CCD 的距离，就可以求出偏转角 Φ。然后依据式（5-7-6）计算 V_s。改变功率信号源的频率（即超声波的频率 f_s），可以得到对应于不同频率的偏转角 Φ。选择几组 Φ、f_s 值就可以做出 Φ-f_s 曲线。

（3）固定超波波功率，改变功率信号源的频率，测量衍射光相对于零级衍射光的相对光强曲线，由此曲线定出声光器件的带宽和中心频率。

（4）将功率信号源的超声波频率固定在声光器件的中心频率上，测量出衍射光强度与超声波功率的关系；衍射效率 $\eta = \frac{I_1}{I_0}$，I_0 为未发生声光衍射前的光的强度，I_1 为发生声光效应的 1 级衍射光的强度。

（5）测量在拉曼-奈斯衍射条件的衍射角、声波波速及衍射效率，同布拉格衍射一样也需要对示波器定标，并仿照布拉格衍射的测量完成实验任务。

（6）注意，在布拉格衍射条件下测量出的衍射光相对于入射光的偏转角，是空气中的角度。

（7）计算声光介质的光出射面到 CCD 光敏面的距离，不要忘记加上 CCD 器件至光强仪前面板的距离 4.5 mm。

（8）仔细研究和领会实验的基本原理，熟悉仪器设备的使用方法，写好实验方案和操作步骤。

【数据处理】

表 5-7-1

次数	声光器件到 CCD 的 距离 L/mm	0 级光与 1 级光的 偏转距离 d/mm	Φ/rad $\Phi = d/L$
1			
2			
3			
4			

实验八　高温超导材料的基本特性

超导电性是指某些物质在低温下电阻变为零和排斥磁力线的特性，我们将具有超导电性的材料称为超导体材料。

超导电现象的首次发现是在 1911 年，当时的荷兰莱登大学教授昂纳斯在测量汞的电阻在低温下变化的情况时，发现当温度降到 4.15K 时，汞的电阻突然下降为零（称使汞的电阻下降为零的温度为临界温度），这一令人吃惊的现象很快引起了全世界科学家的广泛兴趣。这之后很多人对超导现象的理论和应用进行了不懈地探索和研究，经过 70 多年的努力，到 1986 止，已经发现和制造出上千种超导材料，然而这些材料当中临界温度最高的铌三锗（Nb_3Ge）才达到 23K，很长的时间里将临界温度向上提高 1K 都是很难的，由于获得这样的低温相当不容易，这就给超导的应用带来许多困难。

理论上对于超导电性是如何解释的呢？1957 年美国的三位科学家提出了被称为 BCS 的超导电性的微观理论，比较成功地解释了超导电性的各种基本性质。虽然 BCS 理论在解释金属的超导电性得到成功，但是它也限制了人们的思想，按照 BCS 理论人们认为超导电现象似乎只能在金属或金属的合金中发生，而且临界温度到达 30K 时就已是极限。因此人们将需要在低于这个温度下运行的超导材料叫作低温超导体。

1986 年由于在陶瓷材料镧钡铜氧（La-Ba-Cu-O）中发现了超导现象，而且其临界温度为 35 K，使人们对超导现象有了新的认识。紧接着中、日、美的一些科学家又发现了一系列临界温度更高的超导体，据报道汞系如汞钡钙铜氧（Hg-Ba-Ca-Cu-O）临界温度已高达 133 K。人们把那些临界温度高于液氮温度的超导材料称作高温超导体。现在已发现的高温超导材料有上百种，可是高温超导的性质还无法用 BCS 理论解释。其理论还远落后于实验。

目前，超导电性的应用已经相当的广泛，一类是利用超导体的零电阻特性的材料，它要求材料承受大电流大磁场，称为超导电力材料，如超导电缆或超导磁悬浮列车等。另一类是利用超导体的一些量子效应，只涉及小电流或弱磁场的超导材料，被称为超导电子材料，如一些超导薄膜制成的电子器件等。

本实验是采用常规的 V-I 四引线法在恒定的电流下测量钇钡铜氧（Y-Ba-Cu-O）的临界温度，观察磁悬浮现象，了解超导电的基本特性。

【实验目的】

（1）了解高温超导材料的特性。
（2）掌握高温超导体临界温度的动态测量和稳态测量方法。

【实验原理】

零电阻效应、完全抗磁性是超导电性的两个最基本的特性。

1. 零电阻效应

当物质温度下降到某一确定值 T_C（临界温度）时，物质的电阻由有限值降为零的现象称为零电阻效应，也称物质的完全导电性，此物质被称为超导体。由于超导体的样品不是很纯或者不均匀，所以超导体在由正常的有阻状态向零电阻的超导态转化时，是在一个有限的温度间隔里完成的，如图 5-8-1 所示。

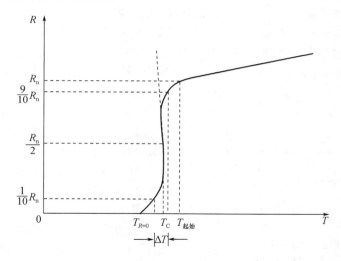

图 5-8-1 超导材料的电阻温度曲线

可以定义图 5-8-1 中的几个特征温度：

（1）起始转变温度 $T_{起始}$，它是指电阻随温度的变化开始偏离线性的温度，与 $T_{起始}$ 对应的阻值用 R_n 表示。

（2）临界温度 T_C，是指电阻值下降到 $R_n/2$ 时所对应的温度。

（3）零电阻温度 $T_{R=0}$，是指超体保持直流电阻 $R=0$ 时的最高温度。

（4）转变宽度 ΔT，是指超导体由正常态向超导态过度的温度间隔，实验中常取 $(10\%\sim90\%)R_n$ 区域温度为转变宽度。它的大小反映了材料品质的好坏。

应该说明的是零电阻效应是对直流而言，如果是交流电，则存在着交流损耗而产生交流电阻。

2. 完全反磁性

完全反磁性也称迈斯纳效应，它是指当物质由正常态进入到超导态后其体内的磁通量被完全排出体外即体内磁感应强度总是为零的一种状态。

超导体的反磁性可以通过超导体的磁悬浮实验直观看到，当把一个超导体样品放置到一块永久磁铁表面附近时，由于永久磁铁的磁力线不能进入超导体物质，在永久磁铁与超导体之间存在着的斥力可以克服超导体的重力，而使超导体悬浮在永久磁铁表面一定的高度。

零电阻效应与完全反磁性这两个基本特性既相互独立又相互联系，单纯的零电阻效应不能保证完全反磁性的存在，可是它又是完全反磁性存在的必要条件。

3. 超导体的临界参数

当物质处于超导状态时，如果改变流过超导体的直流电流，一旦电流强度超过某一临界值时，超导体的超导状态将受到破坏而恢复到正常态。如果对超导体施加磁场，当磁场强度达到某一值时，超导体的超导态也会受到破坏而恢复到正常态，破坏超导状态所需要的最小极限电流和磁场值，分别称为临界电流 I_C（或用临界电流密度 J_C 表示）和临界磁场 H_C。

临界电流 I_C、临界电流密度 J_C 和临界磁场 H_C 是超导体的三个临界参数，它们与物质内部的微观结构有关，这三个条件任何一个被破坏，物质将失去超导状态。

4. 样品的制作与高温超导材料临界温度 T_C 的测量

目前的高温超导材料大多是质地松脆的陶瓷材料，测量电极与被测材料很难做到非常良好的接触，接触电阻常常达到零点几个欧姆，这不符合零电阻的测量要求。为了消除接触电

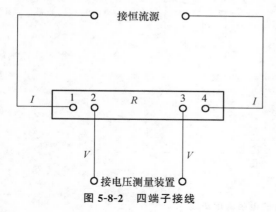

图 5-8-2 四端子接线

阻对测量的影响，常常采用四端子测量法，如图 5-8-2 所示，电流引线与恒流源连接，电压引线连接数字电压表或经过数据放大器的放大，接至 X-Y 记录仪或者连到电脑进行数据处理。按此连接方法，电流引线电阻及电极与样品之间的接触电阻均可忽略，用测量出的电压除以流过样品的电流，即为样品电极 2、3 端的电阻。

临界温度的测量需要有一个合适的低温源，目前的高温超导材料的临界温度多数在 60K 以上，因此低温源多用液氮。纯净的液氮在一大气压下的沸点是 77.348K，三相点为 63.148K。对于临界温度在三相点和沸点之间的样品，只要将样品直接浸入液氮，实验中通过样品的浸入和提离液氮就可以实现温度的升降。

【实验仪器】

超导材料临界温度的测量要有一个绝热较好的杜瓦瓶，安装样品的探棒及电子线路装置。

【实验任务和方法】

任务：

（1）在恒定电流下测量高温超导体（如 Y-Ba-Cu-O）的 R-T（电阻-温度）关系曲线，求出临界温度 T_C。

（2）高温超导体磁悬浮现象的观察。准备一个真空杯和一些泡沫塑料，选择好块状超导

样品和磁钢。在真空杯中放入泡沫塑料和块状磁钢。往杯中缓慢倒入液氮，超导材料将从正常态变为超导态。观察超导材料悬浮在液氮中间。放置泡沫塑料是为了避免样品和磁钢之间的撞击。

提拉式探棒：探棒是安装超导样品和温度计供插入低温杜瓦瓶实现变温的装置。其上部装有前级放大器，底部是样品室。棒身采用薄壁的德银管或者不锈钢制作。见图 5-8-3。样品室外壁和内部样品架均由紫铜块加工而成，通过紫铜块外壁与液氮的热接触，达到热平衡后使紫铜样品架降温。样品架的温度取决于与环境的热平衡。控制探棒插入液氮内的深度，可以改变样品架的温度变化速度。样品架的温度由装于块体内的铂电阻温度计测量。样品架内样品电阻的四引线和铂电阻的四引线通过紫铜块热沉后接至探棒上端，再分别接至各自的恒流源和电压表等。热沉的作用是避免将外界热量传入样品室。

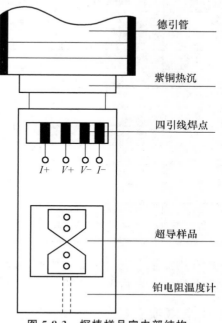

测量仪器装置：它主要由测量温度控制仪器、X-Y 记录仪、恒流电源、数据放大器、数字电压表和标准电阻等构成。如果将数据采集、传输处理系统同计算机连接在一起，并配上适合的软件不但可以实现稳态测量，还可以实现实时动态测量、显示、打印输出。实验者可根据具体的条件选择测量仪器设备，设计一个测量线路，完成实验任务。

图 5-8-3 探棒样品室内部结构

方法：

1. 测量 R-T（电阻-温度）关系曲线

记录方式有两种，X-Y 记录仪直接记录、连接电脑实时记录。

（1）电脑实时记录，利用计算机完成实验省时省力，可以直观记录超导体 R-T 转变的全过程，计时准确而且可以存储。计算机安装上软件后，一般界面上有标题栏、菜单栏（五个部分：文件可以存盘、打开、打印等；编辑可以对采样的图形进行处理；操作可以对软件的运行进行控制）、工具栏、实验监视栏等，可根据选用的设备参考生产厂家有关的资料说明。

（2）用 X-Y 记录仪直接记录，只要将温度计的输出电压接到记录仪的 X 轴，样品的输出电压接到记录仪的 Y 轴，选择记录仪上适当的量程范围即可。也可采用人工方式记录，再用手工作图。缺点比较费时费力。

2. 使用低温容器与液氮的提示

（1）装液氮时一定要缓慢，防备液氮伤及身体。

（2）有盛放低温液氮的容器都必须留有蒸发气体逸出的孔道，以免容器内部压力过大引起事故。

（3）使用液氮时，应注意保持室内空气通畅，防止液氮的大量蒸发，造成室内严重缺氧，引起人的昏迷。

（4）注意样品的干燥保存，不能在低于 0 ℃状态下暴露在大气之中。

【数据处理】

表 5-8-1   超导转变曲线的测量

序号	铂电压 U/mV	温度 T/K	样品电压 U/mV	样品电阻 R/Ω
1				
2				
3				
4				
5				
6				
7				
8				
9				
10				
11				
12				

利用测量出表 5-8-1 的数据，画出高温超导体（如 Y-Ba-Cu-O）的 R-T（电阻-温度）关系曲线，求出临界温度 T_C。

【注意事项】

（1）所测的钇钡铜氧超导体受潮后，可能引起超导性能退化或消失，应保存于干燥的环境或液氮之中。

（2）不要让液氮接触皮肤，以免造成冻伤。

（3）严禁将自己的硬盘、光盘私自插入计算机，以防止病毒的侵害。

【思考题】

为什么采用四引线法可避免引线电阻和接触电阻的影响？

实验九 数字信号光纤通信技术实验

光纤传输技术是现代科学技术的一项新成就，光纤通信技术是这项技术应用的重要领域。光纤通信系统是以光为载波，利用纯度极高的玻璃拉制成极细的光导纤维作为传输媒介，通过光电变换，用光来传输信息的通信系统。

【实验目的】

（1）了解光纤的工作原理及分类等相关知识；

（2）了解数字信号光纤通信技术的基本原理；

（3）掌握数字信号光纤通信技术实验系统的检测及调试技术。

【实验原理】

1. 光导纤维的结构及分类

光纤的基本结构如图 5-9-1 所示。其主要是由同轴的纤芯和包层构成，其中包层有一定的厚度，设纤芯的折射率为 n_1，包层的折射率为 n_2，为了使光只能在纤芯内传播，根据光的全反射原理，必须满足 $n_1 > n_2$。为了保护光纤，还在光纤外加上保护套，即光纤外套。

光纤根据其传输模式通常可以分为单模光纤和多模光纤。

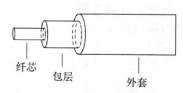

纤芯　　包层　　外套

图 5-9-1　光导纤维结构图

（1）单模光纤：纤芯直径大约在 $5 \sim 10~\mu\mathrm{m}$ 之间，只传输主模，也就是说光波只沿光纤的内芯进行传输。由于完全避免了模式色散使得单模光纤的传输频带宽、容量大、传输距离长。但是单模光纤的成本较高，因此一般用于远距离通讯。

（2）多模光纤：纤芯直径为 $50~\mu\mathrm{m}$ 或 $62.5~\mu\mathrm{m}$，允许多种电磁场形态的光波传播。传输速度低、距离短，整体的传输性能差，由于发光器件比较便宜以及施工简易的特性，广泛用于短距离通讯。

2. 数字信号光纤通信系统的基本组成

数字信号光纤通信的基本原理如图 5-9-2 所示（图中仅画出一个方向的信道）。工作的基本过程如下：语音信号经模/数转换成 8 位二进制数码送至信号发送电路，加上起始位（低电平）和终止位（高电平）后，在发送时钟 TxC 的作用下以串行方式从数据发送电路输出。此时输出的数码称为数据码，其码元结构是随机的。为了克服这些随机数据码出现长 0 或长 1 码元时，使接收端数字信号的时钟信息下降给时钟提取带来的困难，在对数据码进行电/光转换之前还需按一定规则进行编码，使传送至接收端的数字信号中的长 1 或长 0 码元个数在规定数目内。由编码电路输出的信号称为线路码信号。线路码数字信号在接收端经过光/电转换后形成的数字电信号一方面送到解码电路进行解码，与此同时也被送至一个高 Q 值的 RLC 谐振选频电路进行时钟提取。RLC 谐振选频电路的谐振频率设计在线路码的时钟频率处。由时钟提取电路输出的时钟信号作为接收时钟 RxC，其作用有两个：一是为解码电路对接收端的线路码进行解码时提供时钟信号；二是为数字信号接收电路对由解码电路输出的再生数据码进行码值判别时提供时钟信号。接收端收到的最终数字信号，经过数/模转换恢复成原来的语音信号。

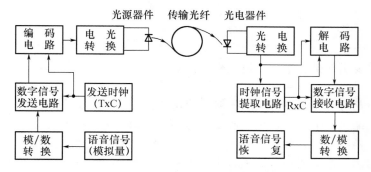

图 5-9-2　数字信号光纤通信系统的结构框图

3. 数字信号光纤通信技术实验系统工作原理

本实验的实验过程均在程序控制下由电端机中的单片机及计算机完成，实验系统所传输的信号可以是语音信号转换后的数字信号，也可以是 ASCII 字符的 2 进制代码。该实验系统的工作过程如下：传输 ASCII 字符的二进制代码是由计算机提供的，经电端机发送至光端机，在光端机内进行数字信号的电/光转换，将电信号转换为光信号，再经过光纤传输，将光信号重新发送至光端机进行光/电转换后，发送至电端机，送回计算机，并在计算机屏幕上显示出相应的字符；

传输语音信号时，语音信号先进入电端机进行模/数转换，再进入光端机。经过 ASCⅡ字符的传输过程后回到电端机，由电端机进行数/模转换，将数字信号转换为模拟信号，后经过滤波、放大由音响或耳机输出。

实验系统的结构如图 5-9-3。其中，光讯号发送部分采用中心波长为 $0.86\ \mu m$ 的半导体发光二极管（LED）作光源器件。传输光纤采用多模光纤。光讯号接收部分采用硅光电二极管（SPD）作光电检测元件。计算机通过 RS-232 串口控制单片机。单片机再去控制模数转换电路 ADC0809、数模转换电路 DAC0832 和数字信号并串/串并转换电路 8251，实现 A/D、D/A 转换和数字信号的并/串和串/并转换。图中的单片机、ADC0809、DAC0832 及 8251 等部分是集中在实验系统的电端机内，而 LED 的调制和驱动电路、SPD 的光电转换部分是集中在实验系统的光端机内。

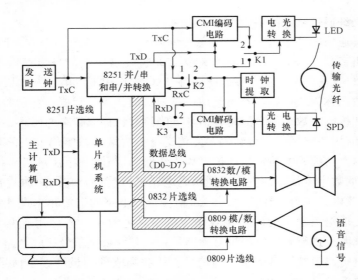

图 5-9-3   数字信号光纤通信实验系统的基本结构

【实验仪器】

本实验仪器主要由四部分组成：电端机、光端机、光纤信道、计算机、示波器。

1. 电端机

电端机由发射部分和接收部分组成。其中发射部分进行模/数转换，将模拟信号转换为数字信号发送至光端机发射部分，而接收部分进行数/模转换，将从光端机接收部分接收到的数字信号转换为模拟信号，如图 5-9-4 所示。同时，电端机还可实现数字信号的并串/串并转换和编码、解码。电端机通过后面板中的 RS-232 九针插座与计算机连接，接收计算机输入的信号，如图 5-9-5 所示。

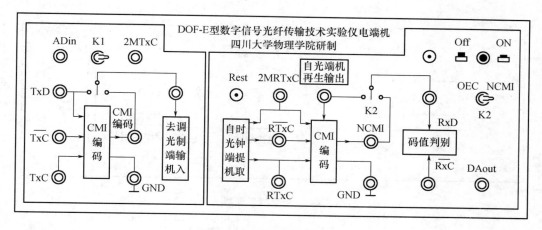

图 5-9-4　电端机前面板布局

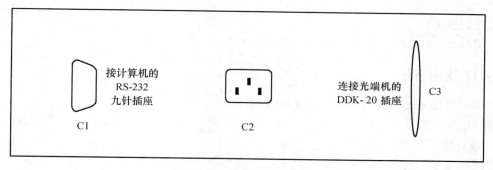

图 5-9-5　电端机后面板布局

C1—与计算机 RS-232 半口连接的九针插座；C2—电源插座；C3—连接光端机的 DDK-20 电缆插座

2. 光端机

　　光端机由发射部分和接收部分组成。其中发射部分进行电/光转换，将从电端机发射部分接收的数字电信号转换为光信号发送至光纤信道进行传输，而接收部分进行光/电转换，将从光纤信道接收到的光信号转换为数字电信号，再传送至电端机的接收端。光端机还能实现再生调节和时钟提取，如图 5-9-6 所示。光端机的后面板中 C2 插口为外界音响插口，可以通过该插口连接音响，如图 5-9-7 所示。

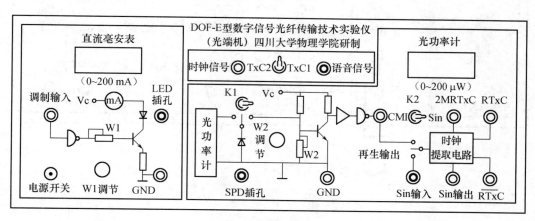

图 5-9-6　光端机前面板布局

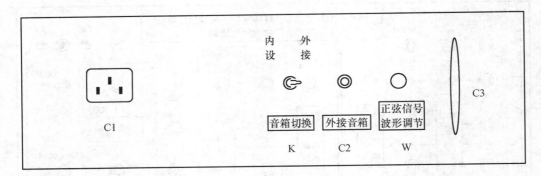

图 5-9-7   光端机后面板布局

C1—电源插座；C2—外接音箱插孔；C3—连接电端机的 DDK-20 电缆插座；

W—正弦信号起振与波形调节；K—音箱切换开关

3. 光纤信道

采用的是 60 m 左右的多模光纤，插头为标准 ST 插头。

【实验任务和方法】

1. 半导体发光二极管（LED）电光特性的测定

（1）把发光二极管 LED、光纤信道和光电二极管 SPD 按图 5-9-8 所示接至光端机前面板的"LED 插孔"和"SPD 插孔"，光端机前面板的 SPD 切换开关 K1 拨至左侧，观测并记录光端机前面板光功率计的示值。以此示值作为光功率计的零点。

（2）用导线接通图 5-9-8 中"调制输入"和"GND"插孔间的连线，反时钟方向调节 W1，使光端机前面板的毫安表为一最小整数值，然后顺时针方向调节 W1，使毫安表读数慢慢增加，每增加 5 mA 读取一次光功率计的示值，直到毫安表示值为 50 mA 止，列表记录测量结果。

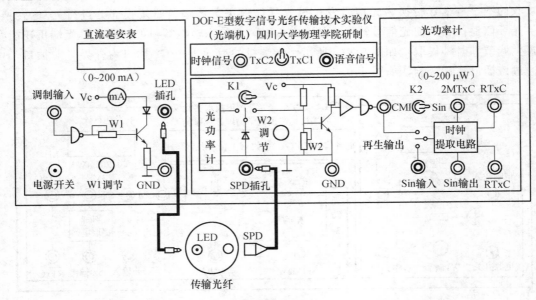

图 5-9-8   半导体发光二极管（LED）电光特性的测定

根据实验读数，以毫安表读数为横坐标、光功率计读数（扣除零点后）为纵坐标，绘制 LED 的电光特性。

2. 传输系统发送时钟 TxC 周期的测定

把光端机前面板"时钟信号"切换开关拨至"TxC1"侧、双迹示波器 CH1 通道接至光端机前面板"时钟信号"插孔、示波器扫描时间分度值选为 $2\,\mu s$、调节示波器同步旋钮使荧光屏上出现一稳定的波形后，观测并记录其周期值。

3. 时钟信号的电光/光电转换及再生调节

按图 5-9-9 接线。调节 W1 使毫安表指示的 LED（在时钟信号调制状态下）的平均工作电流为适当值（比如 20 mA）后，保持 W1 的调节位置不变，观察示波器荧光屏上是否有时钟信号波形出现。若无，并示波器荧光屏上显示出一条代表低电平的直线，就需沿顺时钟方向慢慢调节 W2，直到示波器荧光屏上出现占空比为 50% 的时钟信号为止；若示波器荧光屏上显示出一条代表高电平的直线就需沿反时钟方向慢慢调节 W2 实现时钟信号的再生调节。若示波器荧光屏上有时钟信号波形出现，但占空比小于 50%，就需顺时针方向慢慢调节 W2；若占空比大于 50%，就需反时针方向慢慢调节 W2。

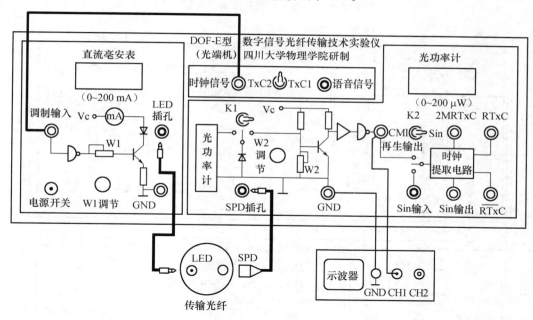

图 5-9-9 时钟信号的电光/光电转换及再生调节

4. ASCII 字符代码的光纤传输实验

（1）实验系统发送功能的检测。在图示实验系统后面板连线的基础上按图 5-9-10 所示，进一步连接好实验系统的后面板。按图 5-9-11 接好实验系统前面板的连线，并把电端机前面板的开关 K1 拨向左侧。启动计算机，运行配套软件后，计算机屏幕上将出现图 5-9-12 所示的界面。点击"串口设置"按钮，计算机屏幕将换成图 5-9-13 所示界面。根据电端机与计算机的连接情况，串口号选择 COM1 或 COM2。

再点击"确定"按钮，待计算机屏幕再一次出现图 5-9-12 所示的界面后，点击"数字传输"按钮。计算机屏幕上就出现图 5-9-14 所示界面。把光标移至"请输入十进制数"的窗口中后，在 0～127 的范围内从键盘输入被传输的 ASCII 字符的十进制数代码（比如，字符

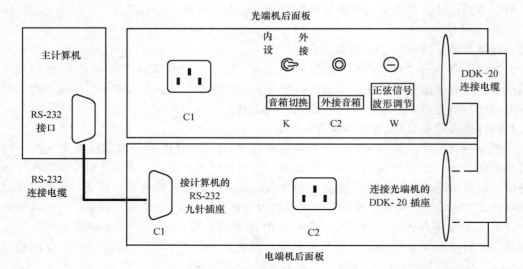

图 5-9-10　实验系统的后面板连接

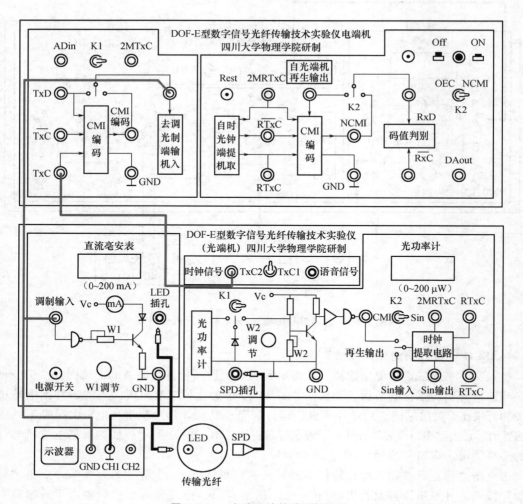

图 5-9-11　实验系统的前面板连接

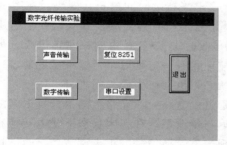

图 5-9-12　数字光纤传输实验界面

图 5-9-13　串口参数设置界面

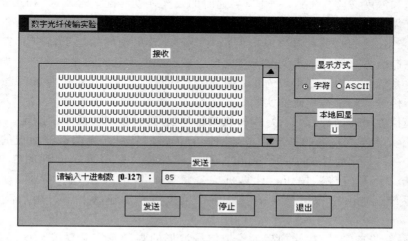

图 5-9-14　数字传输界面

U、z 和 7 等，它们相应的十进制数代码分别为 85、90 和 5 等），再点击"发送"按钮，界面的"本地回显"栏将显示出该代码的 ASCII 字符。观察示波器荧光屏上显示的串行数字信号波形的数码结构是否与被发送的 ASCII 字符的二进制代码一致。若一致，表示实验系统的发送功能正常；若示波器荧光屏上观察不到这一波形，按电端机的"Reset"按钮后用以上方式重新发送。

（2）实验系统数字信号的电光/光电转换及再生调节。继续以上实验，把双迹示波器 CH2 通道接至光端机前面板的"再生输出"插孔。调节 W1 使 LED 的平均工作电流为 2 mA 以上。然后保持 W1 的这一调节位置不变，调节 W2 使双迹示波器 CH2 通道出现码元宽度和数码结构均与 CH1 通道一样的再生波形为止。

（3）码值判别、误码及实验系统无误码状态的调节。完成了上一步调节之后，虽然光端机的再生输出端出现了与发送端波形一样的再生信号，但还不能算完成了数字信号的传输过程。此后，尚需在接收时钟 RxC 的作用下对再生信号每位码元的码值进行"0""1"判别。在判别时刻，若检测到再生波形的电平为高电平，赋予的码值为"1"，反之为"0"。若判别结果所形成的二进制代码与发送端发送的字符代码一致，表明码值判别结果正确。根据正确判别结果所形成的二进制代码从计算机字符库调出的字符（显示在图 5-9-14 所示界面的接收栏中）就会与"本地回显"栏中出现的字符一致。若判别结果所形成的二进制代码与发送端发送的字符代码不一致，从计算机字符库调出的字符就与图 5-9-14 所示的界面"本地回显"栏中出现的字符不一样。这表明实验系统在传输过程中有误码产生。使实验系统产生误码的原因有以下两种：

① 实验系统数据接收端（RxD）的"1"码元高电平持续时间过长，即码元宽度过宽；

② 在实际的数字通信系统中接收时钟 RxC 是用复杂的时钟提取技术从接收信号中提取的，而本实验系统到目前为止，发送时钟 TxC 和接收时钟 RxC 是由同一时钟供给。另一方面，由于接收端再生信号波形相对发送端的发送波形具有一定延迟，当这一延迟超过一定范围时，即使实验系统数据接收端波形达到了再生状态，也会产生误码判别。

接收端再生波形相对发送端的发送波形的总延迟由电路上和光路上两部分延迟组成。本实验系统，电路上的延迟是主要的。电路上的延迟与传输系统在空闲状态下光电转换和再生调节电路中晶体三极管的饱和深度有关。为了实现光电转换信号的再生调节，接收端这一晶体三极管的饱和深度又应与发送端 LED 导通时的发光强度匹配。若发送端 LED 导通时发光强度愈大，就需光电转换和再生调节电路中晶体三极管的饱和深度愈深，对应的电路延迟就愈短。所以，若在接收端虽有再生波形但仍有误码现象出现的情况下，应调节 W_1 使 LED 导通时工作电流为另一值后，再调节 W2 使再生输出端波形达到再生状态……如此反复几次调节直到实验系统无误码状态出现为止。点击图 5-9-14 示界面中的"停止"按钮，重复以上操作可进行传输其它字符代码的实验。

5. 传输模拟信号时的模/数、数/模转换实验和模/数转换采样周期的测定

保持以上实验连线不变的基础，把 1 kHz 的正弦信号引入光端机前面板的语音信号插孔。点击图 5-9-14 所示界面中的"退出"按钮，计算机屏幕再次回到图 5-9-12 所示界面，然后点击"声音传输"按钮，计算机屏幕将显示图 5-9-15 所示界面。点击"开始"按钮，实验系统就进入模拟信号传输状态。在模拟信号传输状态下，用示波器观测以下实验内容：

（1）模/数转换前和数/模转换后的模拟信号波形的观测及实验系统无误码状态的调节。把示波器的 CH1 通道和 CH2 通道分别接至电端机前面板左上角的 ADin 插孔和光端机右下角的 DAout 插孔。光端机后面板无标注的开关拨至下方，光端机内设的正弦信号源接至模拟信号输入端。用示波器观察 CH2 通道波形是否也是一个与 CH1 通道波形同频率、但具有离散化特征的正弦波形？若 CH2 通道波形具有这一特点，表明实验系统处于语音信号无误码传输状态；否则，需要调节光端机前面板的 W2 调节旋钮或 W1 调节旋钮，使 CH2 通道波形具有这一特征的正弦波。

（2）模/数转换采样频率的测定。在传输模拟信号的情况下，由于每次传输的数码结构不一样，故在示波器上看不到一个固定数码结构的波形出现。但每次所传输数据的数码结构中起始位都是低电平。所以调节示波器同步旋钮可清楚观察到它在荧光屏上的位置（如图 5-9-16 所示）。两个相邻起始位间隔的时间就是实验系统模/数转换过程的采样周期，该周期的倒数值就是采样频率。根据采样定理，对于语音信号采样频率应大于 8 000 次/秒。

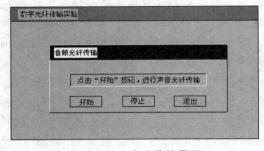

图 5-9-15　声音传输界面

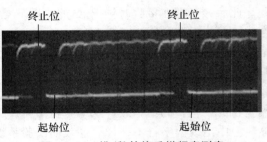

图 5-9-16　模/数转换采样频率测定

用收音机或单放机提供的语音信号接至光端机前面板的语音信号插孔，并把光端机后面板无标注的开关拨至上方。示波器 CH1 和 CH2 通道分别接至光端机的调制输入和再生输出插孔。在时钟信号为 TxC1 和 TxC2 两种情况下，用示波器观测传输语音时模数转换过程的采样周期、计算相应的采样频率、用采样定理评估本实验系统传输语音信号时的性能。

【数据处理】

表 5-9-1　LED 电光特性测量数据记录表

	1	2	3	4	5	6	7	8	9	10	11
I_{LED}/mA											
$P_{LED}/\mu W$											

（1）按表 5-9-1 数据作出 P_{LED}-I_{LED} 曲线（作图要用坐标纸）；
（2）简述 ASCII 码及语音数字传输过程。

【思考题】

（1）查阅资料说明单模光纤与多模光纤的区别。
（2）简述基本的光纤通信系统的组成。
（3）简述数字信号光纤通信系统的工作过程。
（4）语音信号数字光纤通信经历了哪些过程？

【创新设计】

在进行"ASCII 字符代码的光纤传输实验"的过程中，有时会出现示波器可以观察到发射端的信号波形而观察不到接收端的信号波形，请对该现象进行判断：什么部位发生了故障？并说明分析根据。

实验十　黑箱实验

黑箱（black box），是指那些内部结构和性能无法直接观测，只能通过外部观测和试验去认识其性能和特性的系统或客体。研究黑箱有两种方法，一是开启黑箱法，即将黑箱分成局部，研究其内部结构和功能。物理学家在研究物质的层次和结构时，就是不断开启黑箱的过程。但由于开启黑箱时，可能引起黑箱本身结构和功能的变化，而且有些黑箱是不允许打开或者由于技术问题尚不能打开，所以这种方法有很大局限性。另一种方法是不开启黑箱，即不破坏黑箱本身的结构，而是有目地地对黑箱输入信息，观察黑箱对应的输出信息，并利用分析、综合、类比等逻辑的方法和必要的数学运算而得出结论。

本实验要求学生用不开启黑箱的方法进行研究。通过这种研究方法的学习，对激发学生的学习兴趣、调动学生的学习积极性、培养学生的独立工作能力和创造能力，都具有显著的积极作用。

【实验目的】

（1）熟悉万用电表的使用；

（2）了解各种电子元件的性质以及如何在电路中加以判定；

（3）列表记录各接线柱间的数据及现象和电表的具体挡位，分析并判断出盒中所含元件及其具体位置，并画出线路图。

【实验原理】

1. 电阻、热敏电阻

（1）一般在电路中所用的电阻，是指专门设计制造的电阻器，简称电阻。普通电阻的阻值与温度的关系接近线性，若 0 ℃时电阻值为 R_0；温度为 t 时的电阻值近似有 $R_t = R_0(1+\alpha t)$，其中 α 称为电阻的温度系数。多数电阻的 α 在 $10^{-4} \sim 10^{-3}/\text{℃}$，由于这一温度系数较低，随着电流在电阻中的流动，电阻的阻值基本保持不变，而电阻两端的电压降与通过电阻的电流遵循欧姆定律。

（2）热敏电阻是由某些金属（如锰、镁、钴、镍、铁等）的氧化物按不同的比例混合，并经过高温烧结后制成的。它的阻值随温度的改变而迅速变化。阻值随温度升高而减小者，称为负温度系数热敏电阻；阻值随温度升高而增加者，称为正温度系数热敏电阻。

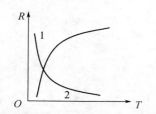

图 5-10-1 热敏电阻温度特性曲线

热敏电阻的温度特性曲线如图 5-10-1 所示。其中，曲线 1 表示负温度系数热敏电阻，曲线 2 表示正温度系数热敏电阻，一般热敏电阻的温度系数在 $10^{-2} \sim 10^{-1}/\text{℃}$。

2. 电容器、电感器

（1）电容器基本功能是能够被充电和放电，也就是储存电能和释放电能。在充电期间，电容器上的电荷和电压按指数增长，电路中有一指数衰减的充电电流；充电完毕，电流消失，电容上电压达到稳定值而不再变化（见图 5-10-2）。

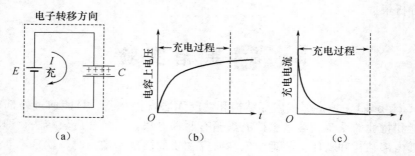

图 5-10-2 充电过程

如果把电容器接在直流电路中，只有当电源开启时的充电和关闭时的放电这两个暂时的过程中，电路上存在电流。所以，就稳态而言，直流电流不能通过电容器，相当于开路。如果把电容器接在交流或脉动直流电路中，由于不停地充电放电，便使电路中始终有电流。可见，交变电流能够通过电容器，并且具有类似电阻那样的阻碍电流的作用。

（2）电感器基本功能也是储存能量和泄放能量。

基于电感器的基本功能，在直流电路中只存在电源开启和关闭这两个暂时的不稳定过程。上述过程消失之后，电感器对于直流电源相当于短路，不起阻碍电流的作用。然而，当其接交流电源或脉动直流电源时，由于线圈周围的磁场不断变化，因而始终存在自感电势，有类似于电阻那样的阻碍电流的作用。

3. 半导体二极管

二极管具有单向导电特性，即正向导通，反向不导通，正、负两个方向的电阻不同。在实际电路中，就是应用它的这种单向导电特性，例如用它来完成检波和整流工作。

【实验仪器】

实验室提供黑箱如图 5-10-3 所示，箱子正面有八对接线柱，箱内每对接线柱之间可能只连有一个元件，也可能没有，也可能短路。元件可能是电池、电阻、正温度系数热敏电阻、负温度系数热敏电阻、电容、电感、半导体二极管、交流电源、信号发生器、万用表、电流表、电压表、电阻箱、开关、导线等。

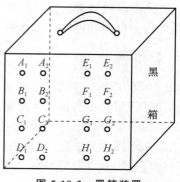

图 5-10-3　黑箱装置

【实验内容和方法】

1. 实验内容

（1）确定黑箱内每对接线柱之间所连接元件的名称，说明确定的依据。

（2）确定各元件数值（电阻 R、电容 C、电感 L），写出计算公式，说明测量方法和实验条件。

2. 实验方法

（1）首先确定黑箱中有无电池，可用万用电表的电压挡确定，若两端有电压，则可判断为电池。

（2）判断有无二极管。可用万用电表的电阻挡（×1k 挡或×10k 挡）测两接线柱间电阻，交换表笔之后再测量。若两测量数值相差较大，可确定为二极管。由于万用电表的红表笔接自带电源的正极，而黑表笔接自带电源的负极，则说明，有正常读数时，红表笔所对应的是二极管的正极。

（3）判断有无电容。用万用表欧姆挡（×100 挡或×1k 挡）测两个接线柱电阻，若出现断路且有放电现象，即表针先有一偏转马上又回到无穷，可确定有电容存在。

（4）判断电阻。用万用电表欧姆挡互换表笔两次测量两接线柱间电阻，若阻值不变，则两接线柱间可能有电阻。但是同时也得考虑在小电阻时是否为短路，在对大电阻时是否为断路。用电流表和导线，以及一个定值电阻（用于保护检验电路），若干干电池形成一个回路来检测是否为电阻，如为电阻同时也可计算出电阻的阻值。

【数据记录】

表 5-10-1　数据记录表

红笔位置	1	2	3	4	5	6	7	8
黑笔位置	2	1	4	3	6	5	8	7
数据现象								
红笔位置	9	10	11	12	13	14	15	16
黑笔位置	10	9	12	11	14	13	16	15
数据现象								

将数据记录于表 5-10-1 中。

【数据处理方法】

判定黑箱中元件类型，并写出测试记录和作出判定的依据，对于电池，要判定其正负极，并测出其电动势，对于二极管，要判定其正负极，并测出二极管的正向导通压降，如果判断元件为电容和电阻，要求测出其数值。

【注意事项】

（1）万用电表各挡位不能混用，不能用电流挡和欧姆挡直接测黑箱。

（2）万用电表测量前一定要看清楚转换开关所置的位置防止烧坏表头。

（3）测量过程中，接通电源前应先检查电路的安全性。

（4）万用电表使用时应注意保护电表，尽可能从最安全的挡开始测量，然后逐步换挡。

（5）在测有电源时判断是电源还是为充电的电容时禁止用一段导线或电流表接黑箱两端，避免烧坏电源。

【实验误差分析】

1. 系统误差

（1）测量和读数的时候产生的误差；

（2）实验仪器本身的误差；

（3）实验者操作时的不当所导致的误差。

2. 偶然误差

（1）计算时产生的误差；

（2）将所测量的一对插孔弄混；

（3）环境所造成的误差。

【创新设计】

（1）在黑箱内 A_1、A_2 接线柱间连有电阻，B_1、B_2 间连有电感，有一电容可连接在 A_1、A_2、B_1、B_2 四个接线柱的任何两个接线柱之间，共有如下 4 种可能，如图 5-10-4 所示。如何确定电容器的具体位置？

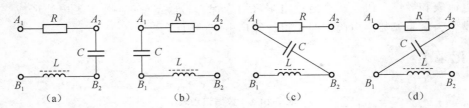

图 5-10-4 电阻、电感、电容的四种连接

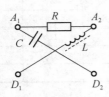

（2）若将黑箱内某两对接线柱间的电阻、电容、电感如图 5-10-5 所示连接，如何用万用表和信号发生器两种仪器测出电容 C、电感 L？

图 5-10-5 三元件的某种连接

实验十一 磁性液体表观密度的实验研究

磁性液体（magnetic fluid）又称磁流体，它是由单分子层（2 nm）表面活性剂包覆的，直径小于 10 nm 的单畴磁性颗粒高度弥散于某种载液中而形成的"固液"两相胶体溶液，既具有液体的流动性又具有固体磁性材料的磁性，是一种性能独特应用广泛的新型纳米液态功能材料，理想的磁流体磁滞回线是一条过坐标原点的 S 型曲线，无磁滞现象。磁流体技术是一门涉及物理、化学、力学、流变学等多学科的交叉边缘学科，是材料科学中的一支新秀。

在外界磁场作用下，磁流体具有悬浮、承压、密封、导航、定位等特性，我们可利用磁流体密度受磁场梯度影响而分布的非均匀性，制作"磁流体表观密度随磁场变化测量仪"，既能测量磁流体中不同深度的表观密度，也能测量磁流体中某点的表观密度随磁场变化的规律。

【实验目的】

（1）测量磁流体在不同深度 h 处的 ρ_s，至少测 6 个点，并作出 ρ_s-h 曲线，根据曲线形状说明变化规律，解释产生这种变化的原因。

（2）在同一深度测 ρ_s。改变励磁电流，至少取 6 个 I 值，并作出 ρ_s-I 曲线。根据曲线形状说明变化规律，解释产生这种变化的原因。

（3）允许学生在上述两项任务之外，另寻其它实验课题，实验室将提供帮助。

【实验原理】

1. 磁流体的表观密度

用透明玻璃细管盛满磁流体并置于恒定非均匀磁场中，则管内单位体积磁流体受到重力 F_s 和磁力 F_m 的作用，若重力方向为 Z，则其所受合力为：

$$F = F_s + F_{mz} \tag{5-11-1}$$

若用 H 表示磁场强度，用 χ_m 表示磁流体的磁化强度，$\dfrac{\partial H}{\partial Z}$ 表示 Z 方向的磁场梯度，ρ_m 表示磁流体固有密度，则式（5-11-1）为

$$F_z = \rho_m g + \chi_m H \frac{\partial H}{\partial Z} \tag{5-11-2}$$

若磁场梯度 $\dfrac{\partial H}{\partial Z}>0$，则 $F_z>\rho_m g$。相当于磁流体得到加重，或者说，磁流体的固有密度在非均匀磁场中发生了变化，在这种情况下的磁流体密度就称为表观密度或视密度，用 ρ_s 表示：

$$\frac{F_z}{g} = \rho_m + \chi_m H \frac{\partial H}{\partial Z}/g$$

即

$$\rho_s = \rho_m + \chi_m H \frac{\partial H}{\partial Z}/g \tag{5-11-3}$$

ρ_s 即为磁场中磁流体的表观密度。可见，表观密度不仅与其固有密度有关，还与它的

磁化强度、它所在环境中的磁场及磁场梯度有关。

2. 测量原理

由式（5-11-3），只要测出 ρ_m、χ_m 以及 H，$\dfrac{\partial H}{\partial Z}$ 即可求出 ρ_s。但这种方法需要的仪器种类较多，程序也比较复杂。磁流体作为一种固液两相胶体溶液，它的表观密度可以用流体静力称衡法通过单盘天平来测量。测量程序具体提示如下：

（1）在天平横梁的左端，用细线悬吊一个由非铁磁质制成的平衡锤，在天平的砝码盘上加砝码，测出平衡锤在空气中的质量 m。

将平衡锤吊入密度为 ρ_w 的蒸馏水中，测出平衡锤在蒸馏水中的表观质量 m_w，得到

$$mg = m_w g = \rho_w V g \tag{5-11-4}$$

式中，V 是平衡锤的体积。

（2）将平衡锤吊入盛有磁流体的玻璃量筒内，测出它在磁流体中的表观质量 m_s，得到

$$mg - m_s g = \rho_s V g \tag{5-11-5}$$

由式（5-11-4）、式（5-11-5）得

$$\rho_s = \frac{m - m_s}{m - m_w} \rho_w \tag{5-11-6}$$

可见，只要测出平衡锤的固有质量 m，以及它在蒸馏水中表观质量 m_w 和在磁流体中的表观质量 m_s，便可求出磁流体的表观密度 ρ_s。

值得指出的是，测 m_s 时，应在平衡锤所在处及周围的有限空间内提供一个非均匀磁场。这个磁场由电磁铁产生，电磁铁固定在天平的底座上，如图 5-11-1 所示，只要在电磁铁线圈中通以电流 I，即可产生磁场，且磁场强度 H 随 I 而变。在量筒内的不同深度，m_s 将不同。即使在同一深度，I 变化时，m_s 也将发生变化。

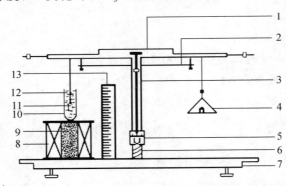

图 5-11-1 磁性液体表观密度测量仪结构示意图

1—天平横梁；2—横梁支架；3—天平支柱；4—天平称盘；5—T 形螺母；6—T 形螺杆；
7—天平底座；8—磁化线圈；9—铁芯；10—玻璃量筒；11—平衡锤；12—磁流体；13—标尺

【实验仪器】

磁流体表观密度测量仪、高斯计、磁流体样品。

磁流体表观密度测量仪，如图 5-11-1 所示，它是由四部分组成；一是单盘天平，调节 T 形螺母 5 和 T 形螺杆 6，可以使横梁 1 上升或下降；二是由磁铁 8、9 及直流稳压电源（稳压电源未画出），调节稳压电源的输出电压，可以改变励磁电流 I；三是玻璃量筒 10，用

来盛磁流体试样 12；四是深度标尺 13，用来测量平衡测锤所在的深度。

【实验方法提示】

（1）单盘天平的操作方法与双盘天平基本相同。

（2）励磁电流不大于 1.4 A。

（3）励磁线圈工作时，应将铁磁物质以及易受磁场影响的其它物品移开。

【创新设计】

利用磁流体在非均匀磁场中表观密度的变化规律，已经成功地用来分选密度不同的非铁磁性物质，这就是"比重法分离技术"。具体做法是：把两种需要分离的材料放入磁流体中，然后施加外磁场，使其中一种材料上浮，另一种材料下沉。科研人员研制的比重分选机成功地将混杂在一起的玻璃和陶瓷分离。

根据你的实验结果，请你预测一下你能将哪些材料从磁流体的底部悬浮上来？不妨试一试。

参考文献

［1］ 孙炳全，赵涛，等.大学物理实验.北京：化学工业出版社，2016.

［2］ 王旗.大学物理实验.北京：高等教育出版社，2017.

［3］ 刘汉臣.大学物理实验.上海：同济大学出版社，2015.

［4］ 丁红旗.大学物理实验.北京：清华大学出版社，2010.

［5］ 詹卫国.大学物理实验.北京：科学出版社，2016.